國立高雄大學　葉琮裕　教授

土壤及地下水整治技術

東華書局

編者序

　　近年，世界各國對環保意識高漲，國際級高峰會也逐一展開，降低溫室效應、低碳綠生活等議題，國人應當身體力行與政府攜手共創永續家園。自民國76年8月22日，行政院環保署的成立，其下空、水、廢、毒相關專責單位持續成立；但土壤及地下水專責單位卻遲遲至民國90年才成立，土壤污染與相關的復育技術，因此在環境工程界也成為最新也是最受關注的領域，因為土壤是各種污染物最終受體，空氣、水、廢棄物處理不當所導致之土壤問題終將陸續顯現；近年相關污染案件如台南石化安順廠、美國無線電公司(RCA)桃園廠、中油高雄煉油總廠等由於污染嚴重、且周遭水文複雜，目前仍持續積極進行整治中，且觀台灣地狹人稠，土水資相對有限，因此受污染土染及地下水場址及其後續之整治相較其他國家更顯得重要許多。

　　筆者任職於環境工程領域有二十年餘載,從事污染防治多年,在個性上樂於與人一同分享經驗,加上過去任職於環保署水保處工作,曾參與國內多項污染場址整治計畫以及相關法規之訂定;現任教於國立高雄大學,教學之餘也協助產業界創新突破問題,所以在產、官、學、研背景有一定的了解,在土壤與地下水整治全盤上的架構,亦能充分了解讀者學習者的需求,而以提升學習興趣及淺顯易懂的方式最為本書編著的方向,以期待讀者能在此書有著事半功倍之效。同時筆者承蒙過去環保署任職之同事支持、國立中山大學環工所高志明教授、國立暨南大學陳谷汎教授、東海大學彭彥彬教授,以及環工學術界、產業界等先進,諸君所提供之寶貴意見、及永續與綠色科技中心成員的協助下完成,最後要感謝我母親是我最大的支持,均在此誌謝。本書所撰寫內容力求深入淺出,內容大多以圖表呈現詳實易解,惟倉促付梓,謬誤勢所難免,尚祈各方賢達不吝匡正,俾使本書內容更臻完善。

　　本書以土壤及地下水整治技術為核心;概分兩部分,第一部分為理論篇,介紹污染物傳輸、污染特性及來源,第二部分為實務篇,採樣方法、整治技術原理、相關污染調查計畫及其真實案例介紹,文末更補充中國大陸環保部門術語對照、土壤與地下水整治相關法規、考古題等,將有助於讀者在學術、實務及考試方面能有更充分的內容及了解。

國立高雄大學　土木與環境工程學系
葉琮裕　謹識

編者序

目錄

一、導論 … 01

二、污染物特性及環境傳輸 … 23

三、土壤及地下水污染整治復育基本原理 … 37

四、污染農地土壤重金屬整治 … 47

五、加油站及大型儲槽污染調查及整治案例介紹 … 73

六、物理化學整治復育法 … 99

七、生物整治復育法 … 111

八、土壤及地下水污染調查評估 … 133

九、土壤採樣調查方法 … 153

十、其他相關課題 … 171

十一、附件 … 185

第一章

導論

近年經過數十年工業發展及密集人口所形成之工業區及都會區,其相關產業產生之廢棄物或廢水,或石化業及廢五金燃燒產生之排煙及落塵等問題,土壤為各污染源於環境之排放最終受體如圖 1.1,均可能造成國內底泥及土壤不同程度的重金屬污染。土壤污染及地下水污染經常是同時存在的,只有在少數的情況下單獨存在著土壤或地下水污染的問題。整治復育的精神在將污染物去除使之無害化,並儘可能恢復正常用途,而不以變更使用用途為目的。面臨如此眾多污染問題,在不同性質土壤及地下水環境中,整治技術分析與探討,實為當前世界地球村的重要課題。

民國 70 年代,國內陸續發生工廠污染農地事件,行政院環保署爰於 80 年擬具「土壤污染防治法(草案)」,報請行政院通過後送立法院審議,惟歷經五年待審未完成立法。原草案限於擬定階段之時空背景,尚未能在土地變更、財務籌措及責任歸屬等層面,充分考量與設計因應制度,為使立法足以因應實際需求,環保署於民國 85 年自立法院撤回原草案,並調整修正;於 87 年 8 月再次擬定完成「土壤污染防治法(草案)」送請行政院審議,經行政院召集相關機關歷經多次研商審議完竣,並定名為「土壤污染整治法(草案)」後,於 88 年 6 月送請立法院審議。其後專家學者與立法委員建議地下水法案納入該草案中,經研修後再次提送立法院審議。89 年 2 月 2 日「土壤及地下水污染整治法」(以下簡稱土污法)由總統府公布施行,至此政府已明確宣示處理土壤及地下水污染問題之決心,確立國內土壤及地下水污染整治工作之法令依據。頒布施行土壤及地下水污染整治法,使環境保護工作邁入另一階段重要的里程,達到污染整治階段,預借污染整治手段,解決環境長年累積的沉痾(圖 1.2)。

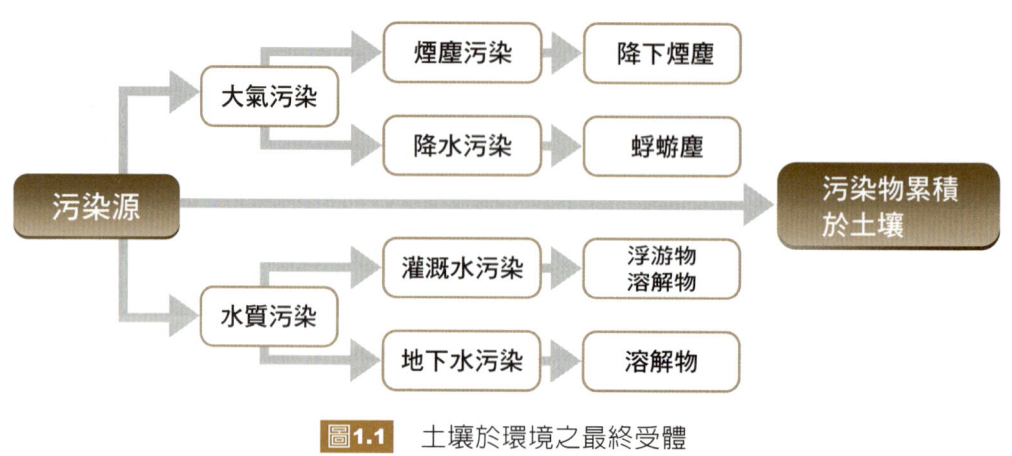

圖 1.1　土壤於環境之最終受體

本章節將概略性介紹土壤及地下水問題、土水法相關法規、土壤及地下水污染來源、污染調查方式及相關案例、國內主要場址等內容，以使讀者對於此領域之發展有全面的了解，幫助讀者於後段章節能更進一步了解。

❶ 工業暗管偷排至農業灌溉渠道
❷ 中石化竹筏港溪因製程廢水不當排放，使得底泥半汞濃度高於土壤污染管制標準 2.5 倍
❸ 二仁溪污染因沿岸工廠廢水排放及不當燃燒電纜造成底泥重金屬含量超過管制標準

圖1.2　污染場址

1.1　土壤及地下水污染定義及簡介

依照我國土壤及地下水污染整治法，總共有 8 章 51 條，各章分別為總則、防治措施、調查評估措施、管制措施、整治復育措施、財務及責任及附則。

以下摘出重點並簡要說明：

- 第 2 條　污染物：指任何能導致土壤或地下水污染之外來物質、生物或能量。
- 第 11 條　「各級主管機關…查證…濃度達…管制標準…公告為控制場址…經初步評估…危害國民生活健康及生活環境之虞…公告為整治場址。」

- 施行細則第 8 條

  依據土水法第 11 條,「控制場址未經公告為整治場址者,所在地主管機關得依實際需要,命污染行為人提出污染控制計畫,經所在地主管機關核定後實施⋯⋯。」

  業者責任:一旦被公告為控制場址,業者應提出土壤或地下水控制計畫,經實施後若污染物濃度降至管制標準之下,業者可向地方環保機關申請解除控制場址之管制。

  依據土水法第 13 條,「所在地主管機關為減輕污染危害或避免污染擴大,應依控制場址或整治場址實際狀況,採取必要之緊急應變措施。」

  業者責任:地方環保機關可要求業者採必要措施,及豎立告示標誌或設置圍籬等措施。

▶▶ 名詞定義

為預防及整治土壤及地下水污染,確保土地及地下水資源永續利用,改善生活環境,增進國民健康,特制定本法。本法未規定者,適用其他法律之規定。

- 土壤:指陸上生物生長或生活之地殼岩石表面之疏鬆天然介質。
- 地下水:指流動或停滯於地面以下之水。
- 土壤污染:指土壤因物質、生物或能量之介入,致變更品質,有影響其正常用途或危害國民健康及生活環境之虞。
- 地下水污染:指地下水因物質、生物或能量之介入,致變更品質,有影響其正常用途或危害國民健康及生活環境之虞。
- 污染物:指任何能導致土壤或地下水污染之外來物質、生物或能量。

1.2　土壤及地下水整治法理念

▶▶ 污染整治為主的立法

土壤及地下水污染問題主要起因廢水、廢氣、廢棄物或毒性物質排放棄置所致,為避免法規重疊與競合問題,土污法立法主要著重事後污染整治,其預防措施以監測與調查為原則。

▶▶ 資訊公開原則
建立民眾參與管道，土壤及地下水污染事件發生後，相關土地問題將涉及人民權益，因此土污法採公告方式公開資訊，增加民眾在土壤及地下水污染整治計畫之參與機會，藉以建立政府與民眾在處理問題間之共識。

▶▶ 雙門檻制度設計
依土污法第 11 條，有關控制場址或整治場址之列管，係指場址之土壤污染或地下水污染來源明確，其土壤或地下水污染物濃度達土壤或地下水污染管制標準者，所在地主管機關應公告為土壤、地下水污染控制場址；控制場址經初步評估後，有危害國民健康及生活環境之虞時，所在地主管機關應報請中央主管機關審核後公告為土壤、地下水污染整治場址。

▶▶ 土壤及地下水污染整治基金設置
強化污染整治財務來源，為妥善處理土壤及地下水污染問題，我國係仿效美國超級基金，由政府設置土壤及地下水污染整治基金財務籌措機制，強化污染整治財務來源，健全財務籌措機制，方不致使整治工作拖延費時。土污法明定基金來源，包括：土壤及地下水污染整治費收入、污染行為人或污染土地關係人應繳納款項、土地開發行為人應繳交款項、基金孳息收複、中央主管機關循預算程序之撥款、環境保護相關基金之部分提撥、環境污染之罰金及行政罰鍰之部分提撥及其他有關收入。

▶▶ 擴大污染責任主體
由於場址污染將影響與相關土地的利用，並使土壤及地下水污染整治工作順利進行，土污法對於土壤污染或地下水污染來源明確之整治責任及相關整治費用之追償，將適度擴大至重大過失之土地使用人及所有人。不過，基於公平正義原則，污染行為人仍應負最終責任，故將容許非污染行為之土地使用人及所有人向污染行為人求償。

▶▶ 適度調和污染整治與土地利用
污染之土壤及地下水其整治目的，以恢復土地利用為原則；若考量污染土地涉及其他法令規定之整體區域開發計畫時，其土地開發計畫得與土壤、地下水污染整治計畫同時提出，並各因相關法令審核；其土地開發計畫之實施，應於公告解除土壤及地下水整治場址之列管後，始可為之。

1.3　土壤及地下水污染整治法之發展

臺灣過去 50 年間工商產業高速發展，創造令人稱羨之經濟奇蹟，環境污染因而伴隨而來。五〇年代政府鑑於污染事態之日趨嚴重，為確保水資源之清潔以維護生活環境，增進國民健康，故自民國 52 年起，陸續訂頒水污染防治有關法規暨水質標準，諸如：(1) 民國 52 年增訂水利法第 68 條，規定廢水應適當處理後擇地宣洩。(2) 民國 63 年 7 月公布實施水污染防治法。(3) 民國 64 年 6 月公布實施水污染防治法施行細則。(4) 民國 64 年 9 月臺灣省政府成立水污染防治所。(5) 民國 65 年 10 月臺灣省政府公布工廠、礦場放流水標準。「灌溉水質污染監視處理手冊」作為全面推動監視作業之準備及依據。並自 68 年 1 月起，針對污染源採取全面之監視作業，建立放流水基本資料定期或不定期初驗廢水排洩戶之水質，超出初驗標準者，即送請水污染防治所複驗，複驗不及格者，即依法由縣市政府通知排洩戶限期改善或處分。由此可知灌溉水質管理始於民國六〇年代迄今將近 40 年。依循環保法令之發展軌跡，早期大多偏重於空氣與水之污染管制方面，然而土壤為陸域環境之最終受體，當空氣、水、廢棄物及毒化物等污染物處理不當時，透過各種污染途徑進入農地，並累積於農地土壤中，導致土壤污染問題陸續發生，使各國不得不嚴肅面對。

然而工業運作生產本為土地污染事件之主要來源，相較於我國對產業發展與經濟成長之重視，對工業污染土地防治長期投注資源之不足與缺乏，況且我國係處於地狹人稠、寸土寸金之土地超限利用之困境中。有鑑於此，行政院環境保護署近年來積極推動土地污染調查與整治之工作，在土壤及地下水污染整治法（以下簡稱土污法）2000 年 2 月 2 日公布實施後，配合各類污染調查及污染源管制手段，已逐漸形成對於企業之強力約束。

- 1991 年 4 月 — 環保署完成「土壤污染防治法（草案）」。
- 1991 年 7 月 — 行政院核定送立法院。
- 1996 年 — 自立法院撤回。
- 1998 年 8 月 — 環保署完成「土壤污染防治法（草案）」，經研議定名為「土壤污染整治法（草案）」。
- 1999 年 6 月 — 「土壤污染整治法（草案）」送立法院，專家學者與立法委員建議地下水法案納入該草案中。

- 1999 年 11 月 ── 立法院確定應將地下水納入通盤考量，將法案定名為「土壤及地下水污染整治法」。
- 1999 年 11 月 3 日 ── 完成三讀。
- 2000 年 2 月 2 日 ── 「土壤及地下水污染整治法」由總統公布施行。

　　土污法於民國 89 年 2 月 2 日公布施行後，於民國 92 年 1 月 8 日配合行政程序法之施行進行部分條文修正，並於民國 99 年 2 月 3 日修正全文公布施行。修正內容主要包括：增加底泥品質及污染管制、強化改善及整治責任、建構土壤及地下水監控網路、建立土壤及地下水環境專業制度、運用健康風險工具訂定整治目標、增加場址資訊來源、擴大基金用途、加強土地關係人責任以及修正罰則內容。嚴謹規範事業用地移轉、事業設立、變更與歇業之土壤污染評估調查及檢測資料之提送，而在污染土地之釋出或開發，則提供了較完備之機制與規範，有利於加速場址整治與利用。相關施行細則亦配合於民國 99 年 12 月進行修正。

1.4　建立土壤及地下水整治基金機制

　　過去整治費徵收對象分別為石油系有機物、含氯碳氫化合物、非石油系有機物、農藥、重金屬及重金屬化合物及其他等六大類污染製造業者，涵蓋 125 種化學物質（圖 1.3）。整治費偏重於石化業界，占繳費金額 90%，原油與汽、柴、燃料油為最大宗繳費物種，占繳費金額六成。因石化業者屢屢反應調降整治費負擔比例，再加上國內層出不窮非法棄置事件，為使徵收制度更為公平合理，修法將污染場址常見重金屬污染物銅、鎳及 15 個行業別所產生之廢棄物（圖 1.4）。石油系有機物、含氯碳氫化合物、非石油系有機物、農藥、重金屬及重金屬化合物、其他及廢棄物等七大類，涵蓋約 135 種物質。（第七類廢棄物於 100 年 7 月徵收）擴大費基納入了 15 個行業別，分別為鋼鐵冶煉業、電力供應業、印刷電路板製造業、石油化工原料製造業、石油煉製業、金屬表面處理業（電鍍業）、皮革、毛皮整製業、人造纖維製造業、基本化學工業、煉銅業、煉鋁業、半導體製造業、農藥及環境衛生用藥製造業、廢棄物處理業及光電材料及元件製造等；至 100 年 9 月底整治費總徵收金額為 7 億 46 萬餘元。

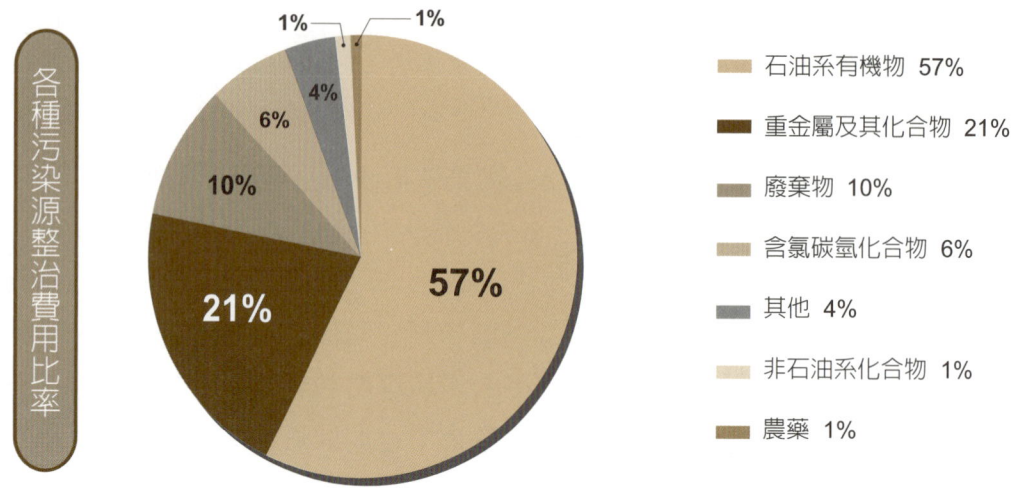

圖1.3 100年度基金總收入約7億46萬餘元及污染整治費用徵收比率圖

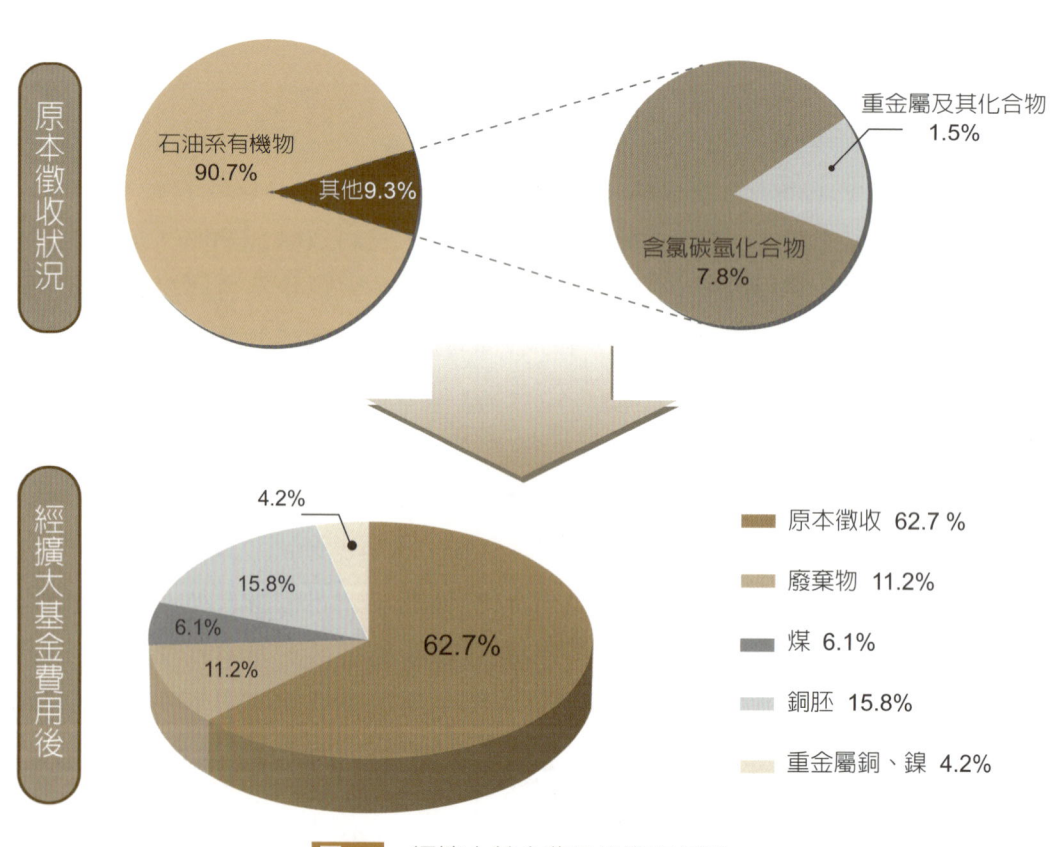

圖1.4 經擴大基金費用後徵收情形

1.5 典型土壤及地下水污染物及其來源

依照我國「土壤及地下水污染整治法」此法第 11 條說明:「各級主管機關對於有土壤或地下水污染之虞之場址,應即進行查證,如發現有未依規定排放、洩漏、灌注或棄置之污染物時,各級主管機關應先依相關環保法令管制污染源,並調查環境污染情形。土壤為環境中的主要受體,富含疏鬆介質與微生物,因此對有機物與非保守性物質有極佳之涵容及自淨能力。但因其擴散、稀釋能力較低,因此對保守性或難分解毒性物質如重金屬與農藥之累積現象較為顯著。

土壤污染之來源包括 (1) 廢水;(2) 工廠操作不當產生;(3) 農業活動;(4) 非法棄置之污染源,若由廢水導致為主,其污染特性分析如下:

1. 絕大多數為水田:因水田灌溉用水量大,每公頃每年約 2 萬噸水,極易將污染物質攜入農地,因此污染之農地 90% 以上均為水田。
2. 工業發達工廠集中之縣市:如彰化、桃園、台北、高雄、新竹五個縣即占污染區 80% 以上,且工廠甚為集中於少數鄉鎮如彰化市、鹿港、和美與香山,工廠集中排放含重金屬之廢水使承受水體稀釋能力不足。
3. 土地利用規劃不良:田區中間常混有工廠,需借用灌溉渠道排放廢水。
4. 污染途徑絕大多數為灌溉系統傳輸:缺水地區灌溉使用回歸水,其組成幾乎都以廢水為主。

由於地下水流動緩慢,地表污染的確較不易移動到地下水層,尤其是封閉在地層中的受壓地下水層,污染也不易在地下水層中擴散;但相對的,一旦地下水層已經遭受污染,則要清除也是非常艱難且所費不貲,因為污染地下水就等於污染了土壤及地層(圖 1.5),圖 1.6 顯示列管中的場址數。

土壤地下水污染之各類型場址包括農地、加油站、大型儲槽、非法棄置場、工廠。

▶▶污染場址類型——農地污染

農地由於相關產業產生之廢棄物或廢水,或石化業及廢五金燃燒產生之排煙及落塵等問題,均可能造成土壤不同程度的重金屬污染(圖 1.7),其可能污染土壤的重金屬主要有砷、鎘、鉻、汞、鎳、鉛、鋅及銅等八種。作物對重金屬之需求不一,有些重金屬成分為植物所需,然量多時將引起毒害,且土壤中過多的重金屬將被作物吸收累積於植物體內,而含重金屬之作物經由食物鏈將影響人類食用之安全。

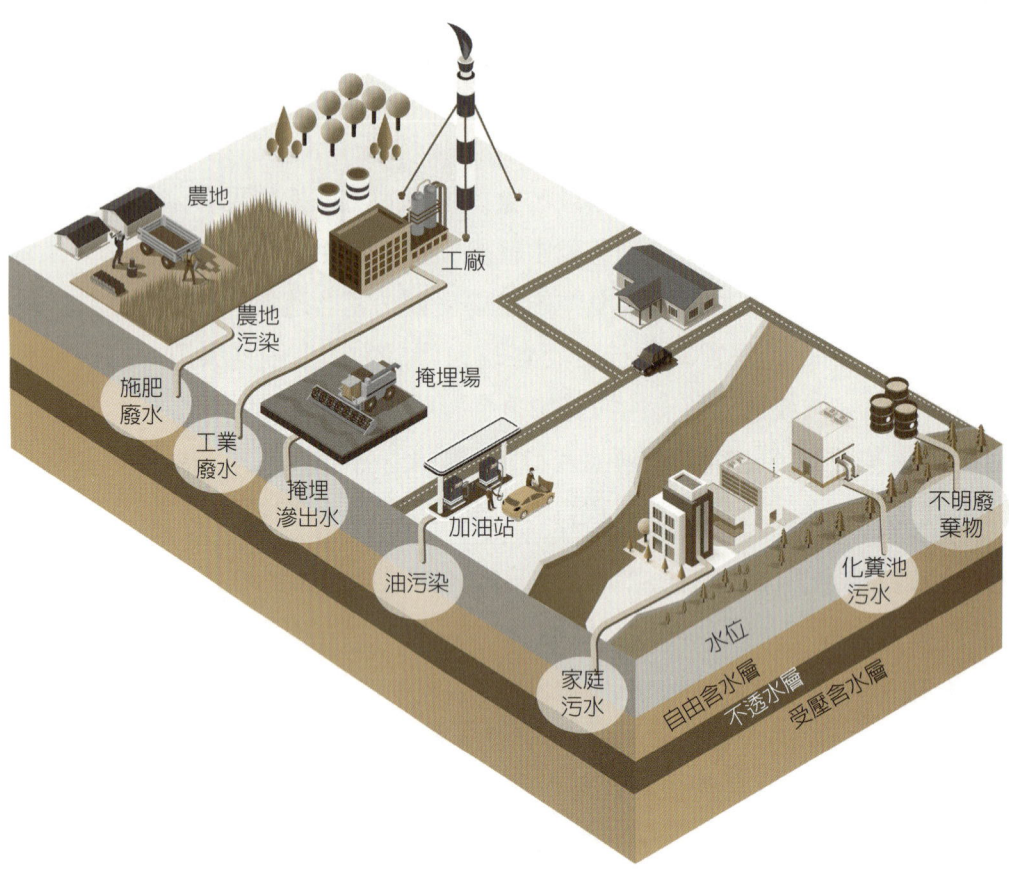

圖1.5 典型土壤與地下水污染來源示意圖

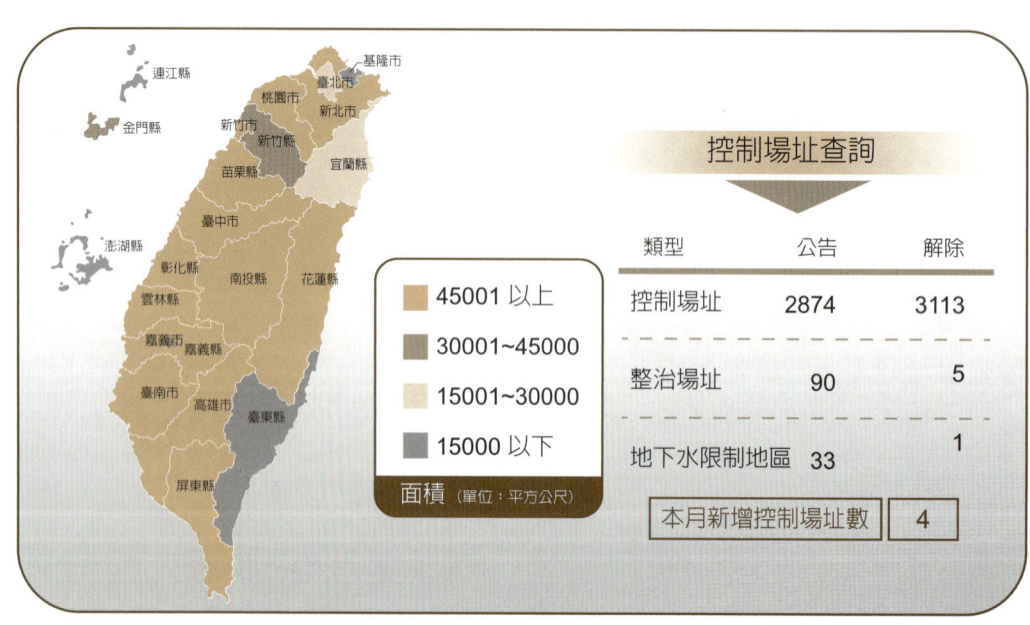

資料來源：行政院環保署土壤及地下水污染整治網

圖1.6 列管中場址

❶ 工廠廢水排入灌溉渠道
❷ 灌溉渠道
❸ 農地引用污染灌溉水
❹ 食用作物重金屬含量過高

圖1.7　農地污染

▸▸污染場址類型──加油站污染及其大型儲槽污染

　　加油站的環境污染主要分為兩種：空氣污染及地下土壤污染。空氣污染是加油過程所逸散出看不見的空氣污染物；而地下土壤污染則是加油站地下油槽管線因地震或腐蝕造成油品緩慢外洩，污染周圍土壤和地下水。加油站油品洩漏所導致之土壤和地下水污染是一般民眾較不易感知的污染。由於加油站必須在地面下構築密閉油槽，以儲存欲販售之油品。然而台灣地區地震頻繁和地下管線鏽蝕等潛在問題，均有可能在加油站油品儲存和輸送過程中緩慢地外洩於地下土壤。如果油品外洩點有地下水流通，更可能由於地下水之傳導，將加油站之有機油品污染到地下水下游。尤有甚者，如污染區域居民使用或飲用地下水，更擴大加油站油品污染範圍和影響。因國內站齡超過十年以上之加油站及設立歷史悠久之大型石化儲槽，可能因儲槽、管線老舊腐蝕失修、地層下陷變動及操作管理不當等原因，致儲槽、管線破裂毀損，儲槽中儲存物質滲漏污染土壤或地下水，故加油站及地下儲槽有可能成為地下水污染潛在來源（圖1.8）。

土壤及地下水整治技術

加油站場址現況

油槽陰井內有浮油及積水
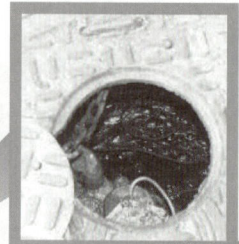

油污廠址－攔油索截油
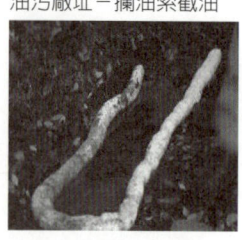

貝勒管內發現浮油

加油站污染調查
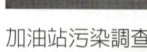

土壤中抽取到浮油

❶ 石化儲槽日常操作區
❷ 石化儲槽防溢堤
❸ 石化儲槽槽底、周邊
❹ 儲槽管線出入口

圖1.8　加油站污染

▷▷ 污染場址類型——非法棄置場址

我國因地狹人稠,故可供掩埋廢棄物之適當場所相當有限,尋找可用之廢棄物掩埋場成為各級政府最棘手之問題。在焚化政策尚未成熟之際,妥善處理每日所產生之大量民生廢棄物都已捉襟見肘,儼然成為各縣市垃圾戰爭之導火線,更遑論事業廢棄物的處理了。因此,各類廢棄物不當棄置或掩埋成為環境污染之另一成因。我國廢棄物妥善處理率偏低問題存在多年,因工業製造、生產過程中原料存放、產品製程及廢棄物質處理不當所致,污染地點可能因停止生產、仍運作之工廠或其他非法棄置地區(圖 1.9),本章節就以下詳列出近年情節較為重大相關案列因工業廢棄物及其主要污染來源不當處理,造成土壤及地下水污染,影響附近居民地下水使用安全之相關案例(表 1.1)。

❶ 山谷或凹地堆積型式
❷ 農地採掩埋型式
❸ 廢液傾倒土壤型式
❹ 桶裝廢棄物棄置型式

圖1.9　非法棄置場址

▷▷ 台灣美國無線電公司(RCA)桃園廠

(一) 污染概述

台灣美國無線電公司(RCA)桃園廠於民國 59 年設立,生產電子、電器產品,電視機之電腦選擇器為主要產品,在當時提供國人大量的就業機會。於民國 83 年經人舉發,該廠土壤、地下水遭受掩埋廢棄物污染,然而在經營者法

表 1.1　事業廢水排放與廢棄物及其未妥善處理與儲存之污染案例

污染案例	主要污染物
美國無線電公司（RCA）桃園廠與竹北廠	三氯乙烯、四氯乙烯
台灣氯乙烯公司苗栗縣頭份廠	二氯乙烯、氯乙烯
基隆市興業金屬公司	鉛
桃園東北亞電路板工廠	酚
桃園縣觀音鄉大潭村高銀化工（鎘米事件）	鉛、鎘（休耕面積 30 公頃）
桃園縣蘆竹鄉中福地區基力化工（鎘米事件）	鉛、鎘（休耕面積 83 公頃）
雲林縣虎尾鎮台灣色料廠（鎘米事件）	鉛、鎘
台南縣永康煜林電鍍廠	鉻
319 公頃農地	鉛、鎘、鉻、銅、鎳
桃園縣楊梅東北亞公司	酚類
台中縣大里三晃公司	農藥
中石化台南市安順廠	五氯酚、汞

國湯姆笙、宏昌建設等的陸續更迭及土地廠房數次轉手與關廠後，卻留下污染與患病的員工。RCA 勞工罹患各種癌症計有乳癌、胃癌、大腸癌、肝癌、卵巢癌、攝護腺癌等，RCA 員工的罹癌率為一般人的 20～100 倍。RCA 的污染案例在我國的環保史上，確立了土壤及地下水污染整治由污染者負責的原則，間接催生了土污法。

(二) 污染源及污染物

該廠污染源主要發生原因為有機溶劑儲存及操作不當，所產生之污染物以揮發性有機化合物為主，包括 1,1,1- 三氯乙烷（1,1,1-Trichloroethane）、四氯乙烯（Tetrachloroethene, PCE）、三氯乙烯（Trichloroethene, TCE）等。

(三) 處理情形

環保署成立調查小組，研擬因應對策，污染未清除前暫停該土地用途變更作業。RCA 公司於民國 84 年 10 月進行全廠區以 50 呎網格之土壤氣體取樣檢

測，土壤需整治部分採取抽除土壤氣體處理，抽除氣體以活性碳處理，該期間並監測周界空氣品質及作業環境。地下水部分，設置抽水井，進行地下水抽除處理，抽取地下水經活性碳處理。除地下水抽除處理外，在場址下游利用民井及監測井，進行監測。

▶▶ 中國石油化學工業開發公司台南安順廠

(一) 污染概述

此工廠位於台南市安南區，原為台灣鹼業公司所有，自日據時代開始設廠，興建鹼氯工廠，以水銀電解方式製造燒鹼、漂粉、鹽酸與液氯，民國34年由中華民國接收修建後，於民國35年成立公營事業「台灣製鹼股份有限公司」，並於民國70年間生產五氯酚，後因法令明訂禁止生產，於民國71年即停工封廠，中石化公司與台灣鹼業公司合併後，由中石化公司承接安順廠。

(二) 污染源及污染物

因為場址的污染特性及影響層面而成為國際上著名的土壤污染案例，污染物部分則包含了世紀之毒戴奧辛及重金屬汞，而污染場址面積將近40公頃，同時包括了陸域土壤及水域底泥部分。汞污染以鹼氯工廠區最嚴重；戴奧辛污染以五氯酚工廠區最嚴重，戴奧辛超過管制標準的高達七成，最高的戴奧辛含量高達 979000 ng-TEQ/kg，戴奧辛管制標準為 1000 ng-TEQ/kg，表、裡及深層之土壤中戴奧辛濃度幾乎全部超出土壤污染管制標準。

(三) 處理情形

本案從民國74年起進行污染調查工作，民國86年再委託國外相關經驗之環保顧問公司進行全面性污染調查及整治工作。根據中石化提出的整治計畫，以15年為期程，並分兩個階段處理，第一階段前5年，將高濃度污染物利用熱處理降至5萬奈克以下；後10年第二階段再利用化學及生物技術，將5萬奈克以下中低污染物處理至1000奈克的土壤管制標準以下。首先將廠區高於土壤污染管制標準值之土壤移除暫存，縮小污染範圍，解除部分列管區域，並進行海水儲水池底泥疏濬清理。高濃度污染土壤則以熱處理方式將其濃度降低，中、低濃度污染土壤則於第二階段進行化學處理及生物復育技術，降低污染濃度，並於後續由中石化公司在整治計畫書中持續提出監督工作計畫。

表 1.2　儲槽、管線及加油站洩漏之污染案例

	污染案例	主要污染物
儲槽及管線	台灣苯乙烯高雄廠	苯、甲苯、乙苯、氯乙烯
	台塑公司林園廠	氯乙烯、順 1,2- 二氯乙烯、反 1,2- 二氯乙烯、1,2- 二氯乙烷、三氯乙烯
	國喬石化高雄廠	苯、甲苯、乙苯、氯乙烯
	中油林園石化廠	苯、甲苯、二甲苯
	中油高雄煉油廠	汽油、航空燃料油、柴油
加油站	桃園縣士香加油站	油品、苯、甲苯、二甲苯
	桃園縣桃鶯加油站	油品、苯、甲苯、乙苯、二甲苯
	台南縣永康中正加油站	油品、苯、氯乙烯、三氯乙烯、1,1- 二氯乙烯、順 1,2- 二氯乙烯
	高雄縣大旗楠加油站	油品、苯、甲苯、二甲苯
	彰化縣西門加油站	油品、苯、甲苯、二甲苯
	台南縣嘉仁加油站	油品、苯、甲苯、二甲苯

 非法棄置場址調查與清理

　　危害評估系統國內進行場址危害評估模式為環保署執行之專案計畫中所規劃（不明廢棄物管制相關作業及設立超級基金可行性研析；建立不明廢棄物產源追蹤作業系統及場址管理制度，EPA-87-H103-03-07）建立，其場址危害評估管制作業流程如下圖。依本危害評估系統（Hazardous Ranking System, RS）進行場址之危害評估，評估主要依據為：

1. 污染源特性：污染源型態、數量。
2. 曝露途徑：可分為地下水、地表水、土壤及空氣等四個途徑，及各途徑之環境承受體。

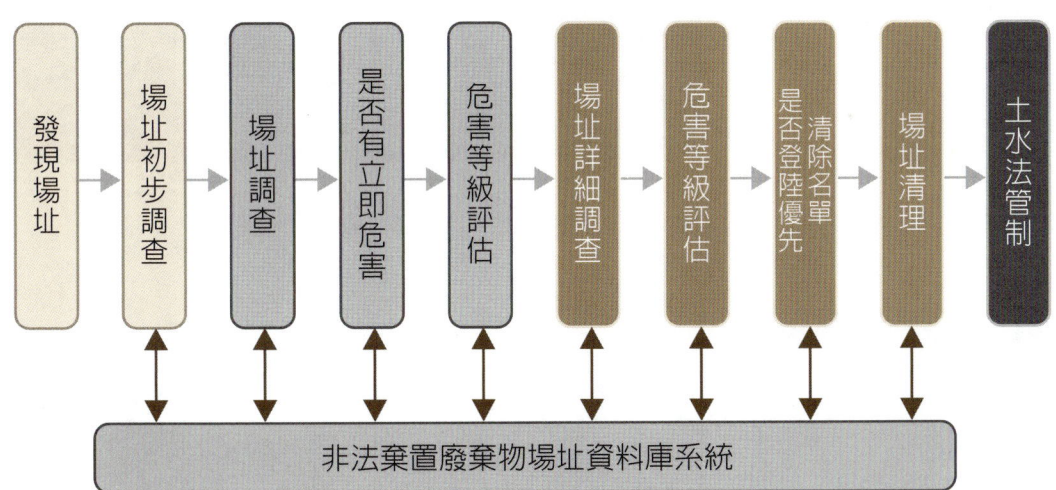

圖1.10　不明廢棄物棄置場管制作業流程

▶▶ 甲級場址細部調查──台南縣柳營鄉五軍營段 945、946 等地號

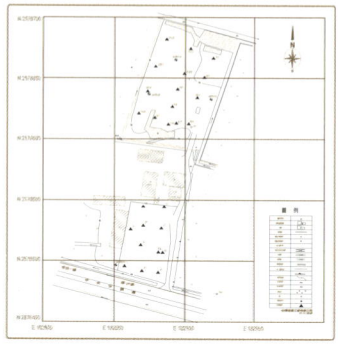

場址基本圖形繪製

01
開挖採樣

02
鑽探採樣

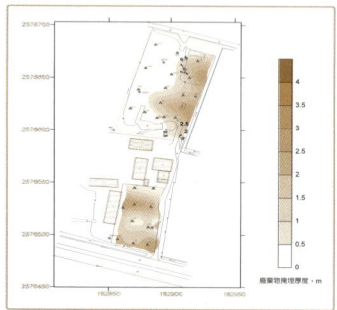

03
廢棄物分布範圍與數量

04
電磁波視電導度法探勘

05
監測井設置

06
新設監測井

07
地下水採樣

08
場址周圍金屬網圍籬及警示標示

▶ 初步危害評估結果

綜合場址背景資料、廢棄物數量、地質水文以及分析結果,因土壤、地下水、空氣、地表水等傳輸途徑已不存在,經計算其場址危害評分(HRS),結果僅 2.52 分,遠低於 28.5 分。

▶ 已無立即危害性,降級為丙級場址。

屏東縣赤山巖汞污泥廢棄物場址

本場址位於屏東縣新園鄉新洋段赤山嚴磚窯場旁低窪地,於民國 85 年間遭不法廢棄物清除處理業者「運泰公司」棄置掩埋汞污泥、集塵灰及營建廢棄物等。民國 88 年時,環保署辦理「屏東縣七處不明廢棄物場址細部調查計畫」,分析該非法棄置廢棄物已超過有害事業廢棄物認定標準,因而列入甲級不明廢棄物場址。

01
屏東縣赤山巖汞污泥清除

02
屏東縣赤山巖汞污泥清除

03
重金屬污泥清理

04
過篩機

05
怪手粗篩

06
過篩定量入料斗

土壤及地下水整治技術

07
過篩後袋裝

08
固化體掩埋

09
固化體採樣

10
清理完成

屏東縣新埤鄉餉潭桶裝廢棄物場址

　　本場址發現桶裝廢棄物外，散狀廢棄物也不少，初估有兩千桶，且埋入的廢棄物查出有致癌物五氯酚。

01
餉潭桶裝廢棄物場址清除

02
餉潭桶裝廢棄物場址清除

03
污染土測試

04
污染土篩分

05
污染土篩分

06
污染土植生法復育

第二章
污染物特性及環境傳輸

土壤及地下水污染在國內已是個必須面對的事實；由於土壤及地下水污染都共同具有「不易覺察」的特點，因而一旦發覺污染，大多距污染之初已有段時日。土壤常因具有極高的質地不均勻與組成複雜等特性，故一旦受污染後，往往無法成功且有效地預測污染物在土壤環境中的傳輸與宿命，使得復育工作的執行相當困難，污染源的確認更加不易。土壤及地下水污染的另一共同特點是整治耗時費事，成效無法一時顯現，但若不及時整治則該場址將成為潛在的污染源，污染物質在某一時距內將擴及地下水體及其鄰近土壤。台灣由於地小人稠加上雨季分布不均勻，常有高額土地需求、寸土寸金和水資源分配不均的現象，故當有土污事件發生且需進一步進行管制工作時，常使得土地資源往往無法繼續利用，造成民眾的訴願和社會經濟的無形損失。就某些特定污染物而言，亦可能擴散至大氣中，由傳輸的途徑而言，亦可經由作物的吸收收成，而擴大其影響範圍及對象。

▶▶ 國內常見污染物
- 有機物（含揮發性有機物與半揮發性有機物）
- 無機物（重金屬與一般無機物）

▶▶ 美國超級基金場址主要污染物種類
- 芳香族碳氫化合物
- 含氯碳氫化合物
- 重金屬

▶▶ 污染物質：NAPL

1. DNAPL（PCE, TCE）

    存在位置：氣態、溶解態、吸附態、原液（主要在地下水位之下不透水層之上）。

    DNAPL 多為鹵化有機物質，造成污染者有許多屬於氯化烴類的有機溶劑，包括三氯乙烯（TCE）、四氯乙烯（PCE）等。這些溶劑均來自於工業污染源或者是被任意傾倒的廢棄物。

    DNAPL 污染一旦發生清除不易，但亦無立即性之危害。

2. LNAPL（油品污染物）

    存在位置：氣態、溶解態、吸附態、原液（主要在地下水位上）。

LNAPL 多為油品類，諸如汽油、柴油、各類機油，這些油品中主要成份為烷類，亦含有許多芳香烴族的產物，包括了苯（Benzene）、甲苯（Toluene）、乙基苯（Ethylbenzene）、二甲苯（Xylene）等四種油品中最常見的可疑致癌物質，亦即俗稱之 BTEX。油品中亦含有近年來被視為極難分解的 MTBE 等有機物質。

表 2.1 美國受污染場址地下水中最常見之 25 種污染物

排名	化合物	污染源
1	三氯乙烯	乾洗、金屬脫脂
2	鉛	含鉛汽油、採礦、鉛管、製造業
3	四氯乙烯	乾洗、金屬脫脂
4	苯	汽油、製造業
5	甲苯	汽油、製造業
6	鉻	電鍍
7	二氯甲烷	脫脂、溶劑、去漆劑
8	鋅	採礦、製造業
9	1,1,1-三氯乙烷	金屬與塑膠清洗
10	砷	採礦、製造業、天然地質
11	氯仿	溶劑
12	1,1-二氯乙烷	脫脂、溶劑
13	反-1,2-二氯乙烯	1,1,1-三氯乙烷轉換物
14	鎘	採礦、電鍍
15	錳	採礦、製造業、天然地質
16	銅	採礦、製造業
17	1,1-二氯乙烯	製造業
18	氯乙烯	塑膠製造業
19	鋇	製造業、能源生產
20	1,2-二氯乙烷	金屬脫脂、去漆劑
21	乙苯	苯乙烯與瀝青製造業
22	鎳	採礦、製造業
23	苯甲酸二辛酯	塑膠製造業
24	二甲苯	溶劑、汽油
25	酚	木材保存處理、醫藥

2.1 含氯有機溶劑代謝過程

氧化還原反應（REDOX）可分為：非生物反應（abiotic），生物反應（biotic）。

1. Reduction Dechlorination －還原脫氯（脫氯置換氫）

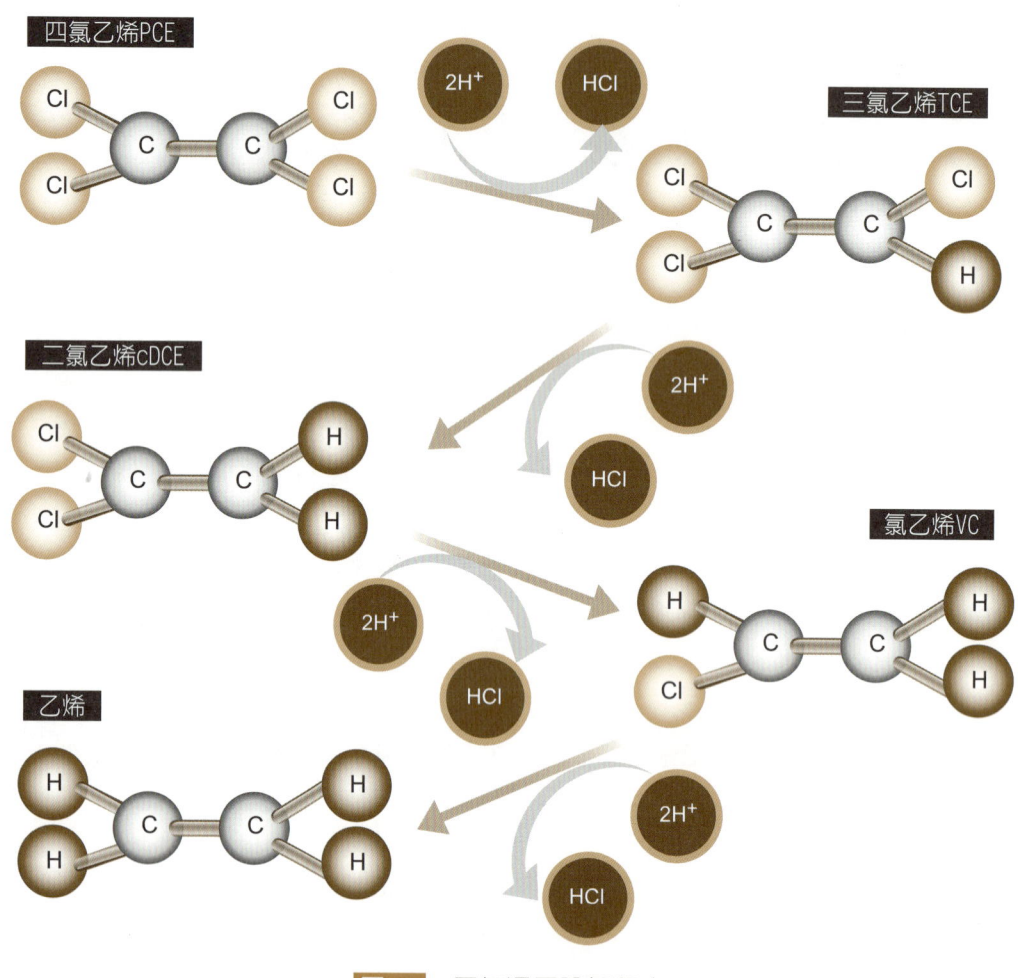

圖2.1 厭氧還原脫氯程序

厭氧性的程序是使用不同的生物降解機制，於厭氧分解過程可包含三階段，分別為水解酸化、醋酸形成及甲烷化，以提供之後的還原脫氯作用所需的電子接收者及電子供給者。利用硝酸鹽、硫酸鹽、三價鐵、氫離子及二氧化碳當作最終電子接受者。並以還原性脫氯作用將氯離子去除，慢慢由 PCE 降解成 TCE，再降解成 cDCE、VC 及 ethene 如圖 2.2，接著再進行礦化作用，將化合物轉變為成 CO_2、H_2O、Cl^- 等無機物。

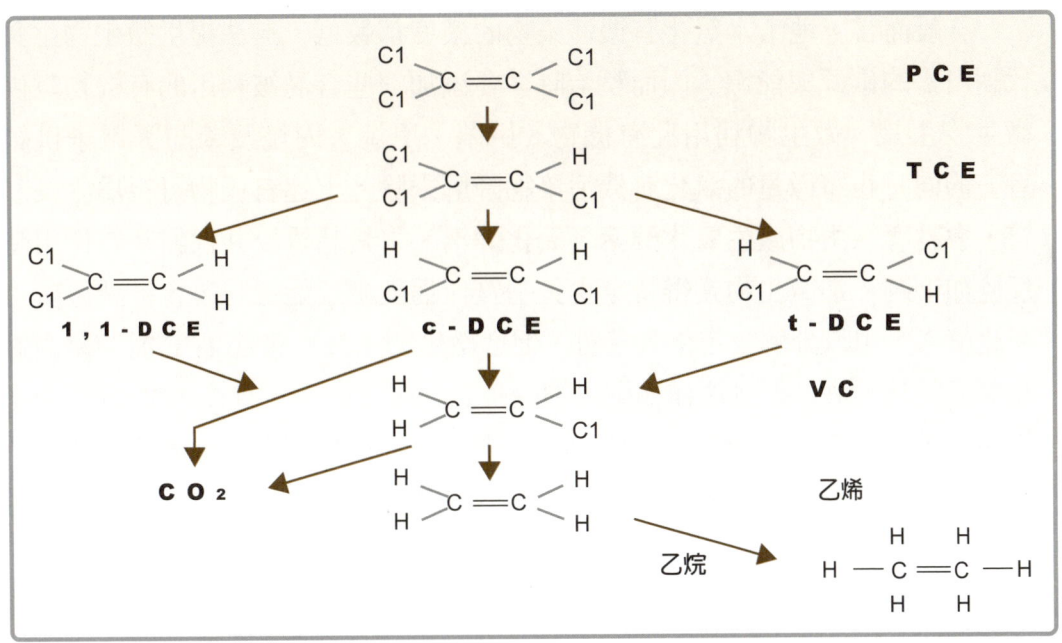

圖2.2 厭氧還原脫氯程序 (2) 分子結構示意圖

2. Cometabolism －共代謝

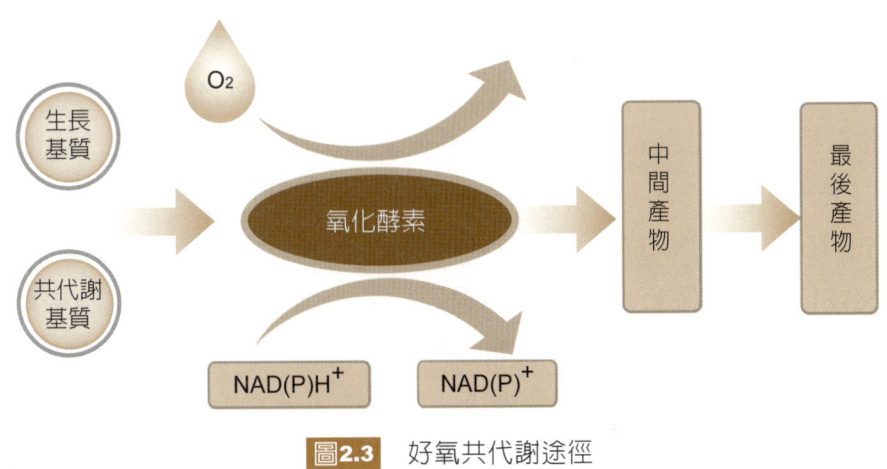

圖2.3 好氧共代謝途徑

　　被微生物轉化之有機物，非作為微生物之基質，亦非作為其能量來源稱之。有機污染物可視為二級基質，secondary substrate）被轉換成代謝物質，但本身不作為微生物之能量或營養物來源。微生物利用主要基質（如葡萄糖）為碳源及能量來源。

一般而言，地下水氯化有機污染物的濃度都較低，無法提供微生物生長代謝所需的碳源與能源，因而整治時需要添加一些容易被利用的有機物以供微生物生長，微生物利用此有機物（甲苯、甲烷、丙烷及苯酚等電子供給者）的同時也將微量的氯化有機污染物降解去除。上述有機物可視為生長基質，會誘導微生物產生氧化酵素，氧化酵素、生長基質及共代謝基質作用時反應如下圖。當微生物獲得特定生長基質作為碳源及能源時，會被誘導產生氧化酵素，用以分解特定生長基質，促進微生物生長。儘管 TCE 能夠藉由氧化酵素將其分解，但無法作為微生物生長之碳源及能量，且在 TCE 分解的過程中，所產生之中間產物亦可能對微生物具有毒性抑制作用。因此，當微生物無法持續獲得特定之生長基質時，微生物的共代謝能力也因菌體活性衰弱會逐漸消失。

2.2 非水溶性污染液之地下水傳輸行為

▶ 定義

- 非水相液體（non-aqueous liquid, NAPL）：與水溶液相有明顯邊界區隔的碳氫化合物或溶劑相。
- 輕質非水相液體（light non-aqueous liquid, LNAPL）：比水輕（比重），e.g., BTEX。
- 重質非水相液體（dense non-aqueous liquid, DNAPL）：比水重（比重），e.g., PCE, TCE。

NAPL 在含水層中的移動、分布與可溶性污染大不相同。

當 NAPL 自污染源流出時需先穿過通氣層土壤。此層土壤空隙中有水也有空氣。NAPL 滲流經過通氣層時一部分揮發成氣相，一部分微溶於水中，其餘的則受重力影響向下滲漏。當觸及地下水位面後，若為 LNAPL，則會聚集於地下水位面之上，逐漸沿著地下水位面作橫向擴散。

若為 DNAPL 則會穿透地下水位面進入飽和含水層，繼續向下沈陷。由於在飽和層中土壤孔隙飽和水分，所以 DNAPL 無法轉為氣相而揮發，當連續相的 DNAPL 向下沈陷時，若碰到細質地土層或岩層而無法穿透時，將堆積、停滯在底層。

步驟 ❶

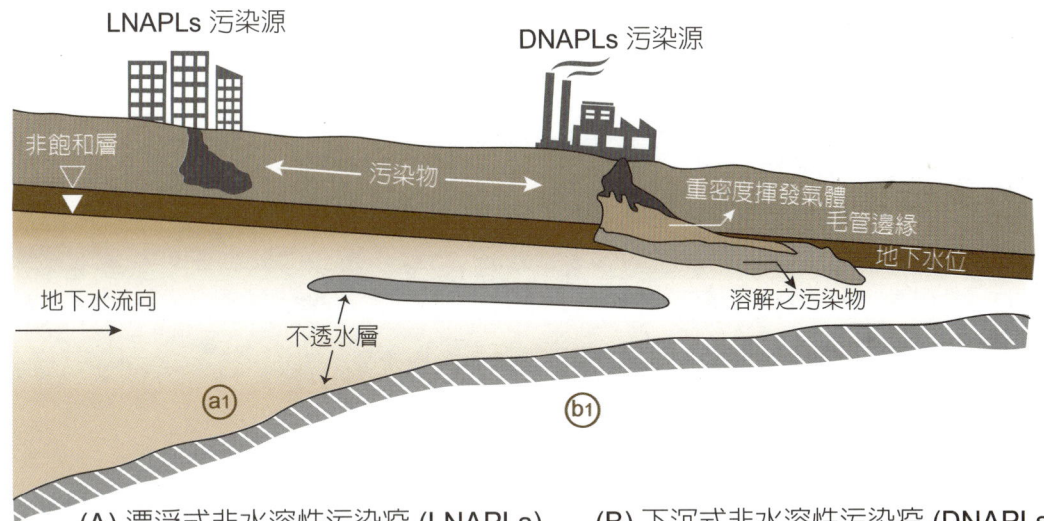

(A) 漂浮式非水溶性污染疫 (LNAPLs)

(a1) 小量洩漏之LNAPLs 分布
(a2) 大量洩漏之LNAPLs 分布
(a3) 洩漏停止後之LNAPLs 分布

(B) 下沉式非水溶性污染疫 (DNAPLs)

(b1) 小量洩漏之DNAPLs 分布
(b2) 大量洩漏之DNAPLs 分布
(b3) 洩漏停止後之DNAPLs 分布

步驟 ❷

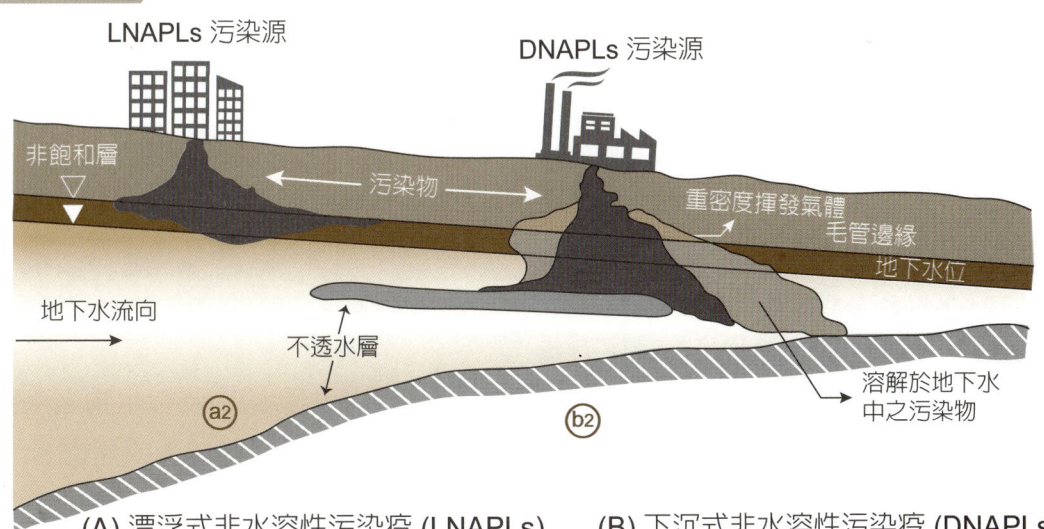

(A) 漂浮式非水溶性污染疫 (LNAPLs)

(a1) 小量洩漏之LNAPLs 分布
(a2) 大量洩漏之LNAPLs 分布
(a3) 洩漏停止後之LNAPLs 分布

(B) 下沉式非水溶性污染疫 (DNAPLs)

(b1) 小量洩漏之DNAPLs 分布
(b2) 大量洩漏之DNAPLs 分布
(b3) 洩漏停止後之DNAPLs 分布

圖2.5 傳輸行為演進歷程示意圖

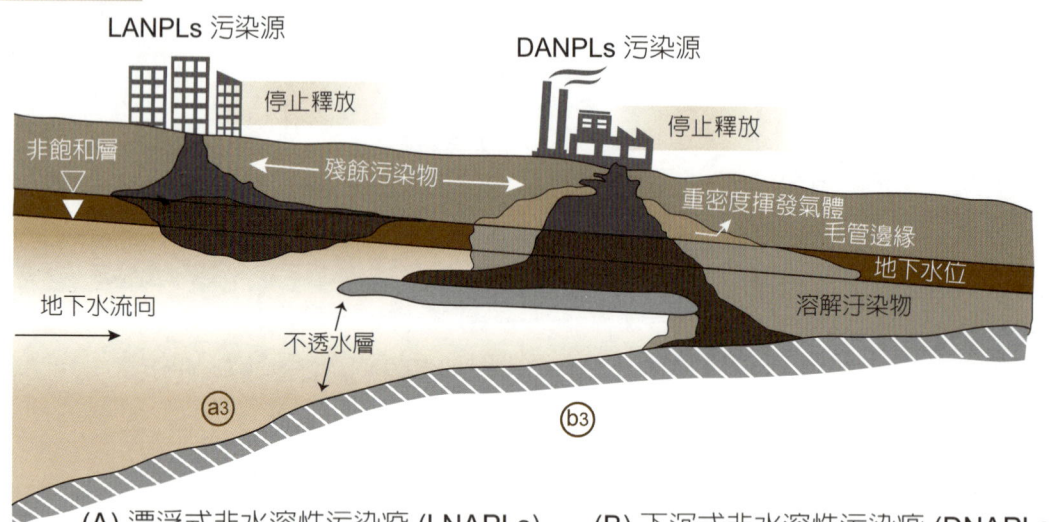

(A) 漂浮式非水溶性污染疫 (LNAPLs)
(a1) 小量洩漏之 LNAPLs 分布
(a2) 大量洩漏之 LNAPLs 分布
(a3) 洩漏停止後之 LNAPLs 分布

(B) 下沉式非水溶性污染疫 (DNAPLs)
(b1) 小量洩漏之 DNAPLs 分布
(b2) 大量洩漏之 DNAPLs 分布
(b3) 洩漏停止後之 DNAPLs 分布

圖2.5　傳輸行為演進歷程示意圖（續）

2.3　重金屬污染及其在地下環境之傳輸與宿命

　　土壤的重金屬污染，困擾著許多國家，而含有重金屬的農作物，更成為令人聞之色變的社會新聞。污染地下環境的重金屬主要有砷、鎘、鉻、汞、鎳、鉛、鋅及銅等八種。

　　地下環境受重金屬污染的認定方式：

1. 當重金屬在地下環境中含量過高時，會使地下環境中動植物及微生物之生長受到抑制，土壤肥力無法發揮作用，導致作物受毒害而產量減少或死亡。
2. 地下環境中重金屬含量過高時，植物乃可生長，但重金屬經由作物吸收進入作物體內，再經由人畜食用後或是人畜直接飲用地下水引起中毒及產生各種病變。

地下環境中之重金屬污染物因質流及擴散兩大機制的影響而形成傳輸作用。

1. 質流作用（Mass Flow）
   - 解離於土壤溶液之重金屬隨著土壤水分之整體移動（Bulk Motion）而移動，稱為「質流」。
   - 質流之流速（Flux），即單位時間流過單位截面積土壤之溶質量，決定於水流流速和土壤溶液中污染物之濃度。
   - 水流流速越大、土壤溶液中污染物濃度越大，則質流之流速越大。
2. 擴散作用（Diffusion）
   - 擴散是重金屬由高濃度向低濃度的方向移動，如溶解於土壤溶液之污染分子或離子會因濃度梯度而形成擴散行為。
   - 擴散之流速，決定於濃度梯度和重金屬在地下環境中之擴散係數。濃度梯度越大、擴散係數越大，則擴散之流速越大。

▶▶ 重金屬之土壤宿命

　　滲入地下的污染物會因為吸附作用或者其他的物理、化學、生物作用，導致土壤看似有所謂的自淨能力，但污染物的傳播在地下會受到阻擋，也減緩污染物傳播的速度。當污染物排放的量並不大時，這些污染物大多殘留在土壤中，而不至於進入地下水含水層，污染物並非由環境中消失，反而變成污染源；當環境條件改變，污染物會從土壤中釋出，變成是新的污染源。因此當下雨之後，不含金屬離子的水滲入土壤，土壤吸附的金屬離子就會釋放出來到水中，隨著水往下流動，進入更深的地層，吸附在土壤中，若到達地下水含水層，就可能隨著地下水傳播到更遠的地方。因此在地下環境中假如重金屬含量過高時，當重金屬經由農作物吸收進入作物體內，再經由人畜食用後或是人畜直接飲用地下水引起中毒及產生各種病變（圖 2.6）。

　　所以不論是土壤或地下水污染的整治，在目前首要面臨是基於資源的保育與資源的利用原則，宜先由相關的法令分類準則及標準加速進行確立；有鑑於此，為強化環境資源永續利用與有效加速污染場址整治工作的進行，深入探究污染物在土壤環境的作用機制與平衡關係實有必要性，特別是在不同土壤介質

圖2.6　重金屬之土壤宿命

中有機污染物的濃度與實際污染強度之關聯性。瞭解不同環境下的土壤與有機物作用，除可合理地預測污染物在陸域系統的宿命行為與傳輸方向外，最終也可作為後續場址整治技術的選用、場址風險管理以及如早期預警系統的參考。

補充資料

地下水資源之補注及再利用

廿世紀是石油的世紀，廿一世紀則是水資源的世紀，「石化能源有許多替代品，水則無可替代」。聯合國於三月二十一日「世界水資源日」公布全球有超過十億人口每日飲用水質安全堪慮，還有多達 24 億人口飲用水未達衛生標準，並警告全球正面臨水資源短缺的威脅，預期水資源短缺將成為本世紀主要經濟和安全問題。

台灣南部飲用水水質不良及因應高科技產業工業用水需求，位居亞熱帶台灣如何善用水資源更為重要課題。筆者曾參與洛杉磯橘子郡（Orange County）SantaAna 河川整治工作，認為該河川之水資源再利用可供台灣參考。南加州水資源亦為匱乏區域，常由北加州及內華達州境外引水使用，然而卻造成地方政府間水權的爭議。為善用 Santa Ana 河川基流，南加州水管局（Water Board）在其河川出海口處，將河水導入多處入滲塘，使河水藉土壤孔隙滲漏地下，再將滲入地下水回送 Santa Ana 河上游加以回收再使用。然而由於優養化藻類孳生，堵塞土壤孔徑，造成河水土壤入滲率大幅減低，導致回收河川基流水量不理想。為解決河水水質，因氮磷營養鹽含量過高而導致的河水優養化問題，以兼具植物復育方式及生態工法等污染去除考量之人造溼地（Constructed Wetland），將水中氮磷濃度有效降低。此外美國德州 El Paso 地區由於地下水長期超量使用，使得地下水位逐年降低，為補注地下水位，El Paso 地區興建了一座每日處理約 3 千 8 百萬加侖的廢污水再利用廠。將廚房、浴室使用後之污水，以包含廢水廠及自來水淨水廠處理流程之廢水回收再利用廠，將使用過之廢污水回復至飲用水水質後，再補注地下水水位。

El Paso 廢污水再利用廠之處理流程為攔篩、沉砂池、初沉池、調節池、兩段式 PACT 生物處理（加添粉狀活性碳之活性污泥流體化床改良法）、混凝沉澱處理、二段式水中鹼度調節、粒狀活性碳床過濾、加氯消毒等。此外，初沉沉澱污泥以厭氧消化後，併同化學沉澱污泥置於曬乾床，PACT 中含有機物及

生物膜之粉狀活性碳則以溼式氧化法再生再利用，以減少廢棄物的產生量。台灣近年來在推動節約用水的努力下，現今每人每日用水量約為 270 公升，較過去 300 多公升減低不少，工業廢水回收再利用亦有長足進步，尤其目前在環評審查時皆要求半導體、印刷電路板等高科技產業必需有 85％廢水回收再利用比例，對於善用水資源亦有貢獻。台灣西南沿岸地下水超抽及地下水位逐年下降區域，南加州水資源再利用及德州廢污水再利用等，地下水資源之補注及廢水再利用方式可供參考，惟未來應針對用於補注之再利用處理過之廢污水水質，加以嚴密監測，以防二度污染地下水體水質。

泰晤士河流域管理

　　國內由於桃芝及納莉風災，防洪之流域整治相關議題再度成為熱門話題。以納莉風災對大台北地區重創而言，即由於暴雨量遠超出下水道排洪之設計量，加上適逢淡水河漲潮之加乘因子，釀成嚴重之水災，泰晤士河流域全方位之管理制度可供參考。泰晤士河漲潮河段長約 100 公里，河寬從 100 公尺至 7 公里不等，而其集水區大約 14,000 平方公里，集水區內人口超過 1 千 1 百萬人。泰晤士河潮汐影響終止點值位於 Teddington 地區，從上游流入此汐止點的流量為每天介於 30,000 噸（冬季）至 200 噸（旱季）間，但大致維持於每天 800 噸，此流量與淨水廠取水量相關。

　　倫敦處於泰晤士河其相對位置與台北市距淡水河相類似，以防洪為主要功能之泰晤士水閘（Thames Barrier）完成於 1982 年 10 月，跨越泰晤士河河寬 520 公尺之 Woolwich 處。每年平均使用此水閘二次，其功能為防止漲潮加上暴雨對倫敦可能產生之氾濫，此水閘之防洪設計量足以因應 2030 年以前之防洪所需，近年執行之擴建計畫期使能達 2100 年之防洪所需，現今每年在水閘防洪維護之投資夠為 5 百萬英鎊（約新台幣 2 億 5 千萬元）。泰晤士河感潮河段水質監測資料之建立方式，為溶氧、溫度及電導度，乃由自動監測站連續監測並將測定所得資料與環保主管機關連線；此外於漲潮河段 20 個地區，以手工取樣，依夏季每週、冬季每二週監測頻率；針對六個主要場址每月亦提取水樣針對重金屬、有機污染物及難分解污染物等進行分析；河川出海口處底泥亦每年進行取樣監測。

泰晤士河流域大可區分為三個主要河段，包含純淡水、混合淡水、海水之漲潮段及純海水部分，每一部分之河水水質含有不同之鹽度，因而也蘊育出不同的生態體系，此三區域的流域各有其不同的化學及生物的水體分類及水質標準。英國對於泰晤士河旁的主要污染工業，如煉油廠及發電廠等的管制，乃採空、水、廢合一的排放許可制度（Integrated Pollution Control System - Multimedia Approach）審慎評估污染源排入水體、空氣及土壤之污染物總量。對於泰晤士河旁之廢棄物處理處置設施、如掩埋場、廢棄物、轉運站、焚化廠、資源回收場等皆以嚴格的許可制度管理計畫管制。

　　泰晤士河在夏季常因河川水質驟變，導致魚群數量減少，主要因素包括流域內污水廠之放流水水質、水溫、上游流入淡水量及都市暴雨逕流。倫敦市之下水道系統雖為合流式，但此系統為十九世紀中所設計完成，無法承受現今因氣候及年代變遷所增加之暴雨逕流量。在暴雨逕流中之有機物質，因生物分解作用使水中溶氧降低形成急遽之缺氧狀況導致魚群死亡，魚群突然暴斃的事件曾發生於 1973、1977 及 1986 年。近來，倫敦在擴建污水處理廠處理量之前，則以二艘表面曝氣船，以因應突發因河水缺氧之污染案例緊急應變所需。此外，亦以加入過氧化氫藥品以提升水中溶氧方式應急。每年 5 月 1 日至 10 月 30 日間，環保單位以加嚴其排放限值方式，要求泰晤士河岸之污水處理廠，提昇其處理效能降低有機污染物排放量，並由水權管制減少兩岸河水取水量，以使高量來自上游淨水得以流下，以維持適度之暴雨返流污染稀釋度。

　　有關地下水水資源管理方面，倫敦泰晤士河附近土壤之組成大多有黏土層存在，為有效運用水資源，常將河水打入黏土層下蓄水，將黏土層下之非含水層作為地下水庫之用，在旱季時再將地下蓄水庫之水抽出使用；黏土層下之非含水層可視為如吸水棉一樣之蓄水功能。此外，黏土層對於地表之污染亦具有阻絕之功能，倫敦附近泰晤士河之土壤組成構造可謂得天獨厚。

　　國內水源保護區之劃定及河川水量水質管理，應跨越行政區域朝整體流域考量。水資源的規劃亦應兼顧水權之分配及水污染防治，泰晤士河流域之管理從防洪的考量、水權的分配、水污染排放之管制到生態的永續發展全方位進行，國內積極推動流域整治計畫，亦可參探英國經驗。在進行傳統污水處理廠基礎建設、養豬離牧策略的同時，防洪、水權分配及生態復育的概念亦應納入，以成為完整的流域管理策略。

他山之石可以攻錯——談澳國清理有害廢氣物場址成為奧運公園

　　澳國政府由 2000 年奧運場址清除超過四百噸遭受戴奧辛污染土壤。值此奧運開賽前四百日之際，清除處理此污染土壤具有其歷史意義。這些含有戴奧辛及含氯苯環有害物質的土壤經過妥善處理後可供蔬菜種植所需。筆者於曾造訪此兼具環境保護及永續資源的奧運公園，對於其耗費 8 千 9 百萬美元整治的場址印象深刻，以下為奧運場址之簡記。

　　澳洲 2000 年奧運會場現址，在十九世紀至本世紀六○年代為雪梨地區主要屠宰場、彈藥儲存場及造磚廠所在。六○年代起該地區逐漸成為雪梨附近，家庭廢棄物及工業有害廢棄物之主要露天棄置場，污染情形相當嚴重。澳洲政府為改善該區環境，自八○年代起陸續關閉屠宰場，自從雪梨贏得兩千年奧運舉辦權後，更積極展開其重整及開發工作。新南威爾斯州政府斥資開發此奧運公園，其環境管理計畫乃兼具節水、節能、垃圾減量、文化資源保存及空氣、水和土壤品質復育等全方位功能。奧運公園的管理委員會大多數成員及所有解說員皆由當地民眾組成，當地民眾全民參與此環境復育的程度值得稱許。奧運公園現址百分之二十用地為以往有害廢棄物掩埋場，掩埋廢棄物質包括戴奧辛等多氯聯苯毒化物，整治工作係將有害廢棄物移除後就近進行安定掩埋，除將掩埋場滲出水收集處理並有完善的監測計畫。慶幸的是，此場址地質組成主要為黏土層，由於滲透係數低，因而以往不當掩埋之滲出水，並未造成當地大範圍的地下水質污染。安定掩埋場的外觀已復育成十餘座人造山丘，成為奧運公園內獨特景觀。

　　此外奧運公園內其他環境管理包括，所使用的能源皆選擇以不排放溫室效應氣體能源為主，太陽能大量地運用是為奧運公園能源使用的一大特色。公園內產生的廢污水皆經過二級生物處理後，並以薄膜過濾進行高級處理，產生廢污水經此高級處理流程後全面回收再利用，達到廢水零排放的境界，回收處理水主要用於場內不與人體接觸景觀澆灌之用。公園內亦考量非點源污染的控制，所有暴雨逕流皆收集至人造溼地等儲存塘，以自然分解暴雨逕流中所含之有機污染物及懸浮固體物，大大減低其環境衝擊。

第三章 土壤及地下水污染整治復育基本原理

土壤及地下水污染在國內已是個必須面對的事實，其具有「不易覺察」的特點，因而一旦發覺污染大多距污染之初已有段時日。因而，污染源的確認更加不易。土壤及地下水污染的另一共同特點是整治耗時費事，成本極大，成效無法一時顯現，但若不及時整治則擴及地下水體及其鄰近土壤。就某些特定污染物而言，亦可能擴散至大氣中，由傳輸的途徑而言，亦可經由作物的吸收收成，而擴大其影響範圍及對象。在地下水的污染整治上，則需視其可能用途而定。若地下水在現在及確定的未來某一個時程內有明確的用途時，則其整治目標應配合並符合該目標的用途；而若該水體並無加以開發利用之可能與價值時，則並不一定非要加以整治或非要整治到某一用水標準不可。換言之，在條件符合時，地下水污染可以不要採取積極的工程化處理。此即自然復育觀念的基礎。所謂的自然復育即是在危害評估可接受的前提下，利用自然界的物理、化學及生物作用將污染物去除，降低其危害，而其配合措施則是持續的監測和評估。因此，自然復育絕不是什麼都不做的零方案，也不是一個永遠無法達到整治目標的作為。自然復育必須確實觀測到污染物的衰減，其污染範圍必須能被侷限在某一個區域中，不會有危害評估外的暴露對象，其衰減程度必須是可合理預測的及必須有完整的監測計畫及應變替代計畫等。因此不論是避免被列為控制場址，或控制場址為了解除列管，或是整治場址要實施整治計畫，都必須採取整治復育工作，也更應該去思索何種整治技術為最佳。

　　土壤及地下水整治作業除需考量污染物質的特性、濃度、整治時程、整治經費、整治成效等，另需因應環境相容性及民眾接受度等因素進行整治工法的調整。目前商業上常用的整治工法眾多，如欲有系統地區分工法，多依污染處理機制發生之空間位置而定，大致區分為現地整治（In-situ Remediation）、離地／現場整治（ex-situ/on-site Treatment）、離場整治（Off-site Treatment）。而整治的原理大致包括物理處理、化學處理、生物復育等技術，並區分為針對土壤或地下水污染（主要環境介質）及整治衍生之其他環境介質（如廢氣、廢污水）之處理，透過對污染物型態與場址環境特性等條件，選擇適合的整治工法；以下將重點式詳加列出分類。

▶ 整治技術選擇的考量因子

　　受污染土壤的整治復育工作涉及私有財產土地及其未來使用土地目的的問題，因此，不能以單純的技術面來考量。土壤整治復育後的土地可維持原有用

途或地目變更而有其他用途，但宜在選定整治復育方法前考量相關因子。
- 整治標準（土壤／地下水污染管制標準、整治目標）
- 完成整治所需的時間
- 污染整治所需的經費
- 整治技術可能產生的風險
- 受污染廠址的未來用途
- 利害相關團體的意見

- 技術選擇的目的
  - 選擇經濟可靠的整治技術
  - 選擇可在合理時程內達到整治目標的技術

- 整治與復育
  - 降低污染場址的風險 ⇔ 恢復原有正常用途
  - 考慮場址未來用途 ⇔ 考慮場址未來用途
  - 技術選擇性大 ⇔ 技術限制性大
  - 成本及經濟的考量為主 ⇔ 成本及經濟的考量次之
  - 時間壓力急迫 ⇔ 時間壓力次之

- 整治復育技術：處理的基本機制
  - 破壞性：熱處理、生物分解、化學處理
  - 分離減容
    土壤：熱脫附、淋洗、蒸氣萃取、溶劑萃取
    地下水：單幫浦抽除、雙幫浦抽除、抽取處理
  - 固定化
    土壤：固定、穩定、包覆
    地下水：圍堵、水力控制

- 整治技術的分類
  - 依污染物與場址相對位置分類如下：
    (1) 現地（In-situ）處理技術：在污染場址之地表下便將污染物加以處理或去除，而不進行挖掘、抽取或其他將受污染介質自地表下移出的動作。
    (2) 離地（非現地）（Ex-situ）處理技術：需要將污染物帶離現地加以處理的技術

(3) 現場（On-site）處理技術：將受污染之土壤或地下水自地表下取出，並於污染場址之地表上設置處理系統進行處理。

(4) 離場（Off-site）處理技術：將受污染之土壤或地下水自地表下取出，並運送至污染場址外進行處理。

◐ 土壤物化處理技術

- 土壤淋洗（Soil Flushing）
- 土壤氣體抽除法（Soil Vapor Extraction）
- 熱脫附（Heat Treatment）
- 玻璃化（Vitrification）
- 土壤酸洗（Soil Washing）
- 翻轉稀釋（Vetrical or Horizontal Soil Mixing）

3.1　土壤酸洗設備

❶ 美國密蘇里州重金屬污染整治之土壤酸洗設施
❷ 美國密蘇里州重金屬污染整治之土壤酸洗設施
❸ 美國 Ohio 州土壤增肥設施：土壤經酸洗處理後，添加 tri-sodium phosphate and sulfuric acid 增加肥力設施。

圖4.1　國外案例：土壤酸洗設施

3.2 加拿大 Millennium EMS Solutions LTD 執行重金屬污染場址翻土整治案例

　　整治復育的精神在將污染物去除使之無害化，並儘可能恢復正常用途，整治後若欲維持原農業用途，則整治方法極為有限。在傳統的重金屬污染土壤整治的技術中，對土壤性質都有或多或少的破壞作用，如熱處理法、固化法、玻璃化法、酸洗法、清潔劑淋洗法及溶出液離子交換法等。上述可能適用於土壤重金屬污染的整治方法，如屬現場可行的，大部分對土壤有破壞作用，而致不

01
翻土

02
添加添加劑

03
農地完成翻土作業

04
噴水復育

圖4.2　整治復育過程

再適合農耕用途。若屬離場處理的，則需將適合作物生長的表土（或表土及裡土）移除，而所剩的土壤大多不利於作物生長。但若想再進行農耕，則需再引進適當深度的客土，才有可能恢復原農業用途。否則，受重金屬污染的土壤整治復育後，亦對作物生長有所影響，而不適合原農業用途。

　　農業用地（尤其是食用作物）所要求的土壤品質即與工業用地要求的土壤品質不同。當然其整治方法也就不同，而所需的整治費用與時程也會有極大的差異。因此，在決定整治時，即應將土地未來的用途列入評估之中。

▶ 地下水現地物化處理技術
- 空氣注入法（Air Sparging）
- 化學氧化（Chemical Oxidation）
- 雙相萃取（Dual Phase Extraction）
- 熱水或蒸氣注入（Hot Water or Steam Flushing）
- 地下水循環井（Groundwater Circulating Wells, In Well Air Stripping）
- 透水性反應牆（Permeable Reactive Barrier）

▶ 地下水現地生物處理技術
- 自然生物處理法（Intrinsic Bioremediation）
- 加強式生物處理（Enhanced Bioremediation）
- 生物漱洗法（Bioslurping）
- 植物復育法（Phytoremediation）

▶ 地下水離地生物處理技術
- 生物反應槽（Bioreactors）
- 人造溼地（Constructed Wetland）

▶ 地下水離地物化處理技術
- 空氣氣提
- 化學氧化
- 活性碳吸附
- 離子交換
- 化學沈澱
- 油水分離
- 紫外線氧化

- 地下水阻絕技術
  - 地下水抽取（Groundwater Pumping）
  - 阻隔牆（Vertical Cut-off Walls）
- 整治序列
  - 不同整治技術的前後整治順序結合
  - 不同整治機制的同時進行
  - 高濃度污染的整治急迫性與低濃度污染整治的長效性
  - 例如土壤氣提與生物復育
- 抽除處理（Pump and Treat）
  - 將地下水抽出後經物理、化學或生物處理後排放或回注地下
  - 為最早且仍廣泛被應用之整治技術
  - 適當設計下，能阻止污染物擴散

然而各種整治方法各有其優缺點，須依據污染場址特性與整治目標選擇最合適之整治技術，有時亦可搭配兩種以上之整治技術，以提高整治效能並降低整治費用。就整治的觀念而言，土壤污染整治及復育的兩個重要目的為降低污染物對健康及環境生態的威脅危害及恢復該場址土地的正常用途，土地的未來用途在污染整治技術的選擇上有關鍵性的影響。

一般來說，土壤是廢棄物在水域及陸域中的最終承受者，但涵容能力始終有限且和人類生存息息相關的土壤與地下水體實已不宜再將其視為廢棄物的最終承接者。換言之，應有效的防治土壤及地下水再受到污染，而對於已存在的土壤及地下水污染，則應基於資源保育與利用的原則，訂定不同的標的，採取相對應的整治措施，以達復育的目的，而使資源永續保存並適度的利用。

延伸閱讀

美國土壤及地下水污染整治技術

國內「土壤與地下水污染整治法」方於年初通過，未來將有大量的經費及人力投入於相關課題上，美國環保署科技室主任 Dr. Walter Kovalick 在筆者過去訪談中表示現今土壤及地下水整治，不僅應運用最新技術（Innovation）且應採行最智慧的方式（Smarter Technologies）。大體而言，美國現行應整治的場址數目包括：

(1) 超級基金（Superfund）約 1,500～2,000 個
(2) RCRA Corrective Action 約 1,500～3,000 個
(3) 地下儲槽（USTs）295,000 個
(4) 褐地（Brownfield）約超過 400,000 個

可見土壤及土地下污染整治工作之龐大。光以褐地而言美國環保署於 1998 年就投入 8 千 7 百萬美元，1999 年投入 9 千 1 百萬美元，而 2000 年已投入 9 千 2 百萬美元，此投資金額未來亦將成長。就土壤及地下水整治復育技術而言，未來將著重於現地復育（In-situ Remediation）為主。以 1997 年而言，美國約有 178 個超級基金土壤污染場址整治以土壤蒸氣抽取法（Soil Vapor Extraction）進行，42 個以現場固化穩定法（Solidification / Stabilization），33 個以現場生物復育法（In-situ Bioremediation），15 個以現場土壤洗滌法（In-situ Flushing）進行。發展中的土壤整治法包括現場加熱（In-situ heating）、植物復育（Phytoremediation）、生物助長（Bio-Slurping）及玻璃化（Vitrification）等。特別值得一提的是表面活性劑及助溶劑添加土壤洗滌法（Surfactant and Cosolvent Flushing），未來將逐漸扮演重要角色，其優點除可去除 DNAPL、揮發性有機物（VOCs）、石化碳氫化合物（Petroleum hydrocarbons）、多氯聯苯及農藥等不同污染物外，亦可對於現行採用 pump-and-treat 的場址以些微的經費提昇其污染物去除效率。然而此技術在採行時，

亦應注意避免地下水污染團（Plume）擴大及後續含污染物及表面活性劑地下水之回收處理問題，和容許注入添加表面活性劑之現行環保法規修改問題等。

在地下水污染整治技術方面，未來將偏重以構築透水性之反應阻絕牆（Permeable Reactive Barriers）為主，其優點包括在不改變地下水流的狀態下，以較低的操作及維修成本去除地下水之污染物，且對於難確定之DNAPL污染源（Hot Spot）位置之污染團仍能有效去除，然而此技術現仍缺乏長期之實作數據以證明其有效性，且此技術僅適用於移動的地下水污染團。其他發展中地下水污染整治技術，包括逐漸受重視之植物復育（Phytoremediation）、好氣及厭氣生物復育，及偏重於行政管理（Administrative Measures）的監測自然衰減法（Monitored Natural Attenuation）等。

美國環保署在地下水及土壤整治方面經驗已有數十年，然而由於技術之日新月異，其相關法規及污染場址之整治規範亦不斷更新中，美國環保官員均表示此領域在未來仍充滿無限之衝擊及挑戰性，台灣在慶幸土壤及地下水整治法終於通過的同時，未來亦應以他山之石以避免重蹈別人所曾經犯過之錯誤。

補充資料

本文土壤及地下水常用整治技術整理一覽表如下：

現地處理	非現地或現場處理
現地生物處理（in-situ bioremediation）- 土壤或地下水處理	抽取處理法（pump and treat）- 地下水處理
空氣貫入法（air sparging）- 地下水處理	生物反應槽（bioreactor）- 地下水處理
生物氣提法（biosparging）- 地下水處理	化學反應槽（chemical reactor）- 地下水處理
現地淋洗法（in-situ flushing）- 土壤處理	土壤洗滌法（soil washing）- 土壤處理
現地反應牆（in-situ reactive walls）- 地下水處理	固化／穩定法（solidification/stabilization）- 土壤處理
自然衰減（natural attenuation）- 土壤或地下水處理	挖除法（excavation）- 土壤處理
植生復育（phytoremediation）- 土壤處理	焚化法（incineration）- 土壤處理
電動力法（electrokinetics）- 土壤處理	熱脫附法（thermal desorption）- 土壤處理
玻璃化法（vitrification）- 土壤處理	泥漿相生物反應槽（slurry-phase bioreactor）- 土壤處理
土壤蒸氣萃取系統（soil vapor extraction）- 土壤處理	泥漿相化學反應槽（slurry-phase chemical reactor）- 土壤處理
現地固化／穩定法（in-situ solidification/stabilization）- 土壤處理	

4 第四章
污染農地土壤重金屬整治

以往台灣地區並不注意土壤污染問題，直到陸續發生許多件因廢水、廢棄物或油品洩漏等污染土壤的案例，乃致危害人體健康與造成環境破壞，社會大眾方意識到土壤污染的嚴重性。土壤污染的來源很廣，例如：廢污水的排放、廢棄物處置不當、農業資材不當使用、工廠及汽車廢氣的排放、任意棄置管制毒化物等。在台灣地區這些污染源中以廢污水排放所造成的污染最為嚴重，工業廢水及家庭污水較少直接排入土壤中而污染土地，通常是先排入河川或灌溉渠道中，再被引進農地做為灌溉之用，因而污染農地。台灣地區灌排分離制度尚未落實，加上普遍缺乏完善之下水道及工業區規劃，故而大多成為工業廢水、家庭污水及畜牧廢水之承受水體，因此農地遭受污染之情況相當普遍，嚴重污染案例。根據相關計畫統計，目前台灣地區灌溉水污染的來源以工業廢水佔第一位，畜牧廢水次之，都市污水居第三位。

水與土壤污染危害農作物常是一體的兩面。由水污染造成之土壤污染而危害農作物大致可分為三類：第一類是改變土壤之物理化學性質，破壞農作物生長之土壤環境；第二類是水被含豐富肥力的物質污染，造成水域之優養化，而使水質呈厭氧狀況，若以此水灌溉農田，會造成土壤養分過剩而使作物生長畸型，或破壞土壤通氣性而危害農作物之生長；第三類是含毒性物質，毒性物質可能直接對作物產生危害，或雖未對植物產生直接之傷害，但會累積於作物中，經由食物鏈而對人畜造成傷害，例如重金屬。

除了特殊地層物質的天然溶解污染外，地下水污染其實與地面水同源，大多與人類活動息息相關。歸結地下水污染的來源，可分為以下幾項：

(1) 工業：工業生產過程排放含毒性物質、重金屬廢水，均易污染地下水源。
(2) 都市：家庭污水、下水道管路及化糞池破損外洩的污水、垃圾掩埋場處理不當形成的垃圾污水，以及醫院排出具有感染性的污水，皆能轉入地下造成水源污染。
(3) 農業：如灌溉剩餘的農業廢水、農藥殘餘物質；禽畜糞便中的有機物、細菌等；施肥、改良土壤的藥劑，也極易污染地下水源（如表 4.1）。
(4) 其他：拆船廢棄物、油管破裂、化工廠化學品外洩、運送化學成品車發生交通意外、遊憩區廢棄物等等不勝枚舉，均為製造污染地下水的元凶。

表 4.1　各農田水利會管轄灌溉區內近年來嚴重污染案例

水利會名稱	近年嚴重污染案例
北基	中國金屬化工廠金屬污染
桃園	高銀、基力化工廠鎘污染
石門	嘉新畜牧場、老街溪沿岸工廠及都市廢水污染
新竹	李長榮化學工廠污染
苗栗	竹南、頭份一帶工廠綜合污染
台中	烏溪水源污染、電鍍廠廢水、八寶圳、葫蘆墩圳之都市廢水污染
彰化	地下電鍍廠廢水污染
雲林	中小型養豬廢水、宏康紙廠案
嘉南	三爺宮溪污染造成停灌
高雄	後勁溪灌區、二仁溪水源污染、鳳山及內河圳都市廢水污染
屏東	屏東紙漿廠廢水污染、佳冬林邊養蝦廢水污染
花蓮	大理石業廢水污染
宜蘭	養蝦池鹽水污染農田

　　同時由於日本鎘米污染事件及國內灌溉用水屢遭工業廢水污染，自民國 72 年起環保署即著手進行土壤污染防治工作，以種植食用農作物之農田土壤列為優先防治重點，展開全國土壤重金屬含量調查，土污法施行後，對污染者處以重罰，並對遭污染土地之改善及復育工作加以規範，於 89 年 5 月公布「土壤及地下水污染整治法公布施行後過渡時期執行要點」，法規中規範所在地主管機關應依「台灣地區土壤重金屬含量等級區分表」以及「環保機關執行台灣地區土壤重金屬含量等級區分表工作內容說明」辦理相關土壤之調查、監測與土壤污染整治工作，顯示政府推動土壤污染防治之決心。

　　有關土壤重金屬含量調查，自民國 71 年起由中央環保單位著手進行調查工作。調查方式由最早 4 公里見方之 1600 公頃大樣區網格調查起，分階段完成全省之農地概況調查，並針對該調查結果，將土壤中之重金屬含量程度分為五級（詳述於表 4.2 和表 4.3），由各地方環保機關提報土壤重金屬含量達第五級

地區，合計面積共 319 公頃。為配合土壤污染管制標準之發布實施，環保署於 91 年度針對上述 319 公頃達第五級農地進行查證調查工作及個案陳情農地污染案件查證，對達土壤污染管制標準值之農地，均已依法公告為土壤污染控制場址，目前各縣市正積極辦理農地土壤重金屬污染改善工作。

土壤及地下水污染整治法（簡稱土污法）施行以前，民國 71 年曾在桃園縣觀音鄉大潭村的高銀化工與桃園縣蘆竹鄉中福村的基力化工發生鎘米事件，緣由皆來自塑膠穩定劑工廠排放含高濃度之重金屬鎘及鉛廢水至灌溉渠道，進而污染農田所致。臺灣環保機關鑒於日本鎘米污染事件及國內灌溉用水屢遭工業廢水污染，衛生署環境保護局即著手進行土壤污染調查工作，以種植食用農作物之農田土壤列為優先防治重點，為避免直接經由食物鏈進入人體及維護國民健康，因此進行了系統性土壤污染含量之調查計畫，展開全國土壤重金屬含量調查。

主要調查項目為土壤中砷、鎘、鉻、銅、汞、鎳、鉛、鋅等八種重金屬濃度。相關調查空間尺度 (見圖 4.1) 並以彰化縣為例如圖 4.2 所示。根據所執行期程，大致上可將土壤污染調查劃分成四個歷程如下表 4.2，土壤污染調查結果達 5 級之統計如表 4.3 所示。

土污法施行後，對污染者處以重罰，並對遭污染土地之改善及復育工作加以規範，於 89 年 5 月公布「土壤及地下水污染整治法公布施行後過渡時期執行要點」，法規中規範所在地主管機關應依「台灣地區土壤重金屬含量等級區分表」以及「環保機關執行台灣地區土壤重金屬含量等級區分表工作內容說明」辦理相關土壤之調查、監測與土壤污染整治工作，顯示政府推動土壤污染防治之決心。有關土壤重金屬含量調查，自 72 年起由中央環保機關著手進行調查工作。調查方式由最早 4 公里見方之 1600 公頃大樣區網格調查起，分階段完成全省之農地概況調查。

表 4.2　污染調查歷程

土壤重金屬污染現況調查工作

時程	內容
第一階段（概況調查）：71-75 年	針對全省 116 餘萬公頃進行概況調查，以 1600 公頃之農田為一單位，將 20 個樣品混合成為 1 個樣品，測定重金屬含量
第二階段（中樣區調查）：76-79 年	針對第一階段篩選重金屬濃度較高之 40 萬公頃農地，進行中樣區調查，以 100 公頃之農田為一採樣點
第三階段（中樣區調查）：80-87 年	縣市環保局針對第二階段重金屬濃度較高之地區，以每 25 公頃農田為一採樣點，進行較細部之調查
第四階段（細密調查）：88-90 年	針對應著重污染防治地區（約 10 萬公頃），進行小樣區細密調查，以 1 公頃農田為一採樣點

表 4.3　台灣地區土壤重金屬含量標準與等級區分表

單位：mg/kg

重金屬項目	第一級	第二級	第三級（背景值）	第四級（背景值）	第五級 監測值	第五級 農地優先
1.As（砷）		表土 <4 裡土 <4	4-9 4-15	10-60 16-60	>60 >60	>60 >60
2.Cd（鎘）		<0.05	0.05-0.39	0.40-10*	>10	>10*
3.Cr（鉻）		<0.10	0.10-10	11-16	>16	>40
4.Cu（銅）	<1	1-11	12-20	21-100	>100	>180
5.Hg（汞）		<0.10	0.10-0.39	0.40-20*	>20	>20*
6.Ni（鎳）		<2	2-10	11-100	>100	>200
7.Pb（鉛）		<1	1-15	16-120	>120	>200
8.Zn（鋅）	<1.5	1.5-10	11-25	26-80	>80	>300

【註】一、As 及 Hg 為全量，Cd、Cr、Cu、Ni、Pb 及 Zn 為 0.1 N 鹽酸抽出量；重金屬含量以三位有效數字表示為原則。

　　　二、〔*〕栽種稻米之農地土壤，其鎘與汞含量大於 1 mg/kg 時，應比照第五級地區，進行監測與整治事宜。

針對該調查結果,將土壤中之重金屬含量程度分為五級(詳閱表 4.4),由各地方環保機關提報土壤重金屬含量達第五級地區,合計面積共 1,027 公頃。為配合土壤污染管制標準之發布實施,環保署於 91 年度針對上述 319 公頃達第五級農地進行查證調查工作及個案陳情農地污染案件查證,對達土壤污染管制標準值之農地(表 4.5),均已依法公告為土壤污染控制場址,目前各縣市正積極辦理農地土壤重金屬污染改善工作。

4.1 九十三年度各縣市農地土壤污染調查結果

93 年度合計公告 221 筆地號(面積約 44 公頃)為農地土壤控制場址,各縣市環保機關業依土污法第 11 條第 2 項規定公告土壤控制場址。93 年度新增農地控制場址以桃園縣、台北市及台中縣等五縣市為主,93 年度桃園縣新增公

表 4.4 各等級區分表之意義說明

等級	意義說明
第一級	土壤中缺乏銅、鋅等農作物生長所需元素,尚無重金屬污染問題。
第二級	土壤重金屬含量低於環境背景值,尚無重金屬污染問題。
第三級(背景值)	係大部分土壤重金屬含量之正常範圍,為環境背景值。
第四級(觀察值)	一、除農地土壤之鎘與汞應考量對稻米之影響外,應確認重金屬之污染來源,並加強污染源之調查與管制。 二、栽種稻米之農地土壤,其鎘與汞含量大於 1 mg/kg 時,應比照第五級地區,列為土壤污染防治重點區域,優先進行監測與整治事宜。
第五級 監測值	一、土壤中有外來重金屬介入,應列為土壤污染防治重點區域。 二、本地區應加強污染源稽查管制、污染物移除並進行土壤定期監測,以遏止污染惡化並避免污染影響。 三、本地區如有環境特殊需要,得辦理土壤污染整治事宜。
第五級 農地優先整治值	一、土壤重金屬含量列為此範圍之農地,應進行監測值範圍所為之管制與監測工作。 二、本地區應依環境需要與農民意願,優先辦理土壤污染整治事宜。

表 4.5　台灣地區土壤污染調查統計表（至民國 91 年 9 月）

單位：公頃

重金屬 縣市面積 （公頃）	Pb （鉛）	Cr （鉻）	Cd （鎘）	Ni （鎳）	As （砷）	Hg （汞）	Cu （銅）	Zn （鋅）	重金屬污染 列為第五級 之地區	本計畫 調查範圍 （扣除銅 鋅部分）
基隆市	3	1					2		6	4
台北縣	7	19					39	54	79	26
桃園縣	4	10	3	1			77	42	121	17
新竹市	5	22		16	1	1	25	48	59	32
苗栗縣								7	7	0
台中縣		5		2			2	28	33	7
台中市	3	6					5		11	9
彰化縣	5	143		60			243	474	546	178
南投縣	5							1	6	5
雲林縣	1		1						1	1
嘉義市		7					7	13		7
嘉義縣	2	1					3	3		0
台南縣	5	2					1	25	29	7
台南市	10	1		1			10	24	32	11
高雄縣	7	1					2	39	41	8
屏東縣	1	1					1	13	16	2
花蓮縣								1	1	0
台東縣							1		1	0
台北市					3	2	3	12	18	4
高雄市	1						2	1	4	1
合　計	59	219	4	80	4	3	411	781	1027	319

告 106 筆地號（面積 31.51 公頃）農地土壤控制場址，本調查結果係依本署補助桃園縣政府環保局辦理「桃園縣蘆竹鄉中福鎘污染區土地細密調查與場址列管計畫」結果，進行後續公告列管。台中縣新增公告 15 筆地號（面積 3.42 公頃），調查結果係個案陳情查證公告列管。台中市新增公告 13 筆地號（面積 4.28 公頃），調查結果係依台中市環保局辦理「92 年度台中市土壤污染防治工作計畫」調查結果依法公告列管。截至 93 年底止公告中農地控制場址合計 449 筆（面積 113.95 公頃），93 年度公告中農地控制場址分布情形如圖 4.1 所示，各類重金屬污染地區分布如圖 4.2 所示。如以重金屬種類區分，係以銅、鎘、鉻及鋅之污染面積最高，其他重金屬則較少，農地污染場址各類重金屬污染百分比詳見圖 4.3。

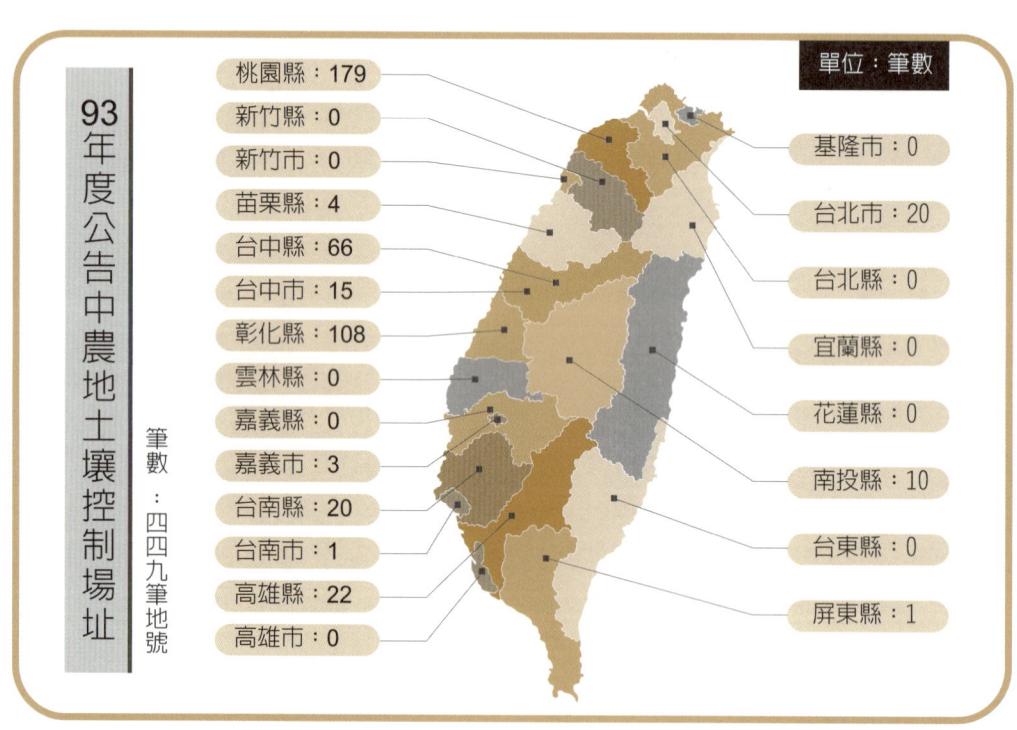

93 年度公告中農地土壤控制場址（筆數：四四九筆地號）

單位：筆數

縣市	筆數
桃園縣	179
新竹縣	0
新竹市	0
苗栗縣	4
台中縣	66
台中市	15
彰化縣	108
雲林縣	0
嘉義縣	0
嘉義市	3
台南縣	20
台南市	1
高雄縣	22
高雄市	0
基隆市	0
台北市	20
台北縣	0
宜蘭縣	0
花蓮縣	0
南投縣	10
台東縣	0
屏東縣	1

資料來源：農地土壤重金屬調查與場址列管計畫，行政院環保署，91 年 8 月

圖4.1 93 年度公告中農地控制場址分布圖（統計至 93 年 12 月底止）

第四章　污染農地土壤重金屬整治

93年度公告中農地土壤控制場址

單位：公頃

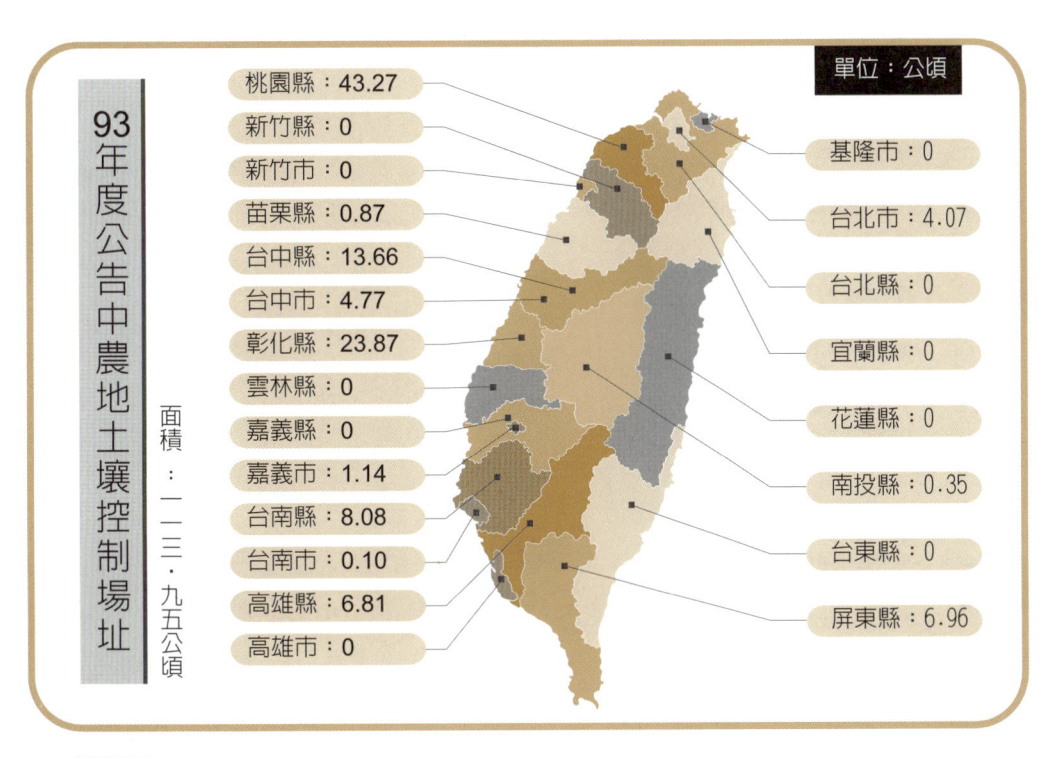

- 桃園縣：43.27
- 新竹縣：0
- 新竹市：0
- 苗栗縣：0.87
- 台中縣：13.66
- 台中市：4.77
- 彰化縣：23.87
- 雲林縣：0
- 嘉義縣：0
- 嘉義市：1.14
- 台南縣：8.08
- 台南市：0.10
- 高雄縣：6.81
- 高雄市：0
- 基隆市：0
- 台北市：4.07
- 台北縣：0
- 宜蘭縣：0
- 花蓮縣：0
- 南投縣：0.35
- 台東縣：0
- 屏東縣：6.96

面積：一一三・九五公頃

圖4.1 93年度公告中農地控制場址分布圖（統計至93年12月底止）（續）

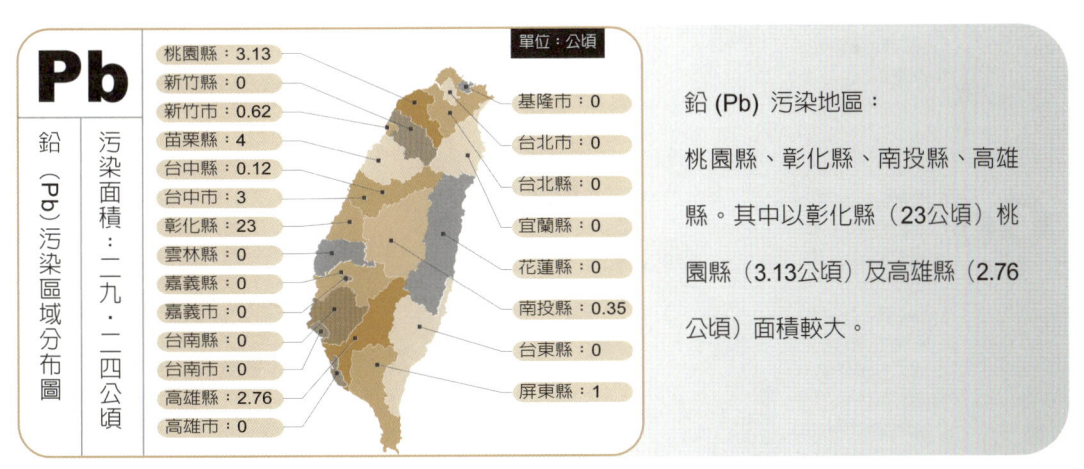

Pb 鉛(Pb)污染區域分布圖

單位：公頃

- 桃園縣：3.13
- 新竹縣：0
- 新竹市：0.62
- 苗栗縣：4
- 台中縣：0.12
- 台中市：3
- 彰化縣：23
- 雲林縣：0
- 嘉義縣：0
- 嘉義市：0
- 台南縣：0
- 台南市：0
- 高雄縣：2.76
- 高雄市：0
- 基隆市：0
- 台北市：0
- 台北縣：0
- 宜蘭縣：0
- 花蓮縣：0
- 南投縣：0.35
- 台東縣：0
- 屏東縣：1

污染面積：二九・二四公頃

鉛(Pb)污染地區：

桃園縣、彰化縣、南投縣、高雄縣。其中以彰化縣（23公頃）桃園縣（3.13公頃）及高雄縣（2.76公頃）面積較大。

資料來源：農地土壤重金屬調查與場址列管計畫，行政院環保署，91年8月

圖4.2 農地各類重金屬污染分布圖

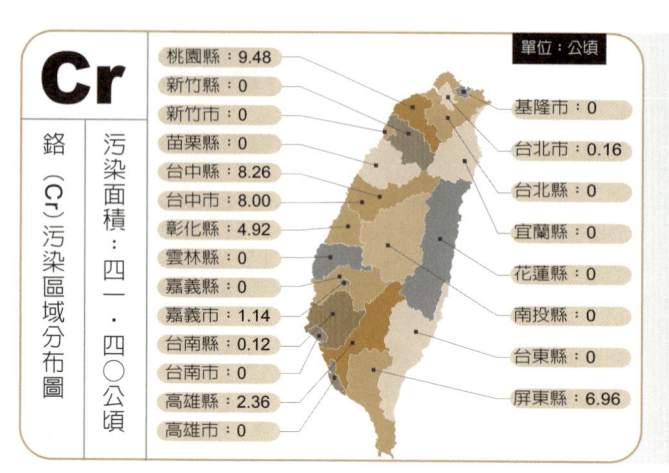

Cr

鉻 (Cr) 污染區域分布圖
污染面積：四一.四〇公頃

桃園縣：9.48
新竹縣：0
新竹市：0
苗栗縣：0
台中縣：8.26
台中市：8.00
彰化縣：4.92
雲林縣：0
嘉義縣：0
嘉義市：1.14
台南縣：0.12
台南市：0
高雄縣：2.36
高雄市：0
基隆市：0
台北市：0.16
台北縣：0
宜蘭縣：0
花蓮縣：0
南投縣：0
台東縣：0
屏東縣：6.96

單位：公頃

鉻 (Cr) 污染地區：

台北市、桃園縣、台中縣市、彰化縣、嘉義市、台南縣、高雄縣及屏東縣其中以桃園縣（9.48公頃）及台中縣（8.26公頃）面積較大。

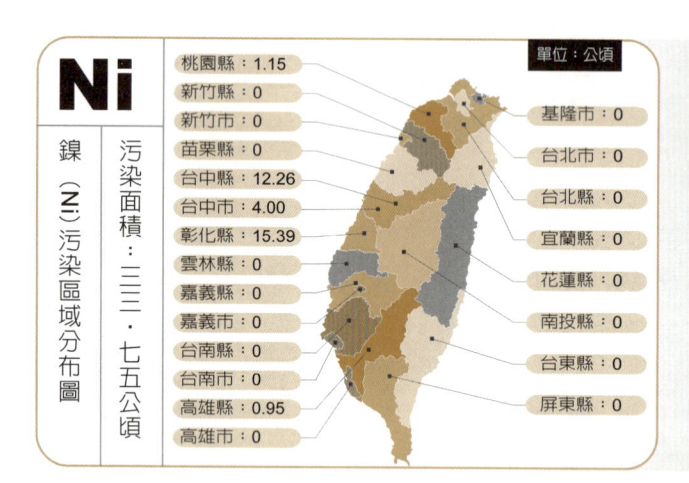

Ni

鎳 (Ni) 污染區域分布圖
污染面積：三三.七五公頃

桃園縣：1.15
新竹縣：0
新竹市：0
苗栗縣：0
台中縣：12.26
台中市：4.00
彰化縣：15.39
雲林縣：0
嘉義縣：0
嘉義市：0
台南縣：0
台南市：0
高雄縣：0.95
高雄市：0
基隆市：0
台北市：0
台北縣：0
宜蘭縣：0
花蓮縣：0
南投縣：0
台東縣：0
屏東縣：0

單位：公頃

鎳 (Ni) 污染地區：

桃園縣、台中縣市、彰化縣及高雄縣。其中以彰化縣（15.39公頃）、台中縣（12.26公頃）及台中市（4.00公頃）面積較大。

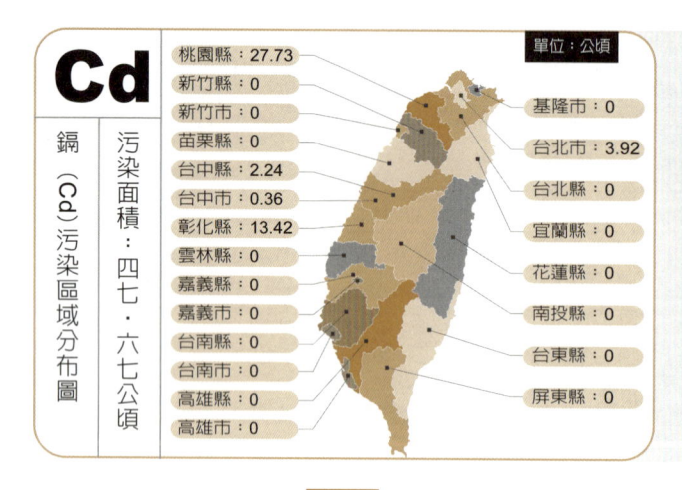

Cd

鎘 (Cd) 污染區域分布圖
污染面積：四七.六七公頃

桃園縣：27.73
新竹縣：0
新竹市：0
苗栗縣：0
台中縣：2.24
台中市：0.36
彰化縣：13.42
雲林縣：0
嘉義縣：0
嘉義市：0
台南縣：0
台南市：0
高雄縣：0
高雄市：0
基隆市：0
台北市：3.92
台北縣：0
宜蘭縣：0
花蓮縣：0
南投縣：0
台東縣：0
屏東縣：0

單位：公頃

鎘 (Cd) 污染地區：

台北市、桃園縣、台中縣市、彰化縣。其中以桃園縣（27.73公頃）及彰化縣（13.42公頃）面積較大。

圖4.2　農地各類重金屬污染分布圖（續）

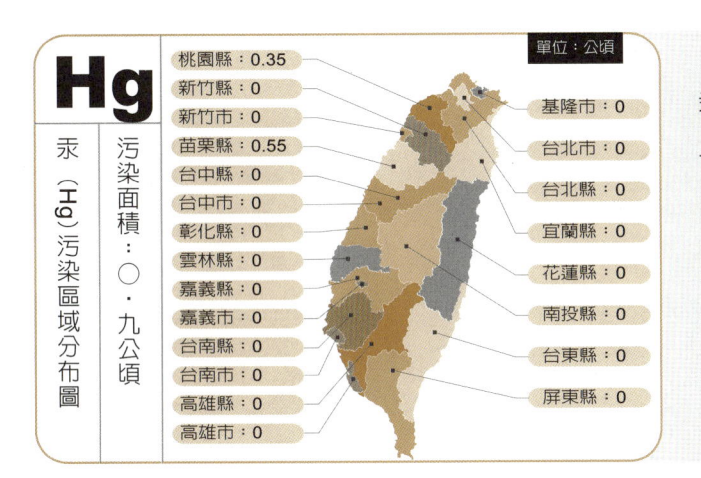

第四章　污染農地土壤重金屬整治

Hg 汞(Hg)污染區域分布圖　污染面積：〇．九公頃

- 桃園縣：0.35
- 新竹縣：0
- 新竹市：0
- 苗栗縣：0.55
- 台中縣：0
- 台中市：0
- 彰化縣：0
- 雲林縣：0
- 嘉義縣：0
- 嘉義市：0
- 台南縣：0
- 台南市：0
- 高雄縣：0
- 高雄市：0
- 基隆市：0
- 台北市：0
- 台北縣：0
- 宜蘭縣：0
- 花蓮縣：0
- 南投縣：0
- 台東縣：0
- 屏東縣：0

單位：公頃

汞(Hg)污染地區：

台北市及苗栗縣。其中以苗栗縣（0.55公頃）面積較大。

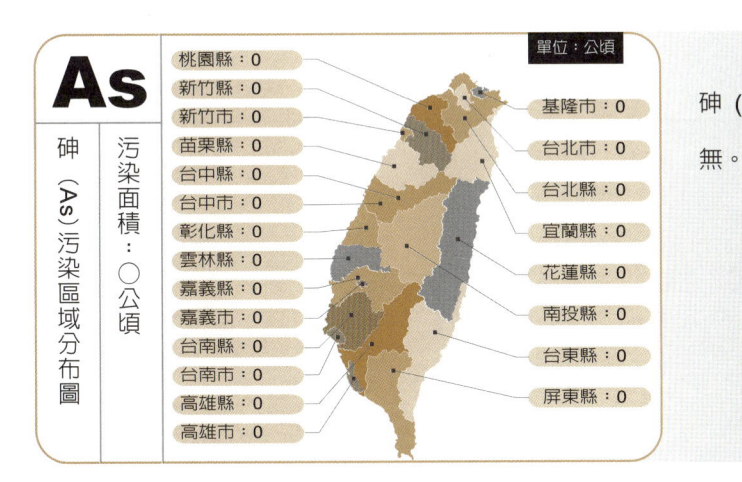

As 砷(As)污染區域分布圖　污染面積：〇公頃

- 桃園縣：0
- 新竹縣：0
- 新竹市：0
- 苗栗縣：0
- 台中縣：0
- 台中市：0
- 彰化縣：0
- 雲林縣：0
- 嘉義縣：0
- 嘉義市：0
- 台南縣：0
- 台南市：0
- 高雄縣：0
- 高雄市：0
- 基隆市：0
- 台北市：0
- 台北縣：0
- 宜蘭縣：0
- 花蓮縣：0
- 南投縣：0
- 台東縣：0
- 屏東縣：0

單位：公頃

砷(As)污染地區：

無。

Zn 鋅(Zn)污染區域分布圖　污染面積：三六．一八公頃

- 桃園縣：3.36
- 新竹縣：0
- 新竹市：0
- 苗栗縣：0.33
- 台中縣：3.60
- 台中市：2.00
- 彰化縣：16.19
- 雲林縣：0
- 嘉義縣：0
- 嘉義市：0
- 台南縣：7.05
- 台南市：0.09
- 高雄縣：3.50
- 高雄市：0
- 基隆市：0
- 台北市：0.06
- 台北縣：0
- 宜蘭縣：0
- 花蓮縣：0
- 南投縣：0
- 台東縣：0
- 屏東縣：0

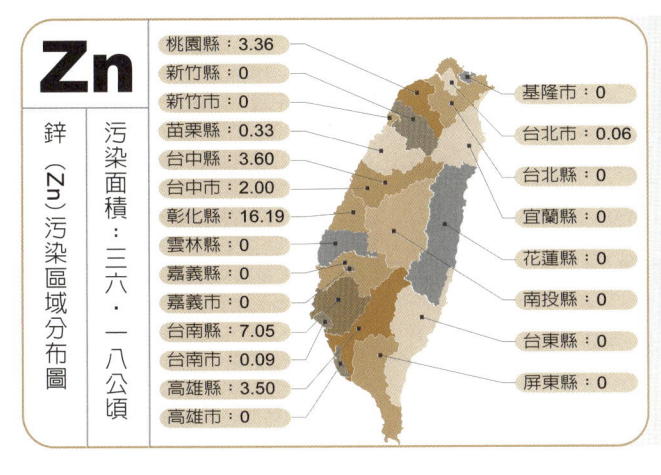

鋅(Zn)污染地區：

台北市、桃園縣、苗栗縣、台中縣市、彰化縣、台南縣市、高雄縣。其中以彰化縣（16.19公頃）、台南縣（7.05公頃）及台中縣（3.6公頃）面積較大。

圖4.2　農地各類重金屬污染分布圖（續）

銅 (Cu) 污染區域分布圖

污染面積：五八．四六公頃

單位：公頃

縣市	面積
桃園縣	26.53
新竹縣	0
新竹市	0
苗栗縣	0
台中縣	5.78
台中市	2.0
彰化縣	22.79
雲林縣	0
嘉義縣	0
嘉義市	0
台南縣	0.12
台南市	0
高雄縣	0.55
高雄市	0
基隆市	0
台北市	0.69
台北縣	0
宜蘭縣	0
花蓮縣	0
南投縣	0
台東縣	0
屏東縣	0

銅（Cu）污染地區：台北市、桃園縣、台中縣市、彰化縣、台南縣、高雄縣。其中以桃園縣（26.53公頃）、彰化縣（22.79公頃）及台中縣（5.78公頃）面積較大。

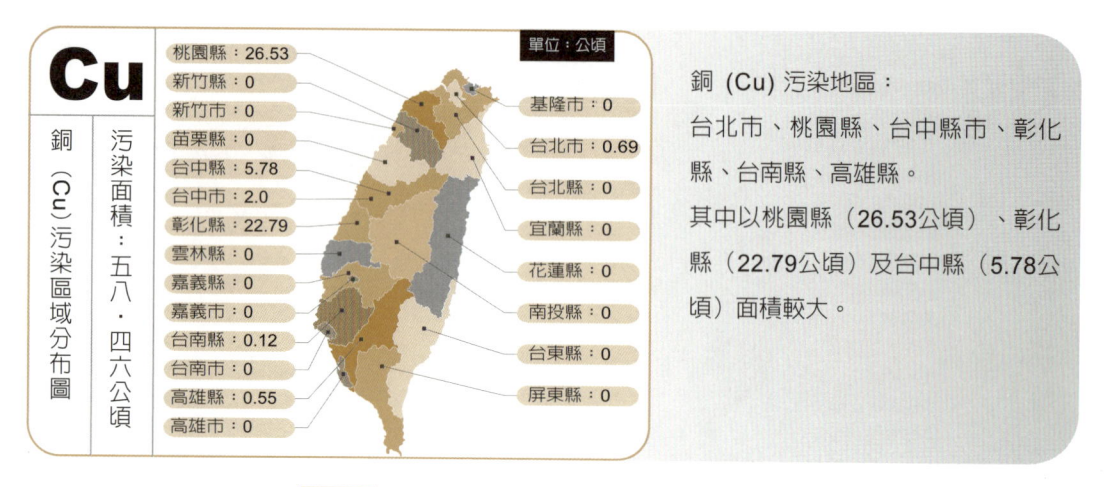

圖4.2　農地各類重金屬污染分布圖（續）

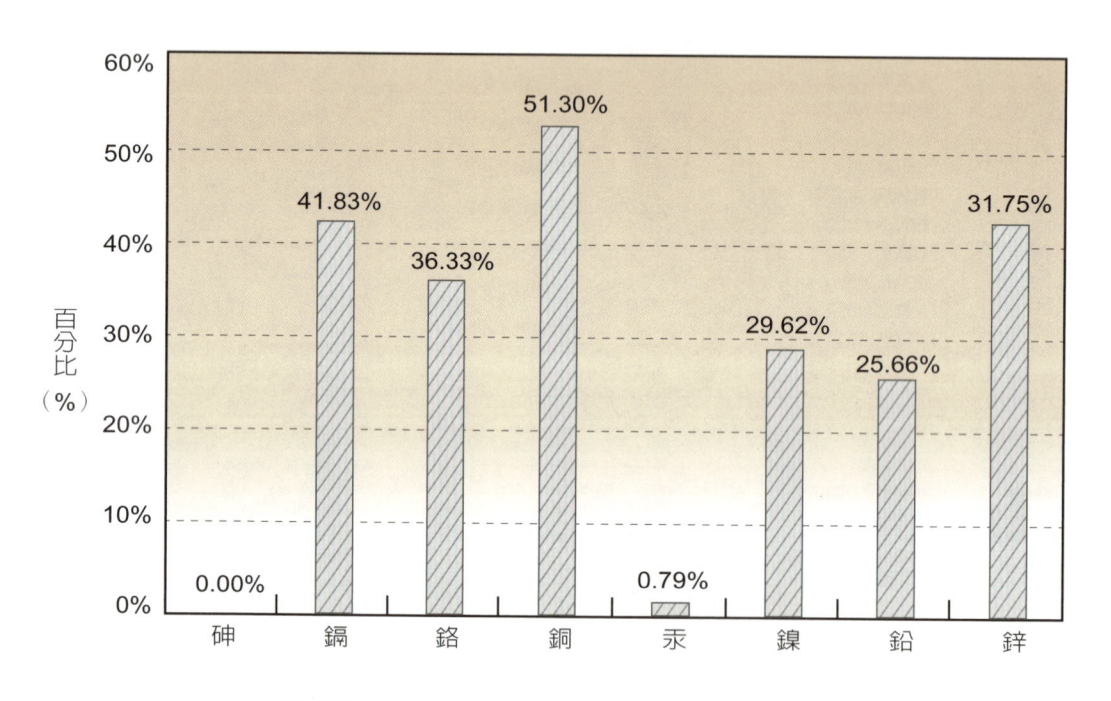

重金屬	百分比
砷	0.00%
鎘	41.83%
鉻	36.33%
銅	51.30%
汞	0.79%
鎳	29.62%
鉛	25.66%
鋅	31.75%

圖4.3　農地污染場址各類重金屬污染百分比

4.2 農地土壤污染改善工作

台灣因區域排水系統未臻完善,部分農田灌溉渠道因事業廢水排入,造成灌溉用水污染,且部分農地因長期引用受污染灌溉水源,使農田土壤及食用農作物重金屬含量過高,對國人健康構成潛在的威脅,為解決此問題,除針對已遭污染農地土壤進行改善工作外,污染源追查管制、溝渠底泥之清除及推動灌排分離政策,唯有如此才能徹底解決農地土壤污染問題。

對於遭工業廢水污染之農地除公告列管及採取緊急必要措施外,並應進行後續污染改善工作。目前已公告列管之農地污染改善方式,原則分為兩種,對於遭重金屬鉻、銅、鎳、鋅污染之農地,採「土壤翻土混合稀釋法」處理,對於遭重金屬鎘、鉛、汞污染及污染濃度較高地區之農地,可採「土壤酸洗法」或「熱處理法」處理及其他適當之改善方法,如排土、客土法等。

累計至 93 年底止共完成 962 筆地號(面積約 233 公頃)農地污染改善工作,並依法解除公告列管,解除彰化縣、新竹市、桃園縣、台南縣及台北縣等 9 縣市部分農地控制場址公告列管,各縣市解除農地控制場址列管情形如表上所示,除苗栗縣、台中市及南投縣尚未正式執行農地污染改善工作外,其他縣市刻正執行地污染改善作業中或驗證中,其中雲林縣、嘉義市及屏東縣三縣市因污染行為人明確,已由污染行為人自行改善中,並未補助執行農地污染改善工作。未來環保署將持續加強督促及協助地方政府,儘速完成污染改善工作,以期使農地恢復原有用途之目標。

4.3 重金屬污染特性及其整治案例全國潛在重金屬污染源調查計畫探討

因工、農事業廢棄物所排放之廢水及懸浮微粒,或工廠與廢五金的排煙,經沉降等管道後,讓土壤受到不同程度污染。當重金屬污染土壤後,土壤中細菌、真菌及放射菌菌數下降;有機氮之礦化、硝化,呼吸作用,根瘤菌之固氮作用能力降低,導致作物減產,影響作物產品品質。

重金屬對植物之危害機制為:(1) 改變植物之生理;(2) 與微量元素(如鐵)或必需元素(氮或磷)產生競爭作用。

當人體經由食物鏈攝入重金屬累積過量之植物後,會受到重金屬之危害,

而引起肝、腎、神經功能障礙、骨骼及皮膚病變、癌症等，嚴重時甚至造成死亡。土壤及地下水污染整治法公布施行後，環保單位陸續進行一連串的污染調查計畫（表 4.6），以查證土污染的程度是否已達法規管制標準，現已完成全國農地污染調查計畫。未來將針對土壤檢測結果達管制標準的場址，除依法公告為控制場址外，環保機關亦將儘速採取有效之整治技術，期使土地資源永續利用。

表 4.6　重金屬污染及其來源

重金屬	污染來源
砷	肥料工廠、農藥製造業、農業活動、玻璃業
鎘	電鍍業、染整業、化工廠、冶煉業、肥料工廠
鉻	電鍍業、染整業、皮革業、冶煉業
銅	電鍍業、冶煉業、農藥製造廠
汞	化工廠、農藥製造廠、電池製造業
鎳	電鍍業、染整業、冶煉業
鉛	電鍍業、染整業、化工廠、冶煉業、電池製造業
鋅	電鍍業、化工廠、冶煉業、肥料工廠、農業製造業、電池製造業

為保證民眾食用農作物之安全，環保署主動針對以往有可能受重金屬污染的農地，依新公告的管制標準及檢測方法進行污染土地確認查證工作，並依土壤及地下水污染整治法進行。

污染土地控管及後續整治。國內現行的重金屬污染管制標準主要針對鎘、鉻、汞、砷、銅、鋅、鎳、鉛等八大金屬進行管制，而這些重金屬對農作物及人體健康的影響主要如下：

▶ 砷（As）

　　土壤中之砷會被水稻吸收而分布於整個植物之中，其中以根部最多，莖葉次之，穀粒為最少。砷主要來自顏料、皮革及農業製造業。

1. 植物的作用

    生長抑制、抑制能量代謝、增加水稻空殼率。

2. 人體的作用

    - 急性中毒

        食入：噁心、嘔吐、腹痛、血便、休克、低血壓、溶血、大蒜、及金屬味、肝炎、黃疸、急性腎衰竭、昏迷、抽搐。

        吸入：咳嗽、呼吸困難、胸痛、肺水腫、急性呼吸衰竭。

    - 慢性中毒：烏腳病、溼疹、角質化、皮膚癌、中樞及周邊神經病變、貧血、血球稀少、白血病、肝功能異常。

    - 三價砷毒性大於五價砷

    - 土壤監測基準：30 mg/kg/ 土壤管制標準：60 mg/kg。

鎘（Cd）

鎘非常容易被植物體所吸收，而且容易被輸送至作物之上部，如水稻穀部，故在國際上鎘被視為必須嚴加管制污染物質之首位，當土壤受少量鎘污染時，所種植之作物常有高濃度之累聚現象，因此極易藉著作物進入哺乳動物之食物鏈中。鎘主要來自金屬表面處理業，塑膠安定劑製造業。

1. 植物的作用

    植物葉片變小或枯死、降低植物生產。

2. 人體的作用

    - 急性中毒

        吸入：胸痛、頭痛、咳嗽、呼吸困難、發燒、肺水腫、腎肝壞死。

        食入：噁心、腹痛、嘔吐、出血性腸胃炎、肝、腎壞死、心臟擴大慢性中毒。

        a. 骨頭的的危害：痛痛病——骨質疏鬆、骨質疼痛及腎小管功能失調。

        b. 吸呼系統的危害：慢性鼻炎、咽喉炎或慢性阻塞性肺氣腫。

        c. 腎傷害與低分子量蛋白尿。

    - 土壤監測基準：10 mg/kg（食用作物農地之監測基準值為 2.5 mg/kg）。

    - 土壤管制標準：20 mg/kg（食用作物農地之管制標準值為 5 mg/kg）。

▶ 鉻（Cr）

鉻與鎳相同，對哺乳動物之毒性低，然而溶解態之六價鉻則具致癌性。鉻主要來自金屬表面處理業及製革業廢水。

1. 植物的作用

   僅少部分可溶，移動性不佳，不易被植物所吸收。

2. 人體的作用

   - 急性中毒

     六價鉻：具有劇毒及腐蝕性。會造成鼻中膈穿孔、皮膚鉻潰瘍、過敏性接觸皮膚炎、胃腸出血性胃腸炎（食入 1-2 公克會致命）、急性腎衰竭（食入、吸入或皮膚吸收）、肺水腫（吸入大量）。

     三價鉻：為身體必須元素，為糖份代謝必要，腸胃吸收困難（＜ 1%）。

   - 慢性中毒：長期六價鉻暴露可能引起癌症，尤其是肺癌。
   - 呼吸系統：氣喘及塵肺症。
   - 土壤監測基準：175 mg/kg。
   - 土壤管制標準：250 mg/kg。

▶ 銅（Cu）

農作物對銅的吸收仍不顯著，在植物體內傳導性更低，故當人體食用生長在嚴重銅污染土壤之作物時，應仍無虞銅之危害。銅的管制主要係針對生態保護為前提，銅對低等浮游生物具極毒性。銅主要來自金屬表面處理業及塑膠安定劑製造業。

1. 植物的作用

   黃化、生長遲緩、殺藻劑。

2. 人體的作用

   低劑量對人體影響不大。

   - 急性中毒：嚴重的噁心、含綠藍物的嘔吐、腹痛、腹瀉、吐血、變性血紅素症、血尿等症狀。嚴重者會有肝炎、低血壓、昏迷、溶血、急性腎衰竭、抽搐等併發症。甚至死亡也可能發生。
   - 慢性中毒：銅為人體必須元素，吸收後很快的經由尿液及膽汁排出，目前醫學文獻少有慢性銅中毒報告。

- 可能影響：慢性肝病變鼻中膈穿孔、肺部肉芽腫、肺間質纖維化及肺癌。
- 土壤監測基準：220 mg/kg（食用作物農地之監測基準值為 120 mg/kg）。
- 土壤管制標準：400 mg/kg（食用作物農地之管制標準值為 200 mg/kg）。

◎ 汞（Hg）

植物對汞的吸收性極低，但有機汞卻有截然不同的反應，有機汞極易被植物吸收，因此很容易進入食物鏈中。所幸，當土壤於好氧狀態下，有機汞有轉變成無機汞的現象，因此農田作物吸收有機汞的可能性不高。汞主要來自電池工業及酸鹼工業。

1. 人體的作用

   水俁病。
   - 土壤監測基準：10 mg/kg（食用作物農地之監測基準值為 2 mg/kg）。
   - 土壤管制標準：20 mg/kg（食用作物農地之管制標準值為 5 mg/kg）。

◎ 鎳（Ni）

鎳對於哺乳動物的毒性低，因此生長在嚴重鎳污染之作物，被人體食用後，亦很少呈毒害。鎳主要來自金屬表面處理業及電池工業。
- 土壤監測基準：130 mg/kg。
- 土壤管制標準：200 mg/kg。

◎ 鉛（Pb）

土壤中高濃度的鉛對作物並無毒害，而濃度過高時可以抑制光合作用的進行。植物對鉛的吸收並不顯著，並通常只累聚在植物的根部，然而鉛對兒童中樞神經之發育有影響。鉛主要來自金屬表面處理業、皮革製造業及電池工業。

1. 人體的作用

   中樞神經影響－尤以兒童影響為巨。
   - 土壤監測基準：1000 mg/kg（食用作物農地之監測基準值為 300 mg/kg）。
   - 土壤管制標準：2000 mg/kg（食用作物農地之管制標準值為 500 mg/kg）。

◎ 鋅（Zn）

植物對鋅有吸收性，雖然鋅對植物的毒性低，但在吸收累聚下，對於食

用之人畜仍有危害性，雖然鋅亦常為人體需補充之微量物質。鋅主要來自電池工業及塑膠安定劑製造業。

- 土壤監測基準：1000 mg/kg（食用作物農地之監測基準值為 260 mg/kg）。
- 土壤管制標準：2000 mg/kg（食用作物農地之管制標準值為 600 mg/kg）。

農作物吸收重金屬之影響因素常包括重金屬的種類與濃度、植物的種類、土壤 pH 值及氣候等等因素。不同植物在不同土壤中對重金屬離子有不同的吸收與積聚作業，一般而言，農作物在土壤中吸收重金屬的程度分為：鎘＞鋅＞汞＞銅＞鉛＞砷＞鉻，其中鎘、鋅、汞、銅、鉛等五類重金屬較可能被植物吸收且易積聚於植物體內。

▶▶ 熱脫附法

目前熱脫附法國內運用熱脫附的案例為台塑汞污泥之處理，熱脫附處理技術係將土壤先經過脫水處理，在利用加熱將污染物質脫出，為防止二次污染，對於脫出之廢水及廢氣亦應收集處理。一般而言，高黏度及高污染量之土壤其處理時間將增長。國內套裝可移動式熱脫附機具之應用，可提昇未來土壤遭受汞污染處理之機動性及經濟可行性。

▶▶ 垂直翻轉法

翻轉法係將高重金屬濃度之表土翻入下部，並將其下低重金屬濃度之裡土翻轉至表面，藉由稀釋的作用，使翻轉後之表土土壤重金屬濃度降低，並符合法規管制標準。一般而言，翻轉法應考量地水水位及土壤的厚度，國內曾經針對彰化縣花壇鄉，遭受鎘污染之農地進行翻轉稀釋污染改善工作，成功地達成污染改善目標。由於該區土壤厚度至少為一公尺半以上且地下水位亦低，其土壤翻轉至 50 公分。表裡土翻轉稀釋法，適用於表土受金屬污染而裡土重金屬濃度正常之農地，且土壤 pH 值介於 4 至 8 之間，砂質農地土壤不適合，且地下水位應於 1 公尺以下，翻轉之後之土壤肥力改善而單純以施用有機質肥料以補足養分解決。

澳洲及紐西蘭曾有以翻轉土層法進行污染土壤之整治，其亦利用深層乾淨的土壤與表層遭污染的土層混合，使原本污染物的濃度降低，對人體造成的風險減到可接受的程度，以澳洲及紐西蘭之經驗，當一個污染場址面積分布範圍廣大，且污染物質濃度並沒有很高的時候（比如超出管制標準 2 倍以內），垂直翻轉法為合適之整治方法。其優於排土客土及淋洗法之主要原因為，找尋適

合的棄土放置場不易而化學淋洗法其成本較高。使用垂直翻轉法需注意事項如下所述：

(1) 事先詳細的場址調查調查項目應包括污染物種類、污染物垂直分布、水文分布、污染物背景值、土壤的物理性質、現場地質調查等等，這些調查都有助於後續的整治，事前的場址調查越詳細，對於整治的成功率也越大。

(2) 翻轉土層的深度理論上翻轉土層的深度越大的話，對於污染物稀釋的效果會越好，所以如不考慮成本的因素，翻轉土層越大對於整治的效果應該越好，但翻轉土層越大，會衍生一個問題，即翻轉後土層的均質性越不容易達到。根據以往研究顯示，翻轉土層的深度以不要超過 50 公分最佳。

澳洲計算所需翻轉土層的深度可由下列公式求得：

y ＝翻轉土層所需深度（mm）

x ＝最高濃度污染所在深度（mm）

a ＝最高濃度污染的濃度（mg/kg）

b ＝背景濃度（mg/kg）

H ＝法規標準（mg/kg）

(3) 污染場址有無高濃度污染區域（hot spot）：根據國外的定義，當一區域污染物濃度超過法規標準的三倍以上時，稱為高濃度污染區域（hot spot）。如場址確定有 hot spot 存在時，建議用其他整治方式進行整治。

(4) 污染物是否為揮發性有機物：翻轉土層法過程中會將原地表下的污染物經由翻轉接觸到空氣，如果污染物是揮發性有機物的話，便會在翻轉的過程中逸散到空氣中，造成空氣污染。

(5) 整治時間的選擇：翻轉土層過程中會將原本緻密的土壤變成鬆散的結構，這些鬆散的土壤如遇到大雨便很容易被帶走，造成土壤流失，甚至將原本土壤中的污染物一起帶走，造成地下水質或水源的污染，所以進行垂直翻轉法時間點最好選擇避開雨季、颱風季節。翻轉土層過程中會將原本緻密的土壤變成鬆散的結構，這些鬆散的土壤如遇到大雨便很容易被帶走，造成土壤流失，甚至將原本土壤中的污染物一起帶走，造成地下水質或水源的污染，所以進行垂直翻轉法時間點最好選擇避開雨季、颱風季節。

(6) 整治過程的控制管理：整治過程中，需要一套嚴密的控制及管理的計畫，避免在整治過程中造成人員及環境的傷害；在人員安全性方面，人員因需要直

接接觸有污染的土壤，相對所承擔的風險較高。所以人員在進行整治時，需配穿安全防護的服裝，並定時檢查人員的健康狀況。此外，場址需清楚的標示及圍籬，以免附近民眾闖入遭大型機具所傷。在環境的維護方面，整治時空氣中的塵粒必定會增加，如何有效的控制避免造成環境的危害，大型機具所產生的噪音問題也必須符合法規的規範，諸如此類的問題都需加以有效管理。

土壤淋洗法

土壤淋洗處理係將土壤以大量清水淋洗，使土壤達到近飽和狀態後，再以藥劑進行淋洗處理。在桃園縣觀音鄉土壤遭受鎘污染之土壤淋洗處理案例中，係將欲處理農地上覆以透明塑膠布，使淋洗液均勻滲入土壤中，田埂高度應大於水深以免溢流，淋洗過後並應回收滲漏水。

未來土壤整治在參考土壤厚度、土壤質地、地質條件、地下水水位及氣候等條件，針對銅、鋅、鎳、鉻可採土壤翻轉混合稀釋為主，然而應考量原調查坵塊中採樣點達管制標準之分布狀況，若原調查坵塊非全坵塊受污染，後續整治時經考量污染濃度分布狀況，則可減低其混合稀釋所需之工程及經費。一般而言，受重金屬污染之情形，將以取水口為起點，向外延伸呈現扇形分布濃度遞減之等濃度分布曲線。另外，針對鉛鎘污染之農地，建議可進行細部採樣，以細分瞭解農地坵塊之污染濃度分布，對於低濃度部分污染土壤仍可採混合稀釋法；針對高濃度污染區域（俗稱 hot spot）採土壤酸淋洗法。此外遭受汞污染農地則可考量類似台塑汞污泥成功處理案例之熱脫附法進行整治。

國內在密集調查農地的結果持續產出的同時，相關單位應本專業針對不同農作物於污染土地之重金屬吸收狀況進行研析，以提供農地上食用作物適當之後續處理處置措施，避免浪費相關之資源。針對污染之農地亦應儘早加以整治復育以確保土地資源之永續利用。

> **延伸閱讀**

農地重金屬污染整治技術──植物復育法

植物復育法乃運用綠色植物藉由其吸收降解及分解，以減低土壤及地下水之污染狀況。相較於目前美國常用的自然衰減法（Natural Attenuation）更為民眾接受的污染物整治技術。植物復育法已成功地運用在石油碳氫化合物、BETX、PCB、三氯乙烯等含氯溶劑、重金屬、農藥及氮磷營養鹽。

選擇植物復育法應注意 (1) 作物的選擇；(2) 符合法規的需求；(3) 定期的監測；(4) 與其他整治技術花費之比較。決定植物復育成功的主要因素包括 (1) 將污染物由土壤及地下水中抽出並加以降解其污染程度至無害或較低毒性之副產物；(2) 植物生長率需高；(3) 選擇適合場址當地之氣候及土壤特性之植物；(4) 強吸水性葉蒸率高之植物，且避免引進非本土性生長之植物種種類。紐澤西州 Trenton 褐地場址以植物（Indian mustard）之抽出機制降低土壤中鉛的污染濃度，在單一植物生長季中減低土壤中鉛平均濃度 13%，成功地將 4,500 平方呎 72% 的污染區域整治達到 400 mg/kg 之整治基準（國內鉛食用作物土壤污染管制標準為 500 mg/kg）。

植物復育法之污染物去除機制主要包括 (1) 植物分解：由於植物本身之代謝或酵素分解污染物；(2) 植物吸取：由植物根部吸收後並傳輸至根部上部，針對重金屬之去除機制，乃在於後續妥善地收割及植物處理處置，植物根部亦有將污染物沉澱固定之功能；(3) 植物蒸發：由植物吸收污染物後，透過植物本身轉化機制將污染物轉為無害之二氧化碳蒸發。(4) 植物根部附近微生物作用：透過植物根部附近微生物之分解作用將污染物分解，若為好氧性微生物，通常可在根部加入通氣管。

植物復育法運用在污染場址整治之主要優點為：(1) 可同時去除多種污染物，包含有機物及重金屬等。(2) 可就地處理污染物質：在人口稠密的區域，污染土壤之離場處理常造成搬運過程之危害曝露風險。植物復育法適合運用人口密集區域，且不需挖除任何污染之土壤。(3) 可提供污染物完全去除的整治效

率：植物復育法幾乎可完全去除大部分之污染物，可使污染土地於整治後作永續之利用。(4) 可作為中間處理之選擇：植物復育法可作為配合其他整治方式之前置處理作為，主要可將污染物質先行固定，防止污染範圍擴散。(5) 初設及操作費低：植物復育法通常較其他污染場址整治技術便宜，且亦有協助污染場址造景之功能，可為大部分民眾所接受。植物復育法無需外加之機械動力，主要藉太陽為主要能量來源，提供植物光合作用所需；且植物無需移除污染土壤及運送可就地處理污染物。然而植物復育法需要完善之污染場址監測，以確保污染物之去除，且監測之時間隨污染物之去除效果而需增長。

根據美國環保署 1996 年之報告指出，以整治一塊 12 公頃遭受鉛污染的場址而言，以挖除及處置需花費 1200 萬美元，以土壤淋洗需 630 萬美元，以土壤就地封閉需 60 萬美元，而以植物復育法僅需 20 萬美元。以植物復育法運用於明尼蘇達州土壤重金屬之整治實例而言，每一立方碼之土壤約需 153 美元。國內 319 公頃土壤細密調查的結果已全部完成，未來面臨是於最短時間內完成污染農地的整治工作。此次調查結果依污染面積大小依次為鎳、鉻、銅、鋅，僅少數為鎘、汞、鉛等重金屬污染，此次調查並未發現受砷污染之農地。未來依農地污染之狀況，即污染濃度的高低，並參考土壤之性質及污染重金屬之種類，在考量處理花費及期程以選擇適切的整治技術，植物復育法在於花費及民眾接受度上應為良好的整治考量。

由美國超級基金場址哈德遜河談底泥污染問題

國內歷來由於工業廢水未依法定標準處理排放，且灌排渠道無法有效分離，致使重金屬及難分解有機物如多氯聯苯等沈積於灌排渠道之底泥，甚而污染土壤及鄰近排放水體。環保署近來展開針對電鍍及有關金屬工業的大執法行動，期能截斷污染源頭，並進行排放渠道底泥重金屬之沈積歷史分析，以瞭解污染農地及污染源間的相對關係。

美國環保署對於紐約哈德遜河底泥是否濬渫持續爭議中，長達 200 英哩的哈德遜河段，於 1984 年被列為超級基金場址，主要受奇異公司（G.E.）近 30 年排放廢水，所含多氯聯苯長期累積於底泥所致。多氯聯苯經由食物鏈生物蓄積於魚類，人們食用後將間接產生致癌等健康影響。美國環保署決定濬

濬 2 百萬立方公尺的底泥，未來將從 40 英哩的河段中，移除約 68 公噸的多氯聯苯。然而環保團體及鄰近民眾擔心，濬渫工程一旦展開所可能產生沈積下來的污染物再度回懸（resuspension）於水體中影響水質、作業過程中所產生的噪音與空氣污染臭味及後續底泥的處理處置等問題。有關污泥中污染物回懸之問題，從技術上而言，可分析該污染物於污泥中存在及鏈結的狀態，若以國內近來熱門的重金屬污染而言，筆者於博士研究時曾探討重金屬於底泥存在狀態，以階段萃取方式（Sequential Extraction）可瞭解重金屬在污泥是屬可置換（Exchangeable）、吸附（Adsor bed）、有機物鏈結（Organi cally bound）、碳酸鹽鏈結（Car bonated）、硫化物鏈結（Sulfide）或殘存固體物（Residual）部分。一般而言，重金屬與污泥結合方式若屬可置換部分，則很可能於濬渫時回復於水體中對水質生態造成衝擊。國內於即將展開灌排渠道之清除，及未來進行河川及運河底泥於疏濬時，應考量上述的二次公害問題。

補充資料

重金屬對植物之毒害濃度及其作為食物之容許含量

重金屬	植物體地上部之含量（μg/g 乾重）			食物中之容許含量	
	正常濃度[a]	毒害濃度[a]	毒害濃度[b]	家畜[a]（μg/g 乾重）	人類[c]（μg/g 鮮重）
無機砷	0.01-1	3-10	30-100	50	5
鎘	0.01-1	5-700	5-10	0.5	0.5
三價鉻	0.01-1	20	30-100	3000	—
銅	3-20	25-40	20-30	25-300	100
汞	<0.01-0.09[d]	1-3[d]	0.5	0.5[e]	0.5
鎳	0.1-5	50-100	20-50	50-300	—
鉛	2-5	—	50-2000	30	10
鋅	15-150	500-1500	100-300	300-1000	1000-5000

【註】(a) 數據取自 L.W.Jacobs,1990
　　　(b) 數據取自 M.Chino,1981
　　　(c) 數據取自許東榮等,1982
　　　(d) 數據取自 A.Kabata-Pendias & H.Pendias,1993
　　　(e) 數據取自 L.W.Jacobs,1994

世界各國之農地土壤重金屬管制濃度（mg/kg-1）

國家	As	B	Ba	Cd	Co	Cr	Cu	Hg	Mo	Ni	Pb	Se	Zn	參考文獻
澳洲	20			1		100	100	1		60	150	5	200	1
奧地利				2		100	100	2		60	100		1000	2
比利時				12		500	750	10		100	600		2500	3
中國大陸	75 75	150 150		5 20		600 1000	250 500	15 -		100 20	300 1000		500 1000	4[a] 4[b]
丹麥				0.8		100	1000	0.8		30	120		400	5
法國				2		150	100	1		50	100	10	300	6
義大利				1.5			100	1		75	100		300	7
荷蘭	55		625	12	240	380	190	10	200	210	530		720	8[d]
挪威				1 4		100 125	50 1000	1 5		30 80	50 100		150 1500	9[e] 9[f]
南非	2	10		2	20	80	100	0.5	2.3	15	56	2	185	10
瑞典				0.4		30	40	0.3		30	40		75	11
英國	50			3		400	100	1	4	60	300	3	250	12
美國	20 41			20 39		1500 1200	750 1500	8 17	9 18	210 420	150 300	50 36	1400 2800	13 14[h]
加拿大	20		750	3	40	750	150	0.8	5	150	375	2	600	15
德國	50		20	5		500	200	50	210	200	1000	10	600	16
歐洲聯盟委員會				1-3		100-150	50-140	1-1.5	30-80	30-75	50-300		150-300	17[f]
日本	15						125	0.5		100	400		150	18[l]
中華民國	60			205		250	400 200	205		200	2000 500		2000 600	19[j] 19[k]

世界各國土壤污染管制策略概況

國家	土壤污染管制策略
歐聯	沒有界定土壤品質標準 有嚴格廢棄物管制程序以避免無法控制的廢棄物處理，確保土地永續經營 有嚴格的地下水品質標準
法國	沒有土壤污染法規 以廢棄物法規污染來防制土壤遭污染 藉由對廢棄物處置加以課稅籌募整治基金
德國	於 1998 年訂定「聯邦土壤保護法」（Federal Law Gazette Ip.502） 正進行污染場址評等作業及潛在污染地區調查 目前係以 Residual Pollution Law 來規範土壤整治 依不同邦有不同的管制方式及管制標準
荷蘭	「土壤保護法」（Net Bodembescherming），是各國中整治規定最嚴格的 新的土壤品質法規的立法工作正在進行 整治標準分為「多功能用途」與「因地制宜」二種
英國	沒有界定土壤品質標準 以危害評估作為決定土壤品質之依據 1995 年已有土壤品質法規的立法 不依使用用途來劃分管制 管制權主要在地方政府
美國	各州有不同的土壤品質標準 聯邦法律（CERCLA、SARA）管制嚴格且具強制性 聯邦持續就受污染場址進行整治
日本	1970 年代有農業用地土壤污染防治法令 1991 年開始訂有土壤污染環境基準 1994 年由早期的「市街地土壤污染暫定對策指針」加以修訂，作為土壤污染的政策方針 1997 年訂定地下水水質污濁環境基準 1999 年訂定土壤、地下水污染調查、對策指針 地下水的管制係由水質污濁防止法於 1988 年修正時納入

第五章
加油站及大型儲槽污染調查及整治案例介紹

5.1 全國十年以上加油站及大型儲槽潛在污染源調查計畫探討

因國內遍布各地之加油站及設立歷史悠久之大型石化儲槽，可能因儲槽、管線老舊腐蝕失修、地層下陷變動及操作管理不當等原因，致儲槽、管線破裂毀損，儲槽中儲存物質滲漏污染土壤或地下水，故加油站及地下儲槽有可能成為地下水污染潛在來源。環保署為掌握加油站地下儲油槽系統運作情形，預防土壤及地下水污染，確保土地及地下水資源永續利用，並落實土污法及相關法規之規定，已陸續辦理加油站、大型儲槽地下水潛在污染源調查計畫，初步建立我國加油站、大型儲槽區之概況資料及完成污染潛勢調查工作，期能及早發現問題及防止地下水體遭受油品或污染物之污染。為掌握全國站齡達十年以上加油站及大型儲槽可能具有污染潛勢之場址概況資料，環保署遂進行土壤及地下水污染潛勢調查計畫，並彙集相關調查資料建立資料庫，除加油站及大型石化儲槽污染潛勢調查計畫外，環保機關亦針對民眾陳情及檢舉個案加油站及大型儲槽污染陳情案件依土污法第 11 條第 1 項進行污染查證，確認是否超過土壤及地下水污染管制標準，以供後續追蹤管制之依據，採取必要之應變處理措施，以避免或減輕污染擴大。

本計畫主要目標為進行站齡在十年以下加油站（82-86 年設立）之土壤及地下水污染潛勢調查及查證，另依據本計畫調查之加油站基本資料、加油站防止污染地下水體設施及定期監測申報資料等，與加油站之污染潛勢進行相關性分析，以提供環保署作為後續行政管制措施上之參考依據。計畫工作內容將分成三個階段執行，分別為第一階段測漏管與土壤氣體檢測；第二階段則針對第一階段篩選出具污染潛勢之加油站進行土壤採樣調查、簡易井設置及地下水採樣調查；第三階段則針對第二階段地下水超過污染管制標準之加油站，進行標準監測井設置與地下水採樣檢測分析。本計畫共完成 200 座加油站第一階段調查工作，包括 2445 支測漏管油氣及功能檢測；以及 819 點土壤氣體油氣檢測。完成 28 座加油站第二階段調查工作，包括 148 點土壤採樣及樣品檢測分析；以及 18 站共 55 口簡易井設置及地下水採樣檢測分析。完成 19 座加油站第三階段標準監測井設置調查工作。在第二階段調查之 28 座加油站中，共有 5 座加油站之土壤檢測出污染物超過土壤污染管制標準。而有 9 座加油站之簡易井地下水污染物濃度超過地下水污染管制標準。在第三階段調查之 19 座加油站中。共有 5 座加油站，地下水污染物濃度超過地下水污染管制標準。

5.2 計畫緣起

(一)「土壤及地下水污染整治法」（89.2.2）
   第 11 條：各級主管機關對於有土壤或地下水污染之虞之場址，應即進行查證。

(二) 環保署（90 年度）「地下水潛在污染源調查計畫」
1. 篩選 19 座高污染潛勢加油站，查證 4 座超過管制標準。
2. 篩選 22 家事業大型儲槽，查證 5 家超過管制標準。
3. 所在地主管機關成立專案小組，依土水法採取必要措施。

計畫目標
1. 進行站齡超過十年加油站及大於 100 公秉大型儲槽區土壤及地下水污染潛勢調查，作為後續管制之參考。
2. 建立加油站及大型儲槽土壤及地下水調查資料庫，供後續追蹤考核之依據。
3. 進行土壤及地下水污染事件緊急應變及採取必要緊急措施，避免或減輕污染擴大。

對本計畫之瞭解 - 調查對象（圖 5.1 和圖 5.2）

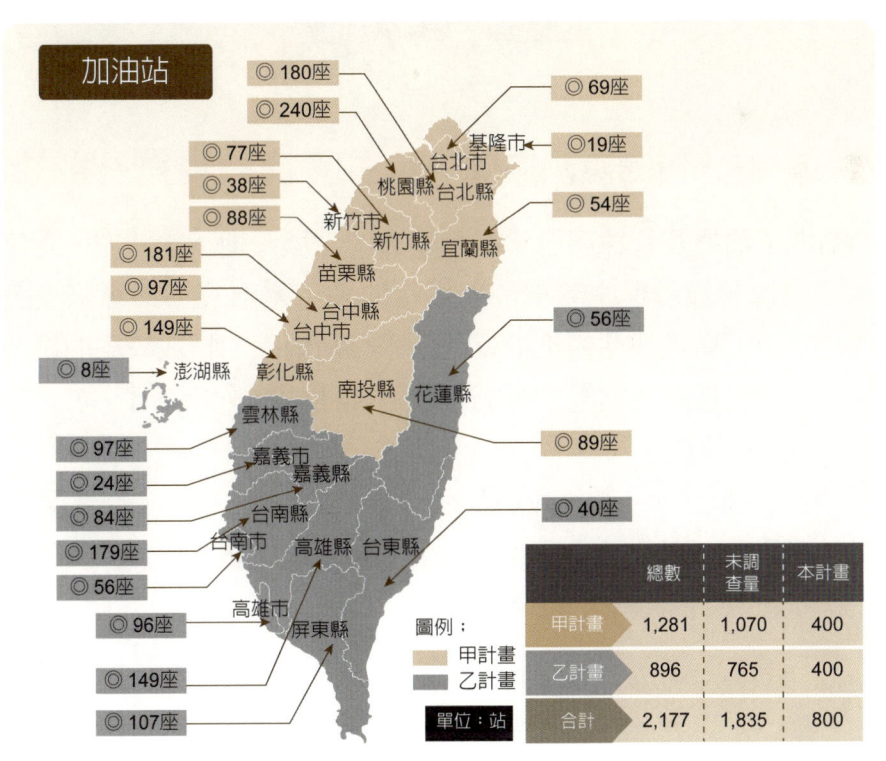

加油站
- 基隆市 ◎ 180 座
- 台北市 ◎ 240 座
- 台北縣 ◎ 69 座
- 桃園縣 ◎ 19 座
- 新竹市 ◎ 77 座
- 新竹縣 ◎ 38 座
- 宜蘭縣 ◎ 54 座
- 苗栗縣 ◎ 88 座
- 台中縣 ◎ 181 座
- 台中市 ◎ 97 座
- 南投縣 ◎ 149 座
- 花蓮縣 ◎ 56 座
- 澎湖縣 ◎ 8 座
- 彰化縣 ◎ 97 座
- 雲林縣 ◎ 24 座
- 嘉義市 ◎ 84 座
- 嘉義縣 ◎ 179 座
- 台南縣 ◎ 56 座
- 台南市 ◎ 89 座
- 台東縣 ◎ 40 座
- 高雄市 ◎ 96 座
- 高雄縣 ◎ 149 座
- 屏東縣 ◎ 107 座

圖例	總數	未調查量	本計畫
甲計畫	1,281	1,070	400
乙計畫	896	765	400
合計	2,177	1,835	800

單位：站

全國加油站分布資料來源：經濟部能源委員會，91年4月

圖 5.1 加油站分布圖

圖5.2　大型儲槽分布圖

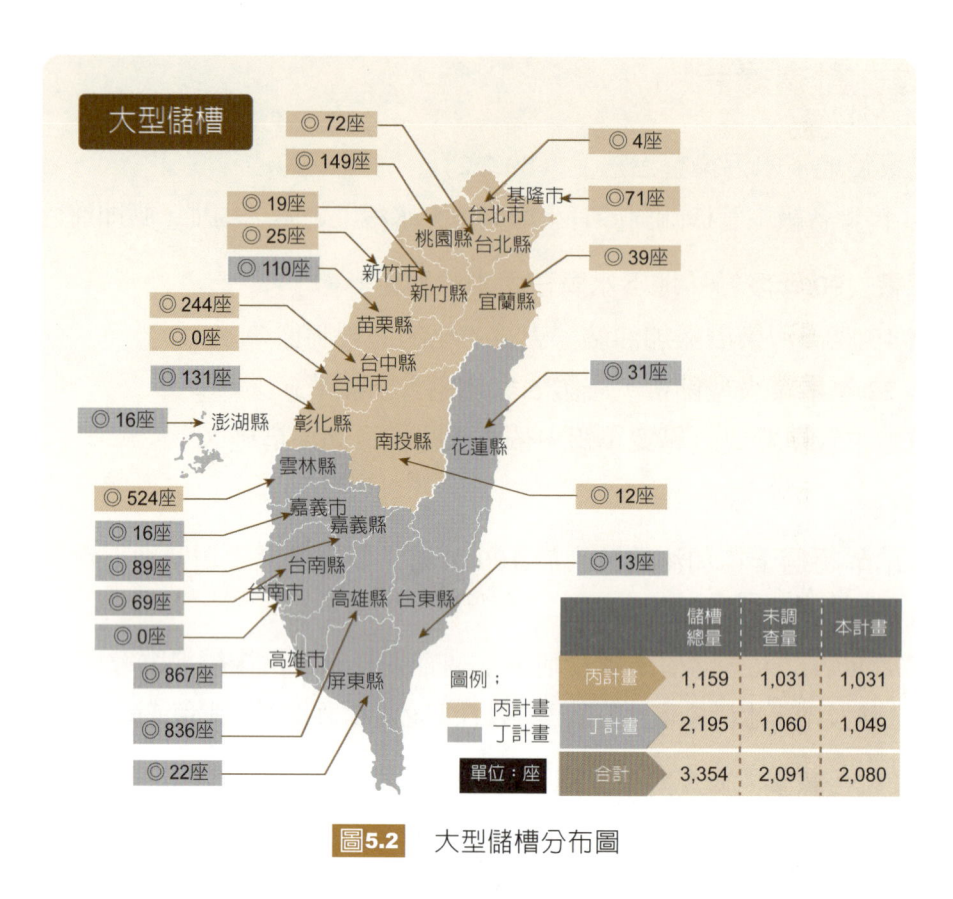

5.3　管線／槽體腐蝕原因分析

　　加油站地下油槽及管線腐蝕滲漏所造成的土壤及地下水問題，近年來日益受到重視，根據各級環保主管機關所進行的地下水潛在污染源調查，結果顯示，國內已有數十座加油站的土壤及地下水，因地下油槽或管線的腐蝕滲漏而發生污染，其中包括許多站齡不超過十年的加油站。一般而言，加油站的地下油槽及管線的設計使用。

　　為了協助加油站業者預防及避免，地下儲槽系統的腐蝕滲漏問題（圖5.3），將來勢必需要建立一套完整的加油站地下儲槽防止腐蝕技術規範年限至少應有 25 年以上為建設基準。

第五章　加油站及大型儲槽污染調查及整治案例介紹

| 施工不當與品質不良 | 改善 → | 加油站址選擇前的調查 |

土木結構之鋼筋與油槽或管線連接碰觸，是造成油管加速腐蝕之主要原因之一

| 包覆材料不合規格 | 改善 → | 油槽及管線材料慎選 |

由於膠帶機械性、耐候性等不佳；過度使用膠帶包覆管材極易發生腐蝕問題

| 加油機漏電 | 改善 → | 電流的干擾與控制 |

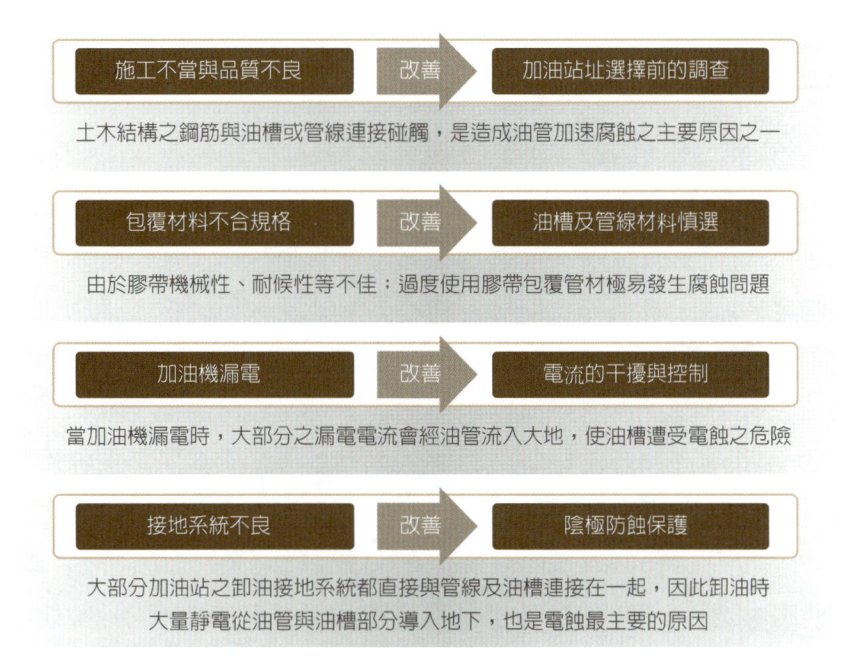

當加油機漏電時，大部分之漏電電流會經油管流入大地，使油槽遭受電蝕之危險

| 接地系統不良 | 改善 → | 陰極防蝕保護 |

大部分加油站之卸油接地系統都直接與管線及油槽連接在一起，因此卸油時大量靜電從油管與油槽部分導入地下，也是電蝕最主要的原因

圖5.3　腐蝕原因分析

5.4　加油站常見之滲漏情形與監測設施缺失彙整

1. 加油機漏電造成電蝕、管線未包覆或包覆材質不良而銹蝕、鋼筋與管線相接造成電蝕、回填級配含氯離子過高而銹蝕、陰極防蝕施工不當。
2. 測漏管積水、阻塞、開孔率低或開孔低於地下水位，無法提供有效監測效果。
3. 未設置監測井或監測井位置不當，無法提供早期預警資料。

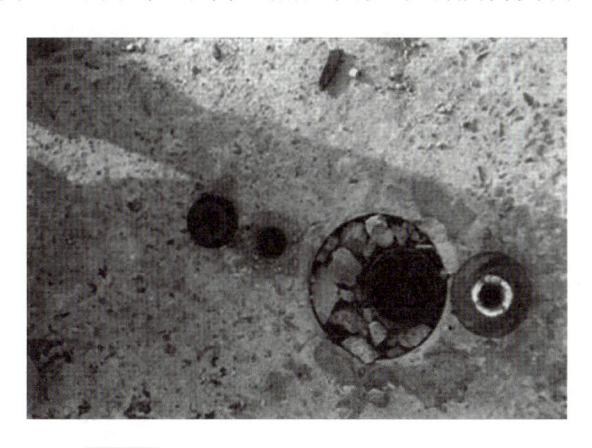

圖5.4　加油站陰井油污滲漏、積水

5.5 調查流程規劃

加油站及大型儲槽調查流程

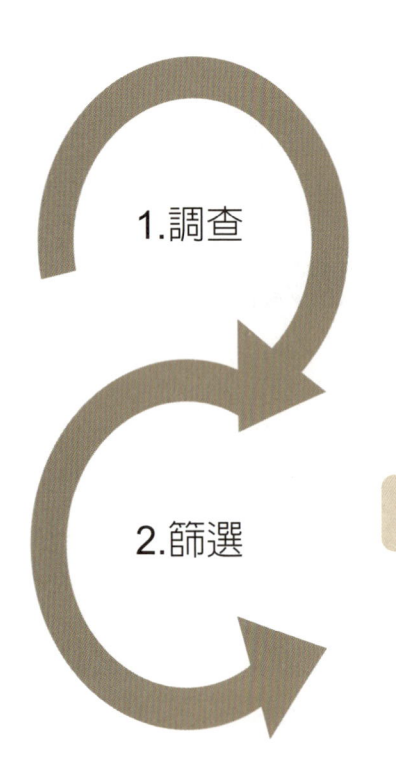

取得全國加油站資料

依能委會最新公布資料：
甲計畫縣市：1,196 站
乙計畫縣市：987 站

1.調查

依篩選原則篩選場址

甲計畫：400站
乙計畫：400站
扣除已調查完成且無污染之虞；或有污染事實但已列入調查改善之名單。

2.篩選

依據計畫目標，於調查名單確定後，即進行第一階段調查作業，主要工作項目包括：

一、進行加油站防止污染地下水體設施及監測設備、地下水使用情形之現場勘查。
二、進行加油站土壤及地下水污染潛勢調查；包括站區所有測漏管、監測井或整治井檢視、測漏管基本功能測試、測漏管氣體檢測、直接貫入方式進行土壤氣體檢測以及土壤氣體 GC-MS 圖譜分析等工作。
三、根據第一階段調查結果，進行綜合判釋後篩選出污染潛勢較高之加油站進行第二階段土壤及地下水污染潛勢調查。

圖5.5 調查流程規劃

第五章 加油站及大型儲槽污染調查及整治案例介紹

3.取樣

1. 鑽探設備鑽出一適當孔穴約1~2吋。
2. 鐵氟龍管與具有開孔的鑽頭連接，置入鋼管中。
3. 鑽至欲採樣深度後，以挖出之土屑覆蓋地表鑽孔，再將鋼管往上拉約2公分。
4. 以適用之氣體抽吸設備抽取土壤間隙氣體，所抽之氣體以鐵弗龍製之氣體採集袋收集送回實驗室分析。

4.監測

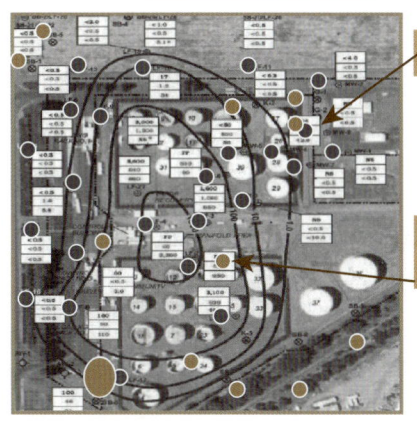

污染團擴散範圍

利用土壤氣體調查初步定出污染團位置：

土壤氣體採樣點
藉助土壤氣體採樣分析找出可能的污染團位置，以決定「最適推估」之監測井井位。

建議之監測井井位是根據污染物來源及土壤氣體調查之資料所規劃：

監測井井位
只有設置監測井才能有效監控及確認實際的污染團位置，以期設置最少數目的井位，提供詳細污染團涵蓋之範圍。

測漏管油氣濃度檢測

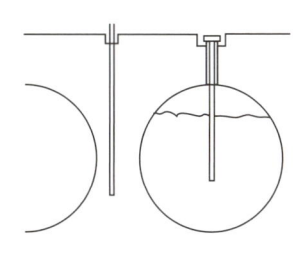

測爆器 PID / FID

土壤氣體採樣分析

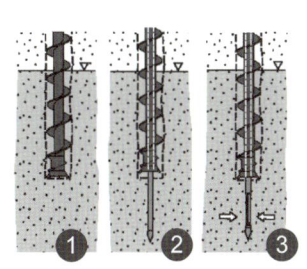

1. 鑽至欲採樣的深度
2. 推出採樣套桿
3. 打開採樣器抽取地下水

圖5.5 調查流程規劃（續）

≫ 調查場址篩選原則──如何挑選 400 站加油站

(一) 方案甲：

直接依站齡排序，取站齡較長前 400 站調查。

(二) 方案乙：

先依站齡十年及是否新設分組，再依各組污染潛勢排序，取組別且排序在前 400 站調查。

≫ 調查場址篩選原則──如何篩選可能污染加油站

(一) 初步篩選

1. 方案甲：取每一站測漏管有浮油或無浮油以油氣 LEL 及 PID 測值最高者調查。
2. 方案乙：先依測漏管有無浮油及油氣 LEL 及 PID 測值高低將加油站分級，再依各級加油站污染潛勢排序，取排序在前之加油站優先調查

    (1) 分級優先順序

加油站級數	加油站任一支測漏管油氣檢測結果
第一級	發現浮油
第二級	LEL $\geq$ 100% 及 PID $\geq$ 2,000 ppm
第三級	LEL $\geq$ 100% 或 PID $\geq$ 2,000 ppm
第四級	100% < LEL $\leq$ 50% 或 2,000 ppm < PID $\leq$ 1,000 ppm
第五級	50% < LEL $\leq$ 25% 或 PID 有明顯讀值
第六級	加油站每一支測漏管 LEL 均小於 25%

(二) 進一步篩選

1. 方案甲：取各站測漏管油氣 TVHC 測值最高者優先調查。
2. 方案乙：先依測漏管油氣 TVHC 測值高低將加油站分級，再依各級加油站污染潛勢排序，取排序在前之加油站優先調查。

(1) 分級優先順序

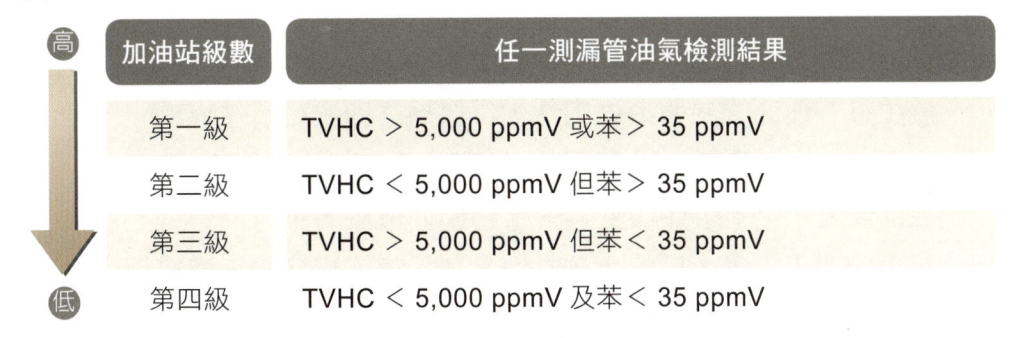

加油站級數	任一測漏管油氣檢測結果
第一級	TVHC > 5,000 ppmV 或苯 > 35 ppmV
第二級	TVHC < 5,000 ppmV 但苯 > 35 ppmV
第三級	TVHC > 5,000 ppmV 但苯 < 35 ppmV
第四級	TVHC < 5,000 ppmV 及苯 < 35 ppmV

(2) 初擬污染潛勢排序優先順序

　　A. 是否位於水源區？

　　B. 周圍是否有飲用、灌溉、養殖水井？

　　C. 測漏管 TVHC 測值高低。

　　D. 是否位人口稠密區？

如何以有限樣品數取得具代表性樣品

可依表 5.1 說明進行加油槽和大型儲槽之採樣工作。

表 5.1　土壤及地下水採樣

計畫別 \ 樣品別	土壤	地下水
加油站	以 PID/FID Contour Map 及土壤氣體分析結果，於高濃度區鑿孔抓取濃度最高之土樣	地下水流向明確者，上下游各採一點；流向不明確者，周圍採三點
大型儲槽	依土壤氣體分析結果，於高濃度區鑿孔分別採儲槽底部或土壤與地下水交接處土樣，或抓取 FID 測值最高之土樣	1. 狹長密集型：上、中游各一點，下游兩點 2. 非狹長密集型：上、下游各兩點 3. 非密集儲槽區或單一儲槽：上游一點，下游兩點

5.6 案例探討

案例一：澎湖縣馬公石泉里民井油污染案

發生軍方輸油管漏油污染案件，環保局立即派員前往協助軍方油污圍堵等緊急處置，並通知農田水利會關閉水閘門，避免污染灌渠及農田。

環保局表示，土壤採樣點包含道路漏油位置的軍方油管旁土壤及下游有明顯油污染的農田土壤，另外也在當地民井採集水樣送驗，還有灌溉渠道水質也採樣檢測（圖5.6）。

環保局表示，檢測結果土壤污染只侷限於漏油處輸油管旁，土壤總石油碳氫化合物（TPH）含量超過土壤污染管制標準（1000 mg/kg），其他農地土壤檢測結果（TPH）濃度沒有超過管制標準。

地下水民井水質，包含水中揮發性有機物及油品類項目，檢測結果低於方法偵測極限，顯示民井地下水未遭受污染，灌渠的油脂含量也符合灌溉用水標準，沒有遭漏油污染（圖5.7和圖5.8）。環保局長表示，這次漏油意外，疑似盜油衍生，仍由檢調單位偵辦中，環保單位除持續監控土壤及地下水品質外，後續將依檢調偵辦結果辦理污染究責及污染改善等相關工作。

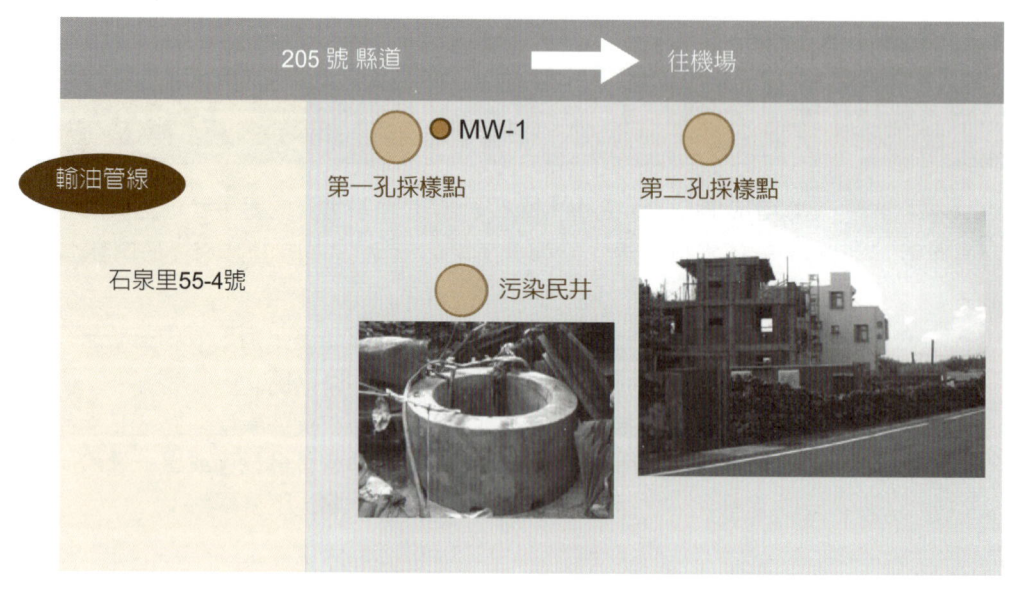

圖5.6 污染民井位置圖

第五章 加油站及大型儲槽污染調查及整治案例介紹　83

滲出之地下水採樣　　　　　土壤污染開挖剖面

污染民井浮油抽除作業
軍方浮油收集車　　　　　　民井地下水中浮油

污染區回填乾淨土壤　　　　軍方清除污染土壤

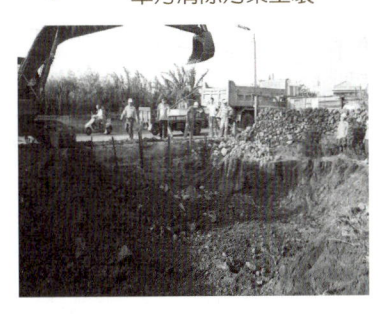

圖5.7　軍方處理漏油流程

[流程圖 5.8 內容]

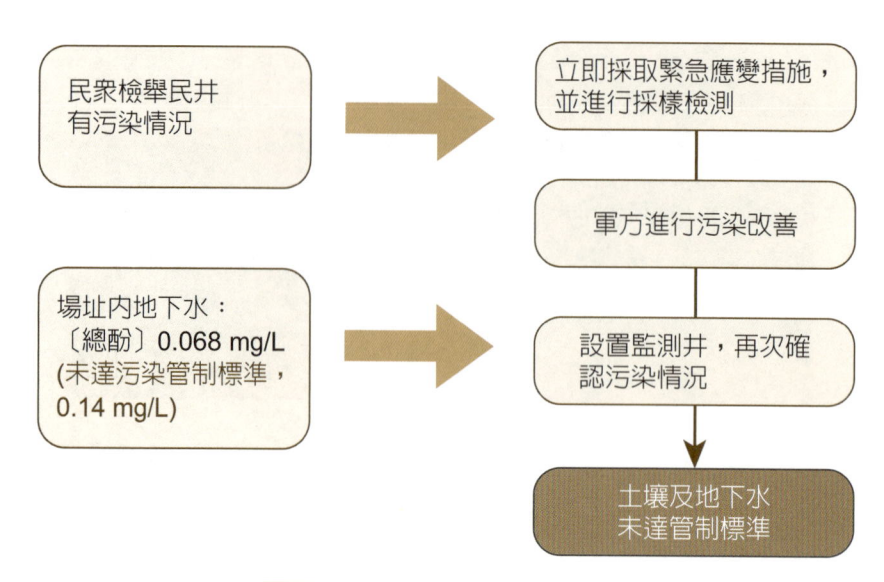

民眾檢舉民井有污染情況 → 立即採取緊急應變措施,並進行採樣檢測 → 軍方進行污染改善

場址內地下水:〔總酚〕0.068 mg/L(未達污染管制標準,0.14 mg/L) → 設置監測井,再次確認污染情況 → 土壤及地下水未達管制標準

圖5.8 澎湖縣馬公石泉里事件

▶▶ 案例二:台南縣仁德嘉仁加油站漏油污染案

台南縣仁德交流道附近的嘉仁加油站有污染土壤及地下水之嫌,這是繼西門、士香、桃鶯等三座加油站之後發生的第四起(圖 5.9)。環保署依比率推估,國內至少有上百個加油站可能已污染土壤及地下水。環保署水保處長鄭顯榮表示,由於這座加油站並非環保署之前鎖定調查的 19 座污染可能性高的加油站之一,環保署非常重視這個個案。雖然土壤檢測報告尚未出爐,但依工研院專家經驗研判,幾乎已確定污染土壤及地下水,所以已依法做緊急安全處置(圖 5.10 和圖 5.11)。環保署統計,86 年以後新設加油站有較嚴格的管制規範,目前最頭痛的是約 950 個站齡十年以上的加油站,由於過去管制法令較不嚴謹,目前也只能在發生污染時強制處理,很難做到事先預防。

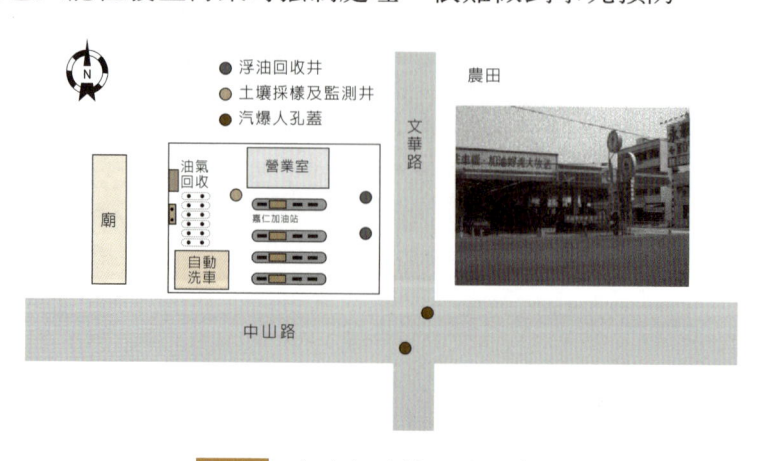

圖5.9 台南加油站漏油示意圖

第五章　加油站及大型儲槽污染調查及整治案例介紹

加油站內監測井浮油　　　　　　　地下水浮油樣品

地方設備
油氣回收設備　　　　　　　土壤採樣及監測井設置

浮油回收井

圖5.10　加油站漏油處理流程

```
1. 場址內地下水：
   ■ 〔苯〕=18.5 mg/L
   ■ 〔甲苯〕=43.6 mg/L
2. 場址內土壤：
   ■ 〔TPH〕=3765 mg/kg
   ■ 〔苯〕=17.5 mg/L
   ■ 〔二甲苯〕=774 mg/L

91年4月9日
公告為控制場址。

後續污染改善措施
☑ 土壤：排土客土法及土壤氣體抽除（SVE）
☑ 地下水：抽取處理（pump & treat）
```

土壤／地下水管制標準

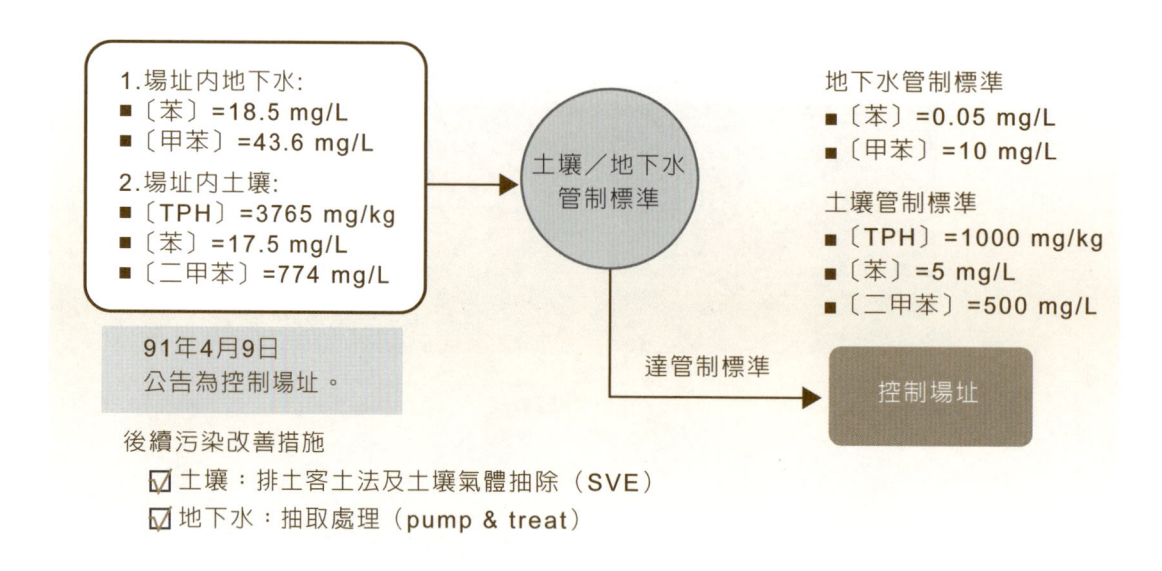

地下水管制標準
■ 〔苯〕=0.05 mg/L
■ 〔甲苯〕=10 mg/L

土壤管制標準
■ 〔TPH〕=1000 mg/kg
■ 〔苯〕=5 mg/L
■ 〔二甲苯〕=500 mg/L

達管制標準 → 控制場址

圖5.11　土壤及地下水檢測結果

≫ 案例三：桃園縣士香加油站

士香加油站位於桃園縣大溪鎮員林路一段 226 號，於民國 79 年開始營運，目前有三座加油泵島，加油系統採用壓力式管線，分別供應無鉛汽油及柴油。在民國 91 年初發現經民眾陳情疑似漏油造成當地水源（山泉水）污染，經現場勘查發現污染地點是山泉水流經匯集為灌溉渠的地方有明顯油味，土壤中苯、甲苯、乙苯、間對二甲苯、鄰二甲苯及地下水之苯、甲苯等污染物項目超過土壤及地下水污染管制標準。這些物質因為石油製程緣故，是加油站污染場址常見的污染物，而這些物質大多對於神經系統造成傷害，例如苯會造成白、紅血球及血小板的形成受損，可能造成致癌，且具生殖細胞致突變性，長期暴露會損害神經系統，如果吞食並進入呼吸道亦可能致命；二甲苯除抑制中樞神經系統外，長期暴露可能引起皮膚炎，並損害肝臟及腎臟。所以一旦透過呼吸、皮膚接觸或是食入等途徑接觸人體，將對人體造成傷害。縣環保局監督該站確實執行。其所選用的方法在地下水部分主要為浮油回收，土壤則選用氣體抽除處理兩種方式。浮油回收主要於初期地下水面之浮油厚度較厚時執行，同時利用土壤氣體抽除處理系統抽取土壤孔隙中之揮發性有機物，以加速整治作業的進行。該加油站於站內及站外分別設置三口地下水監測井；場址外圍栗子園污染處則設置吸油棉、油水分離槽雇工撈除浮油，並以每個月監測方式，瞭解積存

於山坡地層內油品污染物之清除效果，檢測結果按月向桃園縣環保局陳報（圖 5.12 和圖 5.13）。

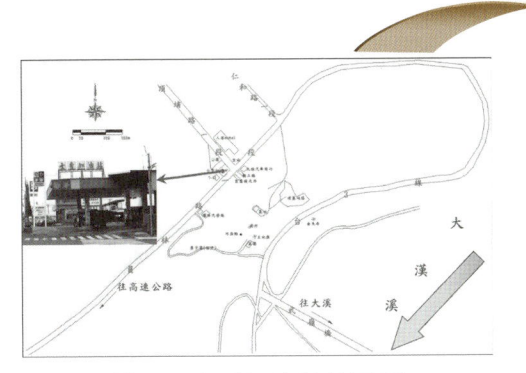

桃園縣土香加油站位置圖　　農田引水溝因加油站地下水導致污染情況

民眾設置之簡易油水分離器　　污染源初步探測－透過地雷達施測

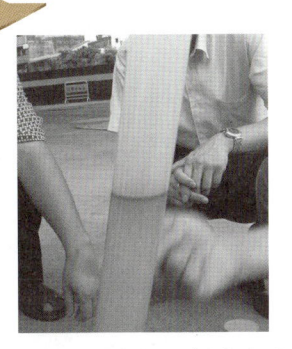

現場電磁波探勘　　監測井內浮油厚度變化－定時查證處理成效

圖5.12　土香加油站處理流程

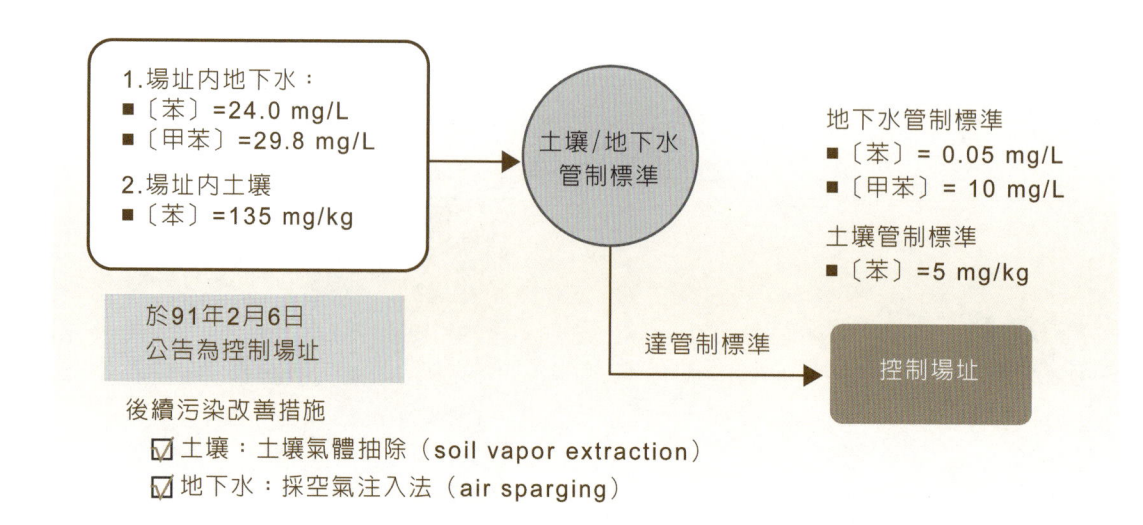

```
1. 場址內地下水：
   ■〔苯〕=24.0 mg/L
   ■〔甲苯〕=29.8 mg/L
2. 場址內土壤
   ■〔苯〕=135 mg/kg
```

於91年2月6日
公告為控制場址

後續污染改善措施
☑ 土壤：土壤氣體抽除（soil vapor extraction）
☑ 地下水：採空氣注入法（air sparging）

土壤/地下水管制標準

地下水管制標準
■〔苯〕= 0.05 mg/L
■〔甲苯〕= 10 mg/L

土壤管制標準
■〔苯〕=5 mg/kg

達管制標準 → 控制場址

圖5.13 土壤及地下水檢測結果

案例四：土壤污染整治——英國生物復育案例

國內目前針對重金屬污染達「台灣地區土壤重金屬含量等級區分表」五級以上之區域，正積極進行深入之檢測並進行必要之整治復育工作，期能杜絕類似銅木瓜、鎘米等事件再度引起民眾恐慌。土壤污染案例除遭受重金屬污染之外，亦常見受石油衍生有機污染物污染者。筆者曾參訪英國期間，對其以生物復育方式進行 PAH 等石化污染物污染之整治案例印象深刻。英國在處理如英國石油公司（British Gas, BG）早期煤氣場不當將煤轉化為煤氣之處理及儲存過程中所產生之污染，在進行土壤復育時，考量經濟效益基於挖掘後處理一立方公尺土壤，掩埋需 60 英鎊，焚化則需 100 英鎊，而採生物復育法僅需 30 英鎊前提下，生物復育法成為不錯的整治技術選擇。該整治場址面積大約 7.5 公頃，因距離鄰近住宅區非常近，因此防止作業中揮發性有機物及粉塵溢散等二次污染監測工作特別重要。

作業場址四周皆構築三公尺高之隔音牆，防止施工噪音污染，此外在隔音牆上方架設之噴射器，當偵測到不利於住宅區之風向及揮發性有機物臭味溢散時，則會噴出香水以改善臭味問題。

本場址整治工作主要先將污染土壤挖掘，再將土壤篩分，石塊等大顆粒在進行淋洗後進行後續回填或再利用處置，而篩分後之土壤則送至預先鋪設不透

水布並進行滲漏水收集之場地，進行生物復育工作。整治場址內產生之洗滌廢水及挖掘區域之受污染地下水，在抽送到沉澱池預先沉澱處理後，以套裝廢水處理設施進行進一步之砂濾及活性碳吸附處理，處理後之放流水則排入污水下水道。

　　土壤的生物復育主要受溫度、氧氣、溼度、營養鹽等因素影響，土壤微生物大都屬嗜中溫至高溫菌，最佳溫度約為 50℃，土壤應控制在飽和程度 50%～60% 以下，土壤之碳氮磷比應保持 C：N：P 為 100：10：1，為保持足夠之含氧量則應適時翻動土壤，大體而言，將 TPH 濃度從 10,000 到 1,000ng/kg 降至可容許的法規標準，約需 5～6 星期。

　　土壤及地下水污染整治法公告後，對於國內污染場址之土壤整治有更明確的依歸，尋找適合國內環境經濟可行的整治技術，將為未來學術研究單位及工程顧問機構努力的重點。

　　土壤及地下水污染整治技術日新月異，不僅從事相關工作專業工程人員及環保執法人員，需不斷進行技術資訊交流，對於媒體甚而一般民眾的教育溝通工作亦不可或缺。英國污染場址生物復育案例，除在技術上達到法定要求外，對於周遭居民之溝通，使其瞭解進而支持整治工作的進行，亦為國內未來在處理整治案例可供參考之處。

延伸閱讀

淺談美國生物復育案例

　　以美國為例，地下儲槽洩漏所衍生的地下水污染個案層出不窮，其污染物又以 BETX 等石化產物居多。近來美國密西根州以經濟的生物復育技術，成功地將石化污染物污染團之污染濃度降低至飲用水標準以下。1991 年地下儲槽洩漏造成地下水之污染，地下水污染團以每年 20 至 40 英呎的地下水流速，逐漸漫移至飲用地下水的住戶水井，儘管污染物的濃度自 1991 年後並未大幅增加，然至 1999 年止，污染團之範圍已由原先的儲槽洩漏點，擴增至 400 英呎長 150 英呎寬。生物復育技術係藉由氧氣灌注地下以提昇微生物的活性，並同時攜入對於該污染場址污染物具有特殊分解效率之特殊菌種。以往氧氣之灌注及特殊菌種的植入，常分別以單獨的系統進行，但本案例技術將以往二個獨立的處理系統結合為一，其優點為可提昇污染場址生物復育的適用性、加速污染物生物分解的速率、進而增加污染物的處理效率。此技術與傳統生物復育技術比較，大致可節省一半的場址復育所需時間，且石化污染物藉由特殊菌種之作用，可完全分解為二氧化碳及水等無害產物。

　　在密西根州污染場址的復育過程中，第一年僅使用 3500 美元的氧氣，本技術無需電力或機械之使用，僅藉氧氣桶之壓力差，將氧氣注入地下，如此大大節省人力的操作及器械維修之花費。本污染場址預計在 2002 年能完全復育整治，達到飲用水標準之要求，且計算花費並不比熱門之自然衰減（Natural Attenuation）方式高出太多，然而本技術在時間及污染物處理效率上卻優於自然衰減方式。地下水的污染除了 BTEX 等比水輕非水相液體外，如三氯乙烯、四氯乙烯之比水重非水相液體（DNAPL）之污染物處理，常為較棘手之問題。近來二段式的生物分解流程已成功地分解土壤中含氯之有毒碳氫化合物，並淨化地下水之污染。此一生物分解流程乃藉具特殊脫氯功能並將含氯碳氫化合物轉為無毒產物微生物之助。以往對於三氯乙烯、四氯乙烯等污染物進行生物處理時，常因菌種受氯乙烯分解時之副產物所毒害，因而宣告失敗，此新的技術

乃培養出能釋出特殊酵素的菌種以避免副產物之毒害。

此外本技術以乙烯作為微生物生長的基質（Substrate），以提供微生物所需能量及碳源，因為乙烯之化學結構與氯乙烯等污染物類似，也因此微生物可以相同的分解機制進行。此二段式的三氯乙烯、四氯乙烯污染生物處理流程，乃將受污染之地下水通入含特殊微生物菌種之生物固定床反應槽，在此階段內微生物將一個或二個氯原子從含碳化合物上脫除，而轉為無害之氯離子，此反應乃在於厭氧的環境下進行。接著將經第一階段厭氧處理後的污染地下水，通入另一好氧的反應槽，在此槽內並加入乙烯作為基質，使微生物將第一階段處理後，所殘留的二氯乙烯或氯乙烯完全的分解。本二段式的生物處理流程可成功地分解三氯乙烯、四氯乙烯等污染物，且比常用的活性碳吸附方式節省了廢棄活性碳的最終處理處置問題。

潛在的環境危機——談 MTBE

在加州國際環保會議上，於蒙特略（Monterey）當地媒體熱門的環境話題，為幾戶住家懷疑因飲用受地下油槽洩漏，地下水遭甲基第三丁基醚（MTBE）污染而致癌的案例。環保署於日前召開研商「MTBE 致癌風險及替代方案」會議後，將普查加油站附近地下水質及土壤受污染情形，並預定於兩年內完成 MTBE 的禁用及替代品轉換問題，以降低民眾受污染程度。MTBE 為油品良好的添加劑，常用於提高汽油辛烷值，因其儲存容易、生產成本低，又可減少一氧化碳及碳氫化合物排放的優點。自 1990 年起成為無鉛汽油的添加劑，然而如加州 Monterey 案例，MTBE 透過儲油槽裂縫滲漏造成地下水源污染，公共衛生研究已證實 MTBE 對動物具有致癌性，惟對人類致癌性現仍為科學界爭議的議題。然而美國各州已分別立下期程，全面禁用 MTBE。目前研發中 MTBE 之替代品以乙醇為主，然而去年芝加哥地區因淘汰 MTBE 改用替代品的措施造成了油價大幅的波動，其經濟層面的替代考量不得不謹慎。此外，乙醇高揮發的化性，在地處亞熱帶台灣，可能造成 VOCs 的問題，且乙醇替代品與水及塑膠之相容性，及金屬腐蝕性的問題亦為未來全面使用考量之重點。

近來在金球獎及奧斯卡電影獎受到矚目片名「永不妥協」，係描寫一名家庭主婦 Erin Brockovich 因發覺鄰近社區，地下水遭受工廠六價鉻污染，居民

因而怪病不斷,而開始蒐證並告發該污染工廠財團,進而勝訴的真人故事。此事件所帶來的啟示,乃為地下水污染環境的問題及潛在的危機隨時存在。除了全民參與(Public Participation)舉發不法及事業應具生態環保之環境倫理(Environmental Ethics)外,環保主管機關應就可能的環境危機未雨綢繆,防患未然,將可防止環境浩劫的發生,MTBE禁用及替代品轉換的問題,值得國內各界及政府嚴加注意。

加油站及石化儲槽土壤及地下水污染整治技術

環保署近來針對國內191座加油站及21座大型石化儲槽(一百公秉以上)進行調查計劃結果於日前公布,針對污染物濃度超過土壤或地下水污染管制標準的加油站及大型石化儲槽,依土壤及地下水污染整治法相關法規辦理污染場址公告控管事宜並追蹤加油站及石化公司速採取應變必要措施及進行後續污染調查、整治等相關措施。有關後續污染場址的整治技術之選擇將視場址特性而異,針對比水輕非水相液體主要污染物如苯、甲苯、乙苯、二甲苯(BTEX)及總石油碳氫化合物(TPH)等,現行土壤污染管制標準分別為5、500、250及1000mg/kg,然而地下水管制標準目前僅有苯0.05 mg/L及甲苯10 mg/L之管制限值,未來似應有重新檢討污染管制標準管制項目之必要。

當一個污染事件發生時,第一步驟為阻斷污染源,其次為控制污染源的流動性,接下來才進行後續的整治事宜。常用整治技術包括土壤氣體抽取法(SVE),其主要係利用空氣循環系統注入空氣進入污染土層區域內,再以抽氣井抽氣移除污染物質之方法,抽出之氣體需經空氣污染防治設備(如活性碳吸附及熱處理等),處理至符合排放標準後方可排放至大氣。美國整治實例顯示污染土壤處理體積在16000 m^3以上者,其處理費用約為1.2～81.9 USD/m^3,然而處理體積降至1500 m^3以下者,則處理費用驟增至200～800 USD/m^3。此外,當大量之油品洩漏至土壤及地下水以自由態之型式分散漂浮在地下水面之上層,有時亦會積聚一起不易擴散,因此可先利用浮油回收技術進行浮油回收。此外針對已經行土壤及地下水油品應變抽除後或洩漏屬輕微之場址,亦可藉由監測自然衰減法(Monitored Natural Attenuation)利用生物分解(Biodegradation)、擴散(Dispersion)、稀釋(Dilution)、吸附

（Adsorption）及揮發（Volatilization）等生物、物理、化學等機制將污染物去除。然而，自然衰減應是一種被監測的自然衰減過程，且必須在一個合理的時間內達到整治的目標。

　　細密完整的調查為整治成功之基礎。土壤及地下水整治常需要較多經費及較長時間。業主（主管單位或企業單位）宜非常重視且有耐心，謹慎地一階段一階段進行調查檢測，不斷修正污染場址之概念模式，整治目標與方向。對於污染場址之整治不要只限於使用一種方法，不同的方法各有其優點與缺點，故於整治時應綜合不同的方法以達到整治目的。環保署目前針對尚未調查近800站之十年以上加油站及2064座一百公秉以上之大型石化儲槽，將持續進行另一波全面性之土壤及地下水污染潛勢普查，以作為後續依土壤及地下水整治法管制之參考。在於環保機關公權力介入之同時，值得慶幸的是，不少業者已主動針對其加油站及儲槽洩漏狀況進行改善及進一步之污染清除及場址改善，使得環保法令之執行更加具體及落實。

海洋島國油污染的衝擊

　　阿瑪斯號（Amorgos）希臘貨輪於墾丁龍坑地區擱淺漏油事件，使得海洋島國重新思索另一個迫切且棘手的環境問題——海洋污染防治。漏油事件（Oil Spill）在濱臨海洋的地區層出不窮，任何國家皆應有萬全準備以處理海岸線油污事件，「倫敦公約」中亦有相關的規範。筆者曾參與法國IFOPOL針對油品及有害化學物質，海洋運送意外洩漏之處理處置技術，開設之實作研習課程。以法國為例，在沿岸有三處可提供緊急應變設施之處理中心隨時待命。在接獲意外船難後，首先應儘可能將污染源未洩漏之油品或化學物質收集，通常漏油事件在黃金處理時間（視海象而定）內應將污染源以攔油索加以攔隔，避免漏油擴大。現有的攔油索器具有別於以往，在因應相當級數的風浪仍能發揮其功能，漏油地點海域或港灣若屬風浪較平靜地點，通常以表面移動刮油機將浮油移除。在表面刮油設施完成大部漏油之收集後，可以化油劑（Dispersant）表面噴灑，藉改變油滴之表面化性加以沉降，惟化油劑之運用對於海底生物之衝擊應考量，尤其在潮間帶及生態敏感區域運用尤應審慎。至於海岸線之油污處理，若為岩岸地形通常可先以高壓水柱噴灑或以吸油布擦拭，由於材料科學的

進步，現有吸油布吸油效率非常理想。法國除了三處緊急應變中心外，亦有遙測設備及電腦電子裝備之偵測機群，配合漏油污染事件之處理，及後續生態復育及法律求償索賠之資料蒐集工作。對於離岸較遠之海域油品及化學品洩漏之緊急處理，亦備有專用直昇機群可空拋攔油索及緊急應變器具於黃金處理時間內處理意外洩漏事件。位於 Brest 之 CEDRE（Center for Documentation, Research and Experimentation on Accidental Water Pollution）對於大小意外船難洩油事件皆有記載資料，且對於生態復育亦有專門的研究設施及實驗室。有趣的是針對遭受油污污染海鳥羽毛之洗潔精及洗毛機亦有特殊裝備。於之前的墾丁龍坑地區漏油事件，於潮間帶以上礁岩，將以高壓水柱及微生物分解等物理及生物方式處理，亦考量以吸油棉擦拭或固化劑油污脫除等方法因應。此外亦將蒐集本次事件對生態影響之數據，作為未來求償之依據。基於此次漏油事件之經驗，建置海洋污染防治法之相關規定刻不容緩。惟海洋油污伴隨船難事件，其造成油污染及化學品意外洩漏之處理裝備如攔油索、除油設施、化油劑、刮油機等及海空運輸工具，為船難救援體系所擁有，如因海污法公布而脫勾，歷史重演，環保機關必又成為船難油污事件之替罪羔羊。台灣雖非倫敦公約之簽約國，然未來仍應透過環保合作建立國際處理油污染案件外交管道，此外針對油污染清除及處理技術、生態復育方法及油污染案件之資料建立，亦應成立專屬的研究機構。

再談油污染緊急應變

　　海上漏油污染意外事件無法避免，如何在意外發生後黃金時間內採取緊急應變措施，以減輕對海洋生態及沿岸資源之衝擊，有賴平日海洋污染應變系統的軟硬體建立及完整的人員培訓。大體而言，海洋污染應變計畫常涉及天候如風速及風向、海洋水文如潮流、自然環境及人員安全危害程度、污染之種類及程度輕重及國內和國際海洋污染法令等議題。

　　國際上常以意外發生之情況將緊急應變劃分為三級，第一級（Tier1）針對港灣岸邊設施小規模的洩漏；第二級（Tier2）針對一般地區較大模之洩漏；第三級（Tier3）針對需國際援助之敏感地區重大污染洩漏事件。完整的緊急應變計畫應根據可能發生的洩漏的大小及頻率加以分析，並包括自然資源之危害及

需保護的優先順序、海洋污染防治組織、設施、裝備、人員之資料庫建立及管理，以因應緊急狀況應變之用。

平日定期針對應變計畫之人員訓練及演練亦屬重要。此外，包含通報（Notification）、評析（Evaluation）、處置（Response）、清理（Clean-up）、媒體溝通（Communication）及事件結案（Termination）等步驟之操手冊亦應建立。電腦模式之輔助運用，有利於緊急應變計畫之操作執行，尤其對於模擬預測漏油之流向和沉降及可能對環境之衝擊，可提供有關之訊息。

意外洩漏的緊急應變採行，常取決於洩漏物的種類；以油污染而言，輕油常很快揮發並溶解，而原油則較難分解。通常油洩漏後，由於油黏滯度的差異會分散成不等的油污帶，由於風力及海流的亂流混合作用使油污帶中油滴逐漸與水混合生乳化作用。從油洩漏後由自然之風力及海流所產生亂流混合，有助於洩油之生物氧化、溶解、乳化及沉澱等分解作用。一般所使用的除油劑（Dispersant）乃用以加速風力及海流所生之亂流混合機制。一般而言，在油污染發生後，會先以攔油索（Booms）及汲油器（Skimmers）回收漏油，再以除油劑噴灑以加速亂流混合作用，而吸油棉等吸附材料乃運用於汲油器無法使用或小規模之油污染帶。從希臘籍阿特斯號污染墾丁龍坑油污染事件之始末，凸顯海污染防治法施行後油污染緊急應變之重要，未來除積極統合國內公私之油污染設備，更應添購所需緊急應變設備、並建置資料庫外，亦可藉與國際相關機構合作，加速國內海洋污染技術之研發及人員訓練等的方向持續努力。

補充資料

▶▶ **槽車翻覆及民眾陳情調查事件**
▶▶ **苑裡鎮 92 年 4 月 27 日富民運輸公司低硫燃料油槽車翻覆農田造成農田及後壁湖溪污染**

低硫燃料油槽車翻覆農田　　抽除洩漏在農田上的油

剷除受油污染之農地土壤　　農田土壤剷除情形

第五章　加油站及大型儲槽污染調查及整治案例介紹

農地繼續剷除至一米深　　　　　　　無法汲取的油漬以木屑吸附

剷除受污染土壤後之農地　　　　　　後壁湖溪油污以吸油棉吸取油污

噴灑除油劑　　　　　　　　　　　　除油劑與油漬反應

第六章
物理化學整治復育法

雖然整治技術雖可達到既定整治目的，可能過程會因持續支出龐大的經費，而導致不堪負荷；過程中有些污染情況嚴重者不適合選擇需長時間的整治措施導致不必要的消耗，以及於完成整治標準後仍需定期進行後續設備維護工作。有鑑於此，過去對具高成本、高投入之物化整治技術狀況有其改進的空間與必要；目前國內外對整治技術之選擇，已趨向於節省整治經費、高處理效率及技術整合之方向發展，故如何選擇一個最具經濟效益且可行之物化整治技術，已成為污染整治方案之選擇與整治策略之最重要事情，除需以工程考量之角度來選擇適宜之整治技術外，另需考量個案污染場址之特性，並結合多種整治技術之配搭、可接受之整治期程、整治成本及預期之整治目標等，始可作成決定。

6.1　現地空氣貫入法

現地空氣貫入法（In-situ Air Sparging）之使用約始於 1985 年代，其對溶解於地下水中、吸附於飽和層土壤及飽和層土壤孔隙中揮發性有機物（VOCs）之整治非常有效。此技術常與土壤蒸氣萃取系統結合使用，以移除被氣提上升之污染物。與傳統的處理方法比較起來，現地空氣貫入法之花費相對較低廉，也因此普遍受到矚目。

現地空氣貫入法主要是使氣體（一般為空氣或氧氣）在壓力下注入飽和層內，讓地下水中的污染物揮發，且由於地表下氧氣濃度的增加，增進飽和層及不飽和層土壤之生物降解速率。當揮發性蒸氣移動至不飽和層之區域後，便經由真空萃取將其移除，通常此真空萃取系統為土壤蒸氣萃取系統。現地空氣貫入法已使用於許多揮發性及半揮發性之地下水及土壤污染物的整治上，如汽油、柴油等燃料類、油脂類、BTEX 相關化合物及含氯溶劑（PCE、TCE、DCE）等。此法最適用於中滲透性至高滲透性及均質土壤中揮發性有機污染物之去除。

在操作空氣貫入系統時，污染物主要藉由下列三個程序移除：(1) 溶解性之揮發性有機物的現地提除（Stripping）；(2) 使地下水位下及毛細邊緣所捕捉及吸附之污染物揮發（Volatilization）；(3) 溶解性及吸附性污染物之好氧生物降解。以現地空氣貫入法整治石油碳氫化合物污染場址時可發現，在較短的時間

內（數週或數月），提除及揮發對移除碳氫化合物之貢獻較生物降解多。只有在長時間的操作下，生物降解對污染物之移除才會較顯著。

6.2 現地反應牆

現地反應牆（In-situ Reactive Walls）為近幾年來所發展之新技術。由於大眾逐漸認知到抽取處理法及其他需於地面上處理污染物之傳統系統無法在現地環境中執行之限制，因此現地反應牆技術廣受矚目。整治技術中如漏斗-柵欄系統（Funnel and Gate System）及處理牆（Treatment Walls）皆屬於現地反應牆系統。

現地反應牆之設計主要在地下水污染團下游設置一不透水之障壁，藉由此不透水障壁將污染團引導至位於其內之滲透性柵欄（圖 6.1）。處理目標污染物之特殊程序將於此反應（處理）柵欄中進行。處理過後的地下水流出柵欄後，再沿著其自然水流方向行進。由於水流是藉由地下水水力坡降流經柵欄，因此此系統亦稱為被動式處理牆（Passive Treatment Walls）（圖 6.2）。若污染團非常狹窄，可設置一與污染團等寬之滲透性反應渠，如此便不用設置非滲透性障壁引導水流。現地反應牆所需用到的機械系統非常少，甚至不需要，因此可減少長時間操作及維修之花費，降低許多整治計畫之費用。

現地反應牆的應用可視為抽取處理系統的替代方案。反應牆可設置在污染團邊緣的下游當作一阻絕系統，以防止污染團的移動超過原先預期的程度。在滲透性反應柵欄內可能包含某些物質，以便進行物理、化學或生物性的污染物處理程序，如以金屬-鹼基催化劑分解揮發性有機物、以螯合劑固定金屬或以營養鹽及氧氣增進生物整治之效率，當污染物通過反應牆時，污染物將會分解成較無害之副產物。

現地反應牆系統可用以整治包括揮發性有機物、半揮發性有機物、BTEX、鉻、鉛、鋅、砷、銅、鎘、硫酸鹽及磷酸鹽等污染物。

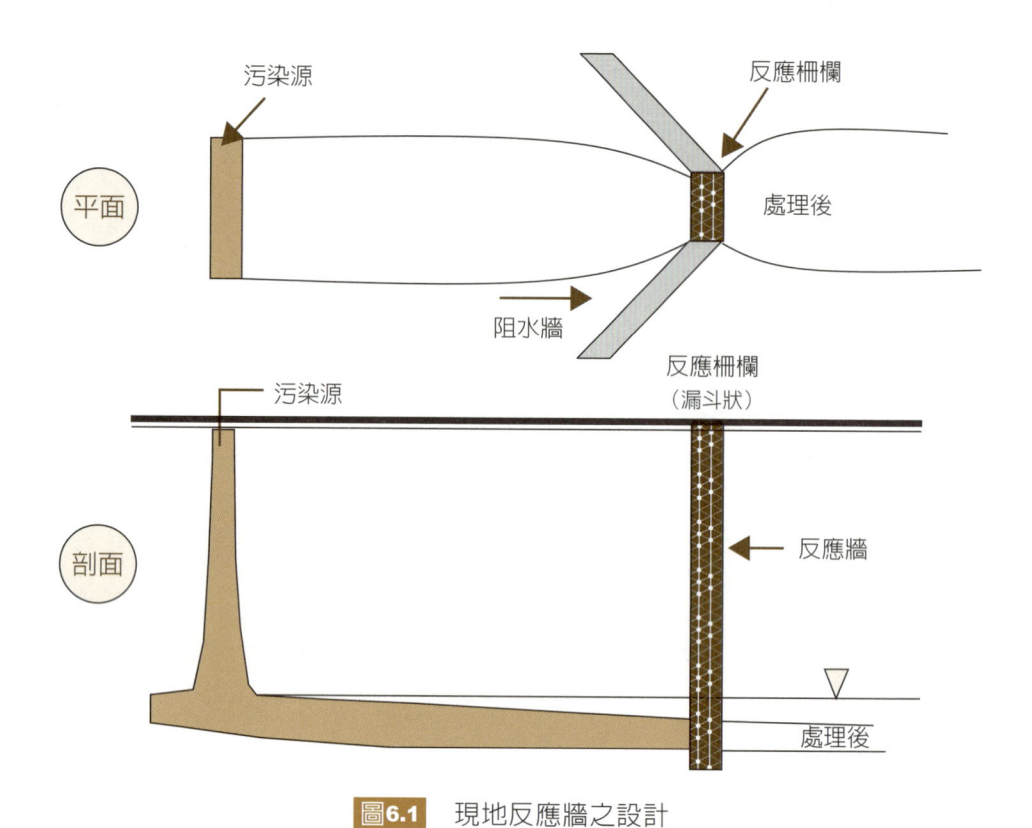

圖6.1　現地反應牆之設計

圖6.2　典型之透水性反應牆示意圖

6.3 化學藥劑注入法

化學藥劑注入法包括化學氧化法、還原／固定法及現地淋洗法。茲將此三種整治方法簡介如下。

(一) 化學氧化法

化學氧化程序廣泛地使用在處理廢水中有機污染物上。由於此法適於處理各種化合物，因此用於受污染土壤及地下水之整治案例已逐漸增加。化學氧化法可處理之物質包括含氯有機溶劑、多環芳香烴、酚類、石油系化合物或無機性物質如氰化物。化學氧化之處理程序可分為現地（圖 6.3）及非現地處理。

非現地化學氧化藉由設置一處理槽，選擇合適的氧化劑如臭氧（O_3）、過氧化氫（H_2O_2）或紫外光（UV），對受污染地下水進行處理。非現地化學氧化常使用的設備為完全混合式或柱塞流反應槽，氧化劑則在地下水進流前或於反應槽中注入。受污染地下水與氧化劑必須混合完全，以確保污染物與氧化劑充分接觸，縮短處理時間。因此，本系統必須設置攪拌機或以氣泡進行混合，並隨時補充氧化劑。

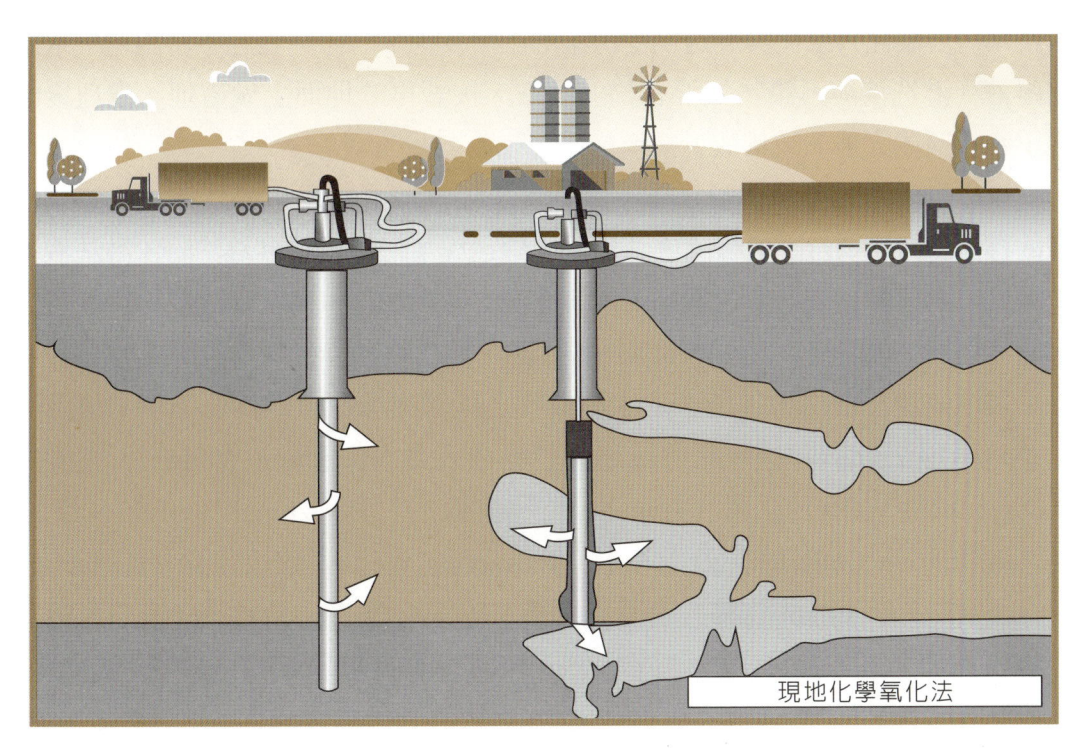

圖6.3　化學氧化法

雖然非現地化學氧化一般使用於受污染地下水之處理，但亦可以此方法處理受污染土壤。土壤處理之方式為將受污染土壤挖掘出，置於反應槽中，以泥漿相進行處理。然而由於土壤挖掘所需的費用較高，一般對於土壤之化學氧化處理傾向於使用現地處理的方法。

現地化學氧化利用氧化劑的注入，使其與受污染之介質接觸，使污染物完全氧化成二氧化碳或轉換成自然界常見的無害物質。常見的氧化劑種類包括過氧化氫、Fenton試劑、過錳酸鉀及臭氧等。

(二) 現地還原／固定法

現地還原／固定法藉控制地表下的氧化還原作用，使之成為還原狀態。當污染物移動至還原區域時，將進行還原性分解或因沉澱而被固定。當污染物被分解時，會產生二氧化碳或毒性較低之物質。還原劑之種類包括有溶解態之亞硫酸鹽（Sulfite）、連二亞硫酸鹽（Dithionite）；膠體態之二價鐵及零價鐵與黏土結合；及氣態如硫化氫等。

(三) 現地淋洗法

現地淋洗法（In-situ Flushing）又稱現地土壤洗滌法（In-situ Soil Washing），本技術將溶液注入或使其滲透至受污染的土壤及地下水中，並在下游對地下水及溶離液（淋洗液與污染物之混合物）萃取，接著再於地面上做處理，處理後之地下水再回注入地下或排放。

現地淋洗法與土壤洗滌法並不相同，土壤洗滌通常用以描述使用溶液或機械的程序將污染物自土壤移除之非現地處理過程。使用現地淋洗法時，淋洗液可使污染物之移動性或溶解性增加，或使沖洗之速率加快。淋洗液之成份可能包含界面活性劑、共溶劑（Cosolvent）、酸、鹼、氧化劑、螯合劑、溶劑或水。

現地淋洗法藉由增進地下水中污染物之移除或加速自然沖洗速率，使傳統的抽取處理法效率增加。此系統通常設置注入井（Injection Wells）、導流井（Directional Wells）、渠（Trenches）、垂直井（Horizontal Wells）、滲透道（Infiltration Galleries）及萃取井（Extraction Wells）或收集渠（Collection Trenches），以使淋洗液與污染區域接觸並收集溶離液。現地淋洗法亦可與其他技術如加強式生物降解法（Enhanced Biodegradation）結合，以達到整治目標。

現地淋洗法可處理各種有機及無機污染物，可處理的有機物包括：非水相液體（NAPL）、揮發性有機物、半揮發性有機物、多氯聯苯（PCBs）、含鹵殺蟲劑、戴奧辛及呋喃、氰化物及腐蝕性物質（圖6.4）。

在無機物方面，包括揮發性及非揮發性金屬、腐蝕性物質、氰化物及放射性物質，皆可藉由現地淋洗法移除。污染物移除效率視污染物種類及土壤型態而定，現地淋洗法對揮發性鹵化物、半揮發性非鹵化物及非揮發性金屬化合物之處理極為成功，並適用於中滲透性至高滲透性之土壤。

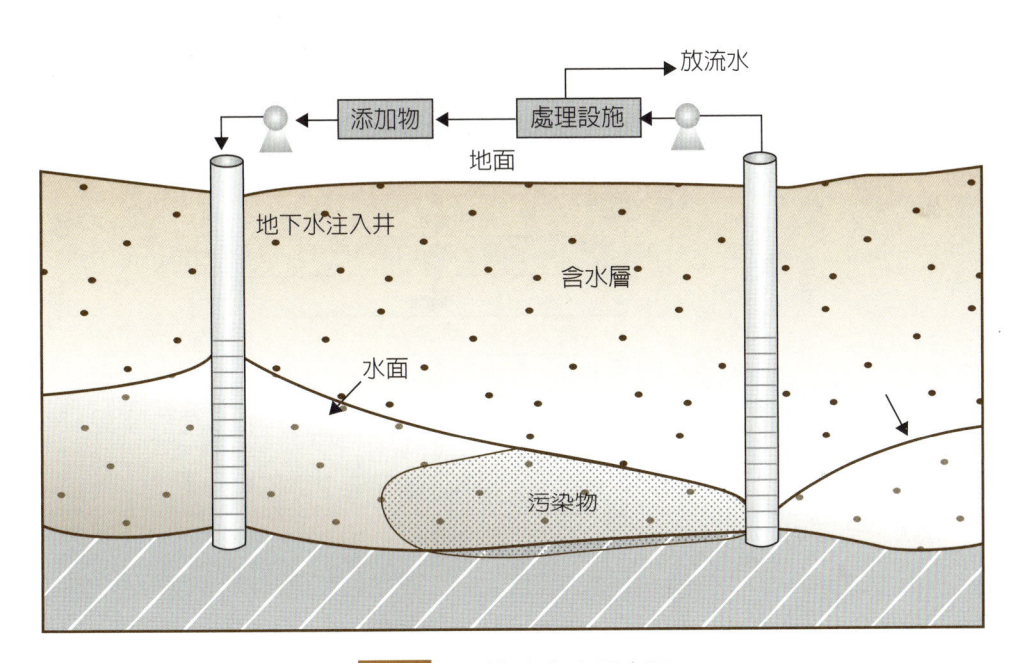

圖6.4 現地沖洗法示意圖

6.4 土壤洗滌法案例

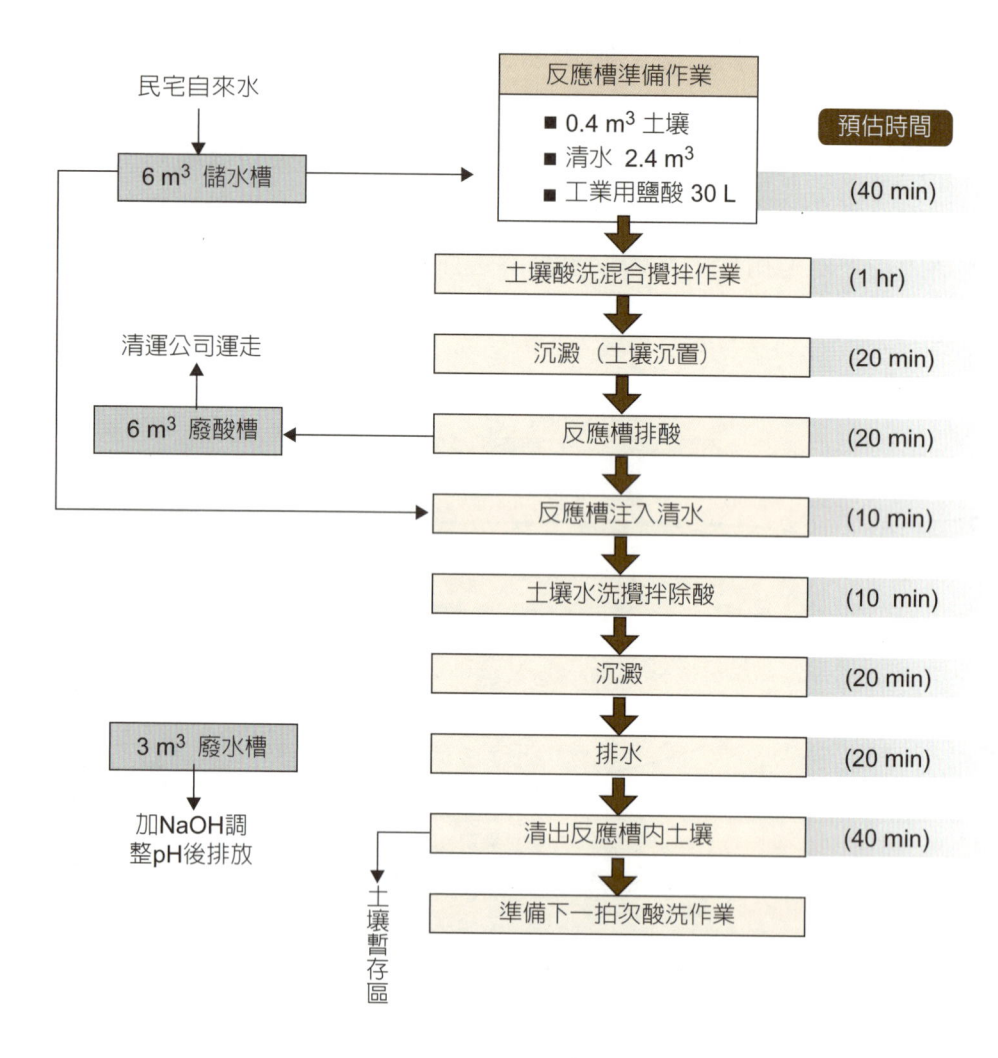

```
民宅自來水
    ↓
6 m³ 儲水槽 → 反應槽準備作業           預估時間
              ■ 0.4 m³ 土壤
              ■ 清水 2.4 m³
              ■ 工業用鹽酸 30 L         (40 min)
                    ↓
              土壤酸洗混合攪拌作業      (1 hr)
                    ↓
              沉澱（土壤沉置）          (20 min)
清運公司運走        ↓
    ↑         反應槽排酸              (20 min)
6 m³ 廢酸槽 ←      ↓
              反應槽注入清水            (10 min)
                    ↓
              土壤水洗攪拌除酸          (10 min)
                    ↓
              沉澱                    (20 min)
3 m³ 廢水槽        ↓
              排水                    (20 min)
加NaOH調           ↓
整pH後排放   → 清出反應槽內土壤         (40 min)
                    ↓
              準備下一拍次酸洗作業
              (土壤暫存區)
```

圖 6.5　土壤洗滌法

6.5 電動力法

電解及電滲透是廣為人知的電化學方法，此現象最早是在 1808 年由 Reuss 所發現，而後於 1930 年才被應用於土壤細微顆粒中的水分去除，並陸續被使用於增加土壤穩定度及降低地下水位等方面。近年來許多學者將電動力法應用於環境工程上，無論是針對金屬或有機化合物之處理皆能呈現其效用。

電動力法（Electrokinetics）之程序（圖 6.6）為在受污染土壤兩端設置電極對（Electrode Pairs），並施予低強度之直流電，以建立電化學場，並藉由該電場做為孔隙中流體的驅動力。當土壤系統（包括土壤顆粒、孔細流體及空氣）在電場作用下，帶電荷離子向其相反電性的電極移動，在離子移動的同時拖曳水分子移動，藉此引導孔隙流體的移動而形成電滲透流（Electroosmotic Flow），引導污染物至電極上，以移除土壤中之污染物。液相中或自土壤脫附之污染物，將視其所帶電荷不同，而移動至相反電性之電極上。污染物可經由回收系統進行回收或沉澱在電極上。使用此法時，亦可配合界面活性劑或複合劑之添加，以增加污染物之溶解性及移動性。

電動力法在現地復育處理上具有適合處理各種污染土壤（如低滲透性淤泥及黏土等）、整治污染物種類廣泛（如重金屬、有機污染物、輻射核種）及可同時處理飽和層及不飽和層土壤等優點。

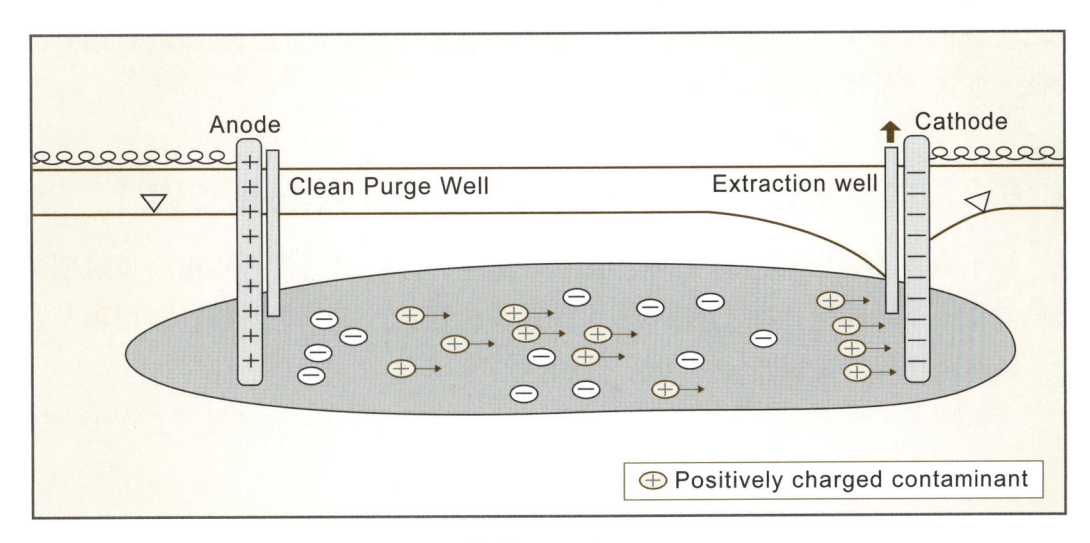

圖6.6 電動力法

6.6 穩定化及固化

穩定化（Stabilization）或固化（Solidification）廣泛的被使用在有害廢棄物的處理上。此技術通常應用於：(1) 有害廢棄物污染場址的整治；(2) 其他處理程序殘餘物之處理；及 (3) 處理廢棄物使其可安全的掩埋。

一般而言，穩定化係指添加試劑使之與廢棄物混合，以降低污染物之溶解性、移動性及毒性。穩定化為全部或部分污染物與所添加之試劑鍵結的過程。固化為添加固化劑於廢棄物中，使其成為不可流動性或形成固體之過程，而不管廢棄物與固化劑間是否產生化學結合。通常固化劑與污染物間不會發生化學反應，而僅有機械性的拌合作用。由此可知，穩定化及固化皆為一侷限之處理，其目的在於降低污染物之毒性及移動性。

受污染土壤之穩定化及固化處理可經由挖掘後於現場操作，亦可不經由挖掘程序就地處理。現地穩定化及固化處理藉由穩定劑的注入或滲入，達到固定污染物或降低其移動性之目的。

6.7 現地固化／安定化

▶▶ 方法概述

適用於受污染深度於 10～40 呎，受污染體積大之土壤。亦可應用於更深層之土壤污染整治，但花費對提高。通常現地固化安定化的主要設備包括有泥漿機、注入口及螺旋鑽（圖 6.7）。

6.8 土壤氣體抽除（Soil Vapor Extraction, SVE）

於不飽和土壤層經抽氣，將土壤中揮發性有機物由固相、液相或吸附項轉移為氣相，予以揮發抽除（圖 6.8），而達整治目的，適用於揮發性有機物及石油碳氫化合物等污染場址，成本低（圖 6.9）。

考量因子：水平式／直立式／影響圈半徑／抽氣壓力／抽氣量／二次污染防制。

第六章　物理化學整治復育法

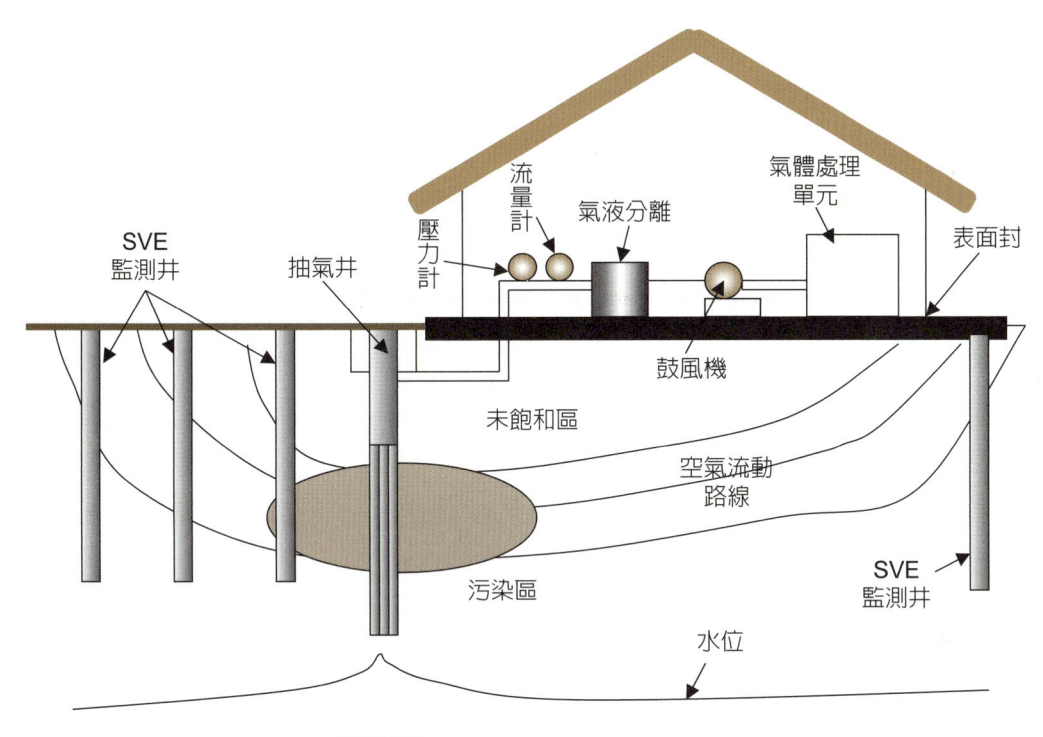

圖6.7　土壤氣體抽除法設計圖

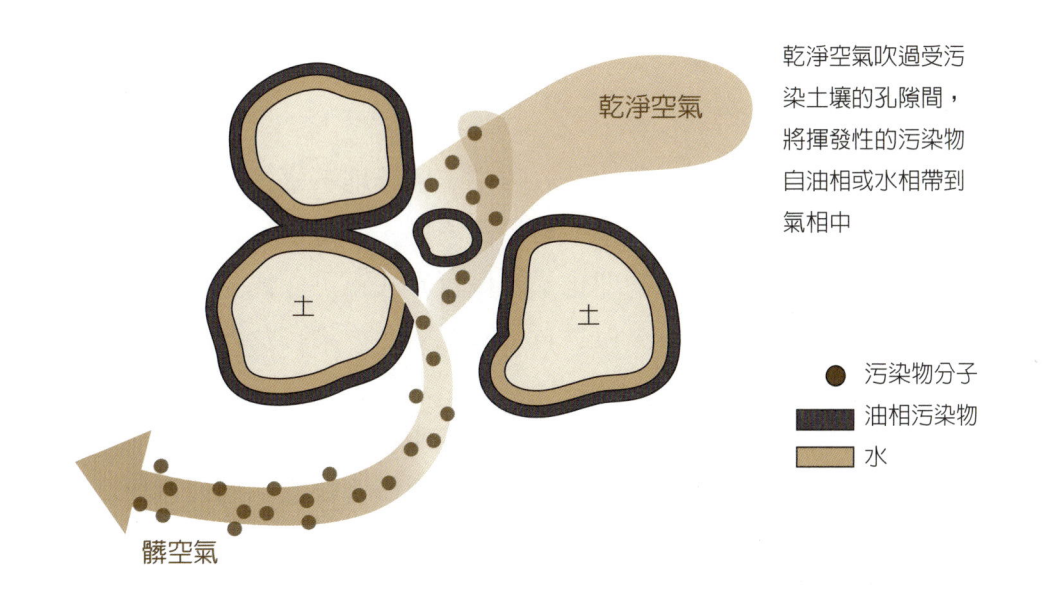

乾淨空氣吹過受污染土壤的孔隙間，將揮發性的污染物自油相或水相帶到氣相中

- ● 污染物分子
- ■ 油相污染物
- ■ 水

圖6.8　土壤氣體抽除原理

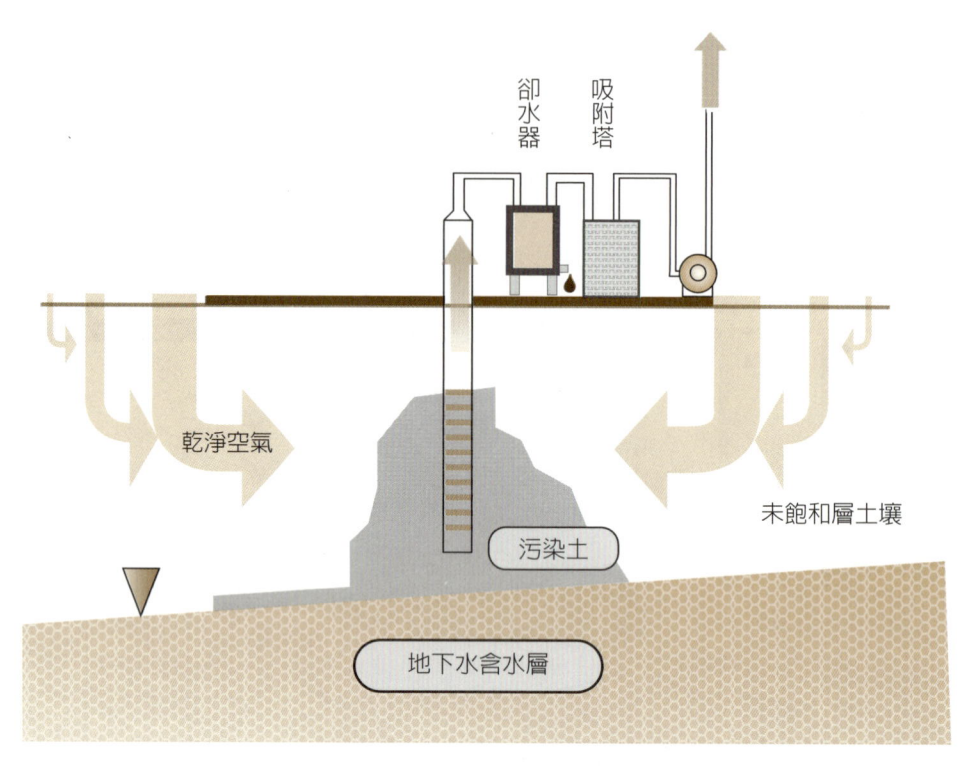

圖6.9　土壤氣體抽除法示意圖

6.9　結論

　　土壤及地下水污染整治之目的在於防止土壤及地下水污染對人類之危害，並確保土壤及地下水資源永續利用。對於高濃度、高毒性、土壤條件不佳或整治時程具急迫性的場址而言，物理化學的復育方式正可作為生物整治技術的替代考量。因物理化學復育技術不但具有可處理廣泛污染物及縮短整治時程之優點，亦無須擔心毒性抑制之問題。

　　無論現地或離地的物理化學復育技術，皆能有效地整治受污染之場址。惟近年來土壤及地下水污染現地處理方法，已被視為傳統離地處理可行之替代方案。相較於離地處理，現地處理技術具有不須挖掘及轉運污染物至處理設施、花費便宜且無有害廢棄物處置問題等優點。

　　然而現地處理技術的種類繁多，在污染場址日益增多而整治經費有限之情形下，如何篩選出最合適的整治技術，因應各整治階段的需求，結合成經濟而有效率的整治策略，勢必為日後污染場址整治之考量重點。

第七章
生物整治復育法

隨著各種土壤及地下水污染案例的浮現，嚴重者甚至造成污染場址附近居民的健康危害，人們已經普遍的意識到土壤及地下水污染之嚴重性，進而思考其整治及保護之工作，在舊有污染場址不斷地被發現，而新污染場址持續增加的情形下，其工作日趨繁重。而目前國內外在整治技術之選擇上，已趨向於節省整治經費上、高處理效率及整合之方向發展，常應用之新穎生物復育技術包括生物氣提（Bioventing）、土壤農地利用（Landfarming）、堆肥處理（Composting）等幾種方式，本文將對生物處理法之原理、污染物分解機制及主要之生物處理技術做一簡明之介紹。但在後來自許多生物復育報告中發現，處理方式趨向以就地（即不開挖污染場址）方式，透過微生態調理技術，培育好氧性微生物處理污染物為主。同時就僅考量恢復污染場址土地原有使用之用途而言，生物處理技術的破壞性相較其他物化、熱處理等較低，並具備有效處理及合理經費之優點，故在整治技術之應用上，生物處理技術將結合其他整治技術，成為未來處理土壤及地下水問題之整合技術之一。

7.1 原理及機制

生物復育是一經由管理或自然發生的過程中，以微生物將污染物降解或轉移成較低毒性或無毒性的型態，藉此降低或排除環境污染物。生物復育進行時，微生物需利用營養鹽及碳源提供其生存及成長之需求。當現地生物復育進行時，土壤及底泥中提供了分解污染物之微生物來源及微生物生長之營養基質，但並非每個場址的狀況皆如此良好。非現地的生物復育則往往需要建立一生物反應槽，並於反應槽中進行微生物的培養，用以去除污染物。

微生物轉化機物的程序大致可分為降解（Degradation）、礦化（Mineralization）、去毒（Detoxification）及活化（Activation）等作用。當最初的化合物消失時，即為降解。礦化是指將有機物完全轉化成 CO_2、H_2O 或 Cl^- 等無機型態的物質。去毒則是指將化合物轉換成較低毒性或不具毒性之中間產物。而活化是指形成毒性中間產物或毒性最終產物的過程。微生物分解毒性物質的機制包括有脫氯（Dechlorination）、水解（Hydrolysis）、斷鍵（Cleavage）、氧化（Oxidation）、還原（Reduction）、脫氫（Dehydrogenation）及取代（Substitution）等。

許多存在於環境中的有機污染物可在好氧或厭氧狀態下被微生物分解。在生化的氧化還原反應中，污染物可被當作電子供給者或電子受者進行利用。當存在足夠的氧氣（好氧狀態下）及營養鹽時，微生物最終將轉換有機污染物成為二氧化碳、水及微生物細胞。對好氧生物降解而言，氧氣極為重要。進行好氧生物降解時，必須監測液相中殘存的氧是否大於 1.0 mg/L，以確保氧氣不是速率限制因子。在氣相中，殘存的氧必須大於 2-4%（以體積計），使有機污染物的好氧生物復育保有充足的氧氣。在缺氧時（厭氧狀態下），電子接受者可能為硫酸鹽（Sulfate）、硝酸鹽（Nitrate）、錳、鐵或二氧化碳，污染物最終將代謝成甲烷、有限的二氧化碳及微量的氫氣。若氧氣存在時，則氧氣會優先作為電子接受者。由於其提供最大的能源產生微生物、大量細胞產物及微生物生長，電子供給者亦會被耗用。因此好氧生物復育的過程通常較厭氧生物復育快，且有機物的降解亦較完全。

到目前為止，大多數的生物復育技術皆用於處理較易分解之有機物，然而環境中許多較具持續性（Persistent）的污染物如多氯聯苯（PCBs）及多環芳香烴（PAHs）會抵抗微生物的整治，使生物整治之效率降低。生物復育可降解的污染物包括：

1. 石油碳氫化合物如苯、甲苯、乙苯、對二甲苯（BTEX）、汽油及木焦油（Creosote）
2. 揮發性有機物質（VOCs）如三氯乙烯（TCE）及四氯乙烯（PCE）
3. 農藥
4. 有機溶劑
5. 木材防腐劑

許多環境狀況會使生物降解程序減慢或停止，這也是為何調查場址是否適合生物處理會比決定使用何種生物處理方法來得重要之原因。為確保生物復育的成效，必須進行詳細的場址狀況調查及生物復育可行性的評估。在整治場址中，有一些重要的參數須考量，這些參數包括污染物的生物降解性、相分布（Phase-Distribution）、滲透潛能（Leaching Potential）及化學反應性、土壤的型態及性質、氧氣的競爭及抑制性物質的存在或缺乏等。基本上場址中土壤的滲透係數（Hydraulic Conductivity, K）須大於 10-4 cm/sec，且場址中必須具有足夠的微生物及適合的微生物種類，方能使生物復育順利進行。

7.2 生物復育之影響因子

微生物的存在並不能代表生物分解能很有效率地進行，許多其他因素 [例如土壤的酸鹼度及溫度、營養鹽的濃度、污染物的特性、土壤的結構及特性、土壤中有機質的含量（Soil Organic Content）、電子接受者的多寡及生物可利用性（Bioavailability）等]，均影響了污染物自然生物分解的可行性及速率。但是其中某些因素之影響性卻未受到重視，而造成對生物分解方式之可行性評估未盡理想。

高濃度的污染物反而對微生物的活化有害，因此須視場址污染情況，選擇必要的前處理措施，以避免生物復育時微生物過大的負荷。經由人工環境的經營、營養源及氧氣的注入、水分的調整、pH 值的控制、溫度的控制、粗大物的去除、特殊微量物的輸送等方式，並視微生物生長狀況的改變而調整，皆可提高微生物的降解能力。

因生物復育程序中存有某些特殊因素無法克服，如優勢種、微生物群競爭、地下水鹽化等。若使用實驗室培養微生物種，有產生操作上異常的可能，若採用土壤中原有微生物處理污染物，則應可降低操作上之困難。此種改良土壤環境以強化微生物活性，分解污染物的方法即所謂微生態調理生物復育方法。雖然實驗室培育出微生物種可能對特定物質具有良好的分解效果，但由於場址客觀環境（光線強度，溫度）與實驗室不盡相同，無法保證絕對的處理結果，甚至還可能有無法生存的問題發生，應特別注意。茲將生物復育主要的影響因子說明如下。

▶ 微生物

土壤中的微生物族群主要有細菌（Bacteria）、放線菌（Actinomycete）、真菌（Fungi）、藻類（Algae）及原生動物（Protozoa）五種。其中細菌為最大量之族群，通常較其他四種微生物之總數來得高。這些微生物可分解存在於土壤中的大部分天然有機物及人工合成化合物。有機污染物之降解與微生物之數目及種類皆有關係。

當一場址受污染後，現地微生物可能因污染物之毒性而暫時受到抑制，但經過一段時間後，微生物之活性會逐漸恢復。此期間為所謂的馴化遲滯期（Acclimatization Lag），在此期間內並無顯著的生物降解現象發生，且在初期

時生物量非常的少。生物復育的過程往往涉及混合微生物族群間複雜的相互作用，而混合族群的生長速率及基質利用率常高於從其中分離出的純菌。在生物復育程序中，生物分解乃是混合微生物族群作用的結果。

▶▶ 營養鹽

碳元素為微生物組成的主要部分，除了碳之外，微生物之主要組成還包括氫、氧及氮。此四種化學元素約占了微生物組成重量的 95 %。磷及鈣則占了剩餘組成的 70 %。微生物所需的營養鹽大約與其細胞組成相同。營養鹽的存在為微生物生長的必要條件，支持微生物生長之標準 C、N、P 比例為 100：10：1。當碳氮比（C/N ratio）超過 35-40 時即表示氮含量不足。若系統中氮磷含量不足時，則可添加化學肥料如硫酸胺或磷酸胺來補充。值得注意的是，許多細胞進行合成作用所需的無機營養鹽，當其濃度提高時，可能會對微生物造成毒害。

▶▶ 污染物毒性

許多有機或無機的污染物，當其濃度增加時對微生物的影響亦增加。例如微生物可將某個濃度下的有機污染物降解去除，但當有機污染物濃度提高時，則會抑制微生物的生長，使得此有機物持續的存在而無法降解。若污染物濃度更高時，則此污染物便會對微生物造成毒性。污染濃度會對微生物造成不同程度影響的原因，可能是這些化學物質影響到微生物酵素系統所致。當一場址考慮使用生物復育進行整治時，須對場址中的毒性進行評估。若評估結果確定污染物對微生物有毒害時，則須先降低污染物毒性或是選擇其他可行之方法進行整治。

▶▶ 電子接受者

在好氧環境中，氧是最終的電子接受者；當氧缺乏時，只要微生物具有適當酵素系統，硝酸根、鐵（Fe^{3+}）、錳（Mn^{4+}）及硫酸根等物質，都可當成電子接受者。當氧氣消耗時，系統中的微生物族群亦可能隨之改變。兼氣菌可利用硝酸根或氧當作電子接受者。當氧缺乏時，兼氣菌與厭氧菌就成為優勢菌種。

▶▶ 物理化學因子

(一) 溫度

溫度為影響微生物生長速率之主要因子。一般生存於土壤、空氣及水中的微生物最合適的增殖溫度為 25-30℃，但當溫度增加時，生物反應速率通常亦

會增加。土壤中的溫度也是控制微生物活性與污染物分解的重要手段。由 Q10 定理（Q10 Theory）得知，溫度每上升 10℃，微生物的代謝速率會增加兩倍。除非是土壤凍結的情況下，大多數微生物都能存活。土壤溫度的改變除氣候與人為的改變之外，部分也可能是污染物降解或毒性物質混合所產生之化學熱所致。此外，溫度也會影響污染物的揮發，但同時也增加了土壤對污染物吸附性。

(二) pH

酵素的活性取決於 pH 值。在微生物降解的過程中，特定酵素的數量會隨 pH 值改變而改變，而在最適的 pH 值下，微生物可產生最大數量的酵素。微生物的活性亦會影響 pH 值，例如厭氧發酵時會產生有機酸，使得 pH 值下降；硝化時，NH_4^+ 轉換成 NO_3^- 之過程會產生 H^+，而使 pH 值下降；好氧降解所產生的二氧化碳，亦會造成 pH 值的降低；而降解有機氮化合物會產生 NH_4^+ 及 OH^-，導致 pH 值上升。若在生物復育的過程中未對這些可能產生的現象進行控制，則會因 pH 值的改變造成微生物的抑制或死亡。中性環境最適於生物的降解，而且中性土壤也能降低因為加入磷酸鹽所造成的阻塞問題。由於大多數自然環境下 pH 值介於 5-9 之間，因此大多數微生物可忍受之 pH 值範圍介於其間並不令人意外。微生物生長之 pH 值最佳範圍應介於 6.5-7.5 間，但亦有適合生長於 pH 值為 2.5 及 pH 值介於 10-12 之微生物。

(三) 氧化還原電位（Redox Potential, ORP 或 Eh）

氧化還原電位是測量環境是屬於氧化態或還原態之方法，其符號表示為 Eh。若 Eh 大於零則屬於氧化態之環境；若 Eh 小於零則屬還原態環境。在自然環境中 Eh 之範圍介於 +800 mV（高氧氣濃度狀態下，且氧氣未消耗）與 -400 mV（高氫氣濃度狀態下）間。

在不同污染物的生物轉化中，氧化還原電位是一項相當重要的指標。例如含高度污染物的場址偏向於厭氧狀況，在復育程序中的電子接受者多具有較高的氧化還原電位。惟需注意的是 Eh 僅能提供某項氧化還原反應（如微生物的呼吸反應潛能）之參考，而無法分出各種有機物或無機物的反應作用，在應用時仍需參酌其他指標。表 7.1 為進行生物復育時，氧化還原電位對微生物降解污染物機制之影響。

表 7.1　苯在不同電子接受者及氧化還原狀態下之生物降解

氧化還原電位	反應型態	電子接受者	副產物	相對潛在能量
> +300 mV	好氧	O_2	CO_2, H_2O	高
↓	脫硝	NO_3^-	NO_2^-, N_2, CO_2, H_2O	↑
↓	錳還原	$Mn(IV)$	$Mn(II), CO_2, H_2O$	
↓	鐵還原	$Fe(III)$	$Fe(II), CO_2, H^+$	
↓	硫還原	SO_4^{2-}	H_2S, CO_2, H_2O	
< −300 mV	甲烷化	CO_2	CO_2, CH_4	低

7.3　生物復育之優缺點

生物復育相較於傳統的處理方法有許多優點存在，其優點包括可在現地進行、較具經濟性、對場址的擾動較小、可分解污染物而非做相的轉移、無需負清運受污染介質之責任、大眾接受度較高並且可與其他物理或化學的處理技術結合。儘管生物復育在許多情形下都是有利的，例如其理想狀況是轉化毒性物質使之成為較無害之物，但其使用的限制及標準仍必須要知道。生物復育的一些限制包括清除程度的可達成性、達到完全清除的時效性及產生毒性污染物的潛能之顧慮。此外，某些化學物質無法利用生物降解方式去除、可能產生具毒性的副產物、不適合處理透性低的土壤及微生物生長可能造成井的阻塞等，亦是生物復育執行上可能遭遇的困難。

執行一生物復育系統所需的花費，根據其型式、欲增強此系統的程度及其他場址因子，範圍相當廣泛。影響生物復育基本花費及操作費用的因子包括：

1. 有機污染物存在的數量及型態
2. 場址狀況
3. 須處理的污染介質體積
4. 污染物的性質及深度
5. 生物添加劑、過氧化物及促進劑（enhancement）的使用

7.4 現地生物復育技術

自然生物處理法（Natural Bioremediation）

自然衰減（Natural Attenuation, NA）為環境中自然發生的一種過程，此過程可減少環境污染物之重量、毒性、移動性、體積或濃度等。以土壤及地下水污染為例，這些過程可能包含：生物分解（Biodegradation）、擴散（Dispersion）、稀釋（Dilution）、吸附（Adsorption）及揮發（Volatilization）等作用。因此，自然衰減處理是指利用土壤及地下水中的生物、物理、化學等機制將污染物去除。對污染整治而言，自然衰減應是一種被監測的自然衰減過程（Monitored Natural Attenuation, MNA）。此過程必須整合於污染整治計畫中，且必須在一個合理的時間內達到整治的目標。

自然衰減在任何污染場址都會發生，只是發生程度的不同罷了。自然衰減的程度將因污染物的種類、污染場址土壤或地下水的物理、化學及生物特性等的影響而有所不同。其中自然生物分解是最主要的污染物自然衰減機制。自然生物分解是指利用地下水中的微生物將污染物分解去除。同時，也達到了降低污染物對環境及人類健康危害的目的。

在大部分的地區，地下水中的微生物數目大都在 10^3 到 10^7 CFU/mL。自然生物處理是指利用土壤中的微生物將污染物分解去除。同時，也達到了降低污染物對環境及人類健康危害的目的。自然生物處理包含了有氧及無氧的分解程序。在有氧分解的條件下，微生物將氧氣當作最終電子接受者來進行生物分解的氧化還原反應。無氧分解過程中則分別利用硝酸鹽、三價鐵、硫酸鹽及二氧化碳當做最終電子接受者來進行氧化還原反應。場址之條件及微生物間之競爭將決定何種反應為主要的分解過程。一般來說，在一個高濃度的污染場址，可利用的氧氣將很快被消耗盡，緊接著進行的反應是脫硝作用、鐵還原、硫酸鹽還原，以及最終的甲烷化反應。

自然生物處理以現地可得的營養鹽、電子接受者及微生物降解污染物。一般而言，由於現地微生物已被污染物所馴化，因此有能力影響污染物的轉移。但若微生物營養及物理條件不符合所需，則自然生物處理便不適用。

在地下水生物復育的過程中，亦有因為生物特異性的原因導致失敗或執行效果不佳的情形。例如在某些情況下，現地的細菌可能不具有可分解污染物之

酵素。若場址中並未發現有具活性的現地微生物叢生的情形，則有必要懷疑場址中可能存在抑制或毒性條件。

自然生物處理並非是一個不行動（No Action）之方案。在大多數的案例中，自然生物處理被用以彌補傳統整治技術不足之處。傳統處理技術之型式及限度常取決於地下水環境狀況、污染之程度及其對公眾與環境的風險度。在一些案例中，只是將主要污染源（如洩漏的地下儲槽）移除而已，當污染來源移除後，便以自然生物處理完成清除工作。執行自然生物處理系統有別於傳統技術可允許污染物些許殘留於地下水中，而是將污染物完全分解。

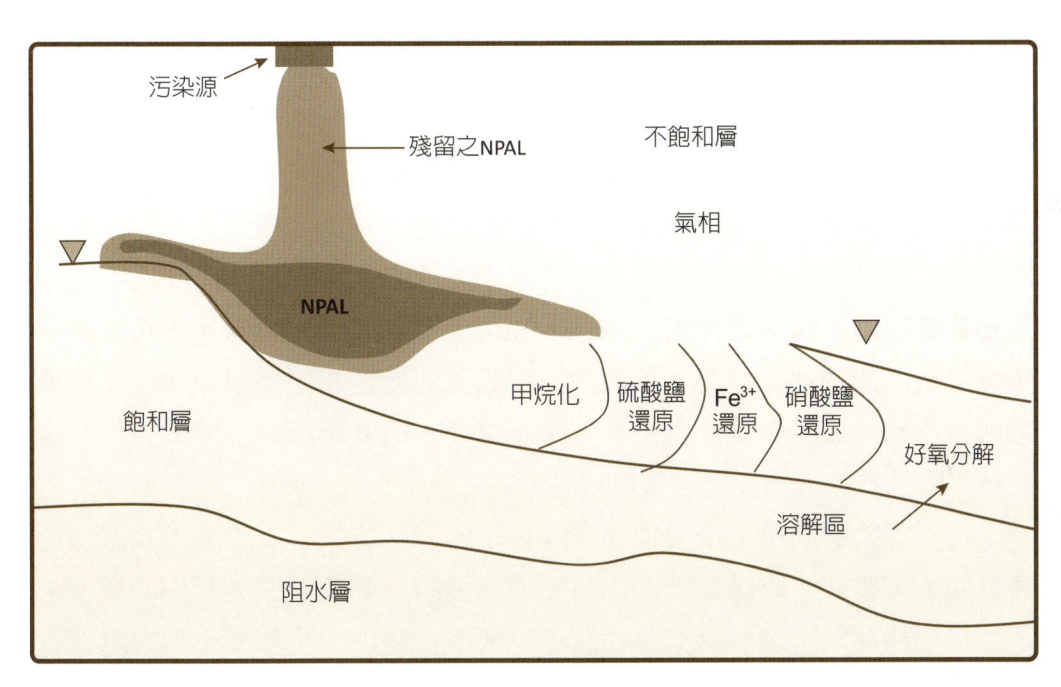

圖7.1 自然衰減法示意圖

在污染場址中，若 Zero Line 可被建立，將可提升以自然生物處理為整治技術的接受度。Zero Line 之定義為污染物自然降解速率大於污染物質量流（Mass Flux）速率所在位置的垂直平面。在沒有任何新的污染物進入之情況下，Zero Line 將會是一條位置不固定的線。由於自然衰減的程序，此線將朝污染源區域移動，最後污染團將逐漸縮小。Zero Line 的存在可藉由一段時間內地下水水質評估來推斷。蒐集一段時間內的地下水採樣資料，便可顯示出 Zero Line 的存在。

▷▷ 加強式生物處理法（Enhanced Bioremediation）

當自然生物復育受到營養鹽及可利用之電子接受者等因素所限制時，便可以利用加強式生物處理法對污染場址進行整治。此技術藉提供微生物一適當的環境，刺激微生物生長並使其以污染物為食物或能量來源。通常是以提供氧氣、營養鹽、水分及控制 pH 與溫度的方法，塑造出一個適合生物降解之環境。

▷▷ 現地生物反應牆（In-situ Bioreactive Walls）

現地反應牆為近幾年來所發展之新技術。由於大眾逐漸認知到抽取處理法及其他傳統上須於地面上處理污染物之系統無法在現地環境中執行之限制，因此現地反應牆技術廣受矚目。整治技術中如漏斗－柵欄系統（Funnel-and-Gate System）及處理牆（Treatment Walls）皆屬於現地反應牆系統。現地反應牆之設計主要在地下水污染團下游設置一不透水的障壁，藉由此不透水障壁將污染團引導至位於其內之滲透性、半滲透性或可置換的柵欄。在此反應（處理）柵欄中，會進行目標污染物之處理。處理過後之地下水流出柵欄後，再沿著其自然水流方向行進。由於水流是藉由地下水水力坡降流經柵欄，因此此系統亦稱為被動式處理牆（Passive Treatment Walls）。若污染團非常狹窄，可設置一與污染團等寬之滲透性反應渠，如此便不用設置非滲透相障壁引導水流。現地反應牆所需用到的機械系統非常少，甚至不需要，因此可減少長時間操作及維修之花費，降低許多整治計畫之費用。

現地反應牆的應用可視為抽取處理系統的替代方案。反應牆可設置在污染團邊緣的下游當作一阻絕系統，以防止污染團的移動超過原先預期的程度。在滲透性反應柵欄內可能包含某些物質，以便進行物理、化學或生物的處理程序處理污染物，如以金屬－鹼基催化劑分解揮發性有機物、以螯合劑固定金屬或以營養鹽及氧氣增進生物整治之效率，當污染物通過反應牆時，污染物將會分解成較無害之副產物。現地反應牆系統可用以整治包括 VOCs、SVOCs、BTEX、鉻、鉛、鋅、砷、銅、鎘、硫酸鹽及磷酸鹽等污染物。

現地反應牆應用於生物復育時，可藉由釋氧物質、營養鹽、碳源或其他電子接受者的添加，改善現地環境條件，使現地微生物在合適的狀態下降解污染物。此時現地反應牆之作用便如同一現地生物反應槽（In-situ Bioreactor），在滲透性的柵欄中微生物可附著生長，並藉由上述環境條件的改善，讓污染物在此反應槽區分解去除。植種或培養於現地生物反應槽中的微生物，若能先經過馴養，則處

理效果會較佳。

▶▶ 生物氣提法（Biosparging）

現地空氣貫入法（In-situ Air Sparging）的使用約始於 1985 年代，其對溶解於地下水中、吸附於飽和層土壤及飽和層土壤孔隙中揮發性有機物（VOCs）的整治非常有效。此技術常與真空萃取系統（Vacuum Extraction System）結合使用，以移除被氣提上升之污染物。與傳統之處理方法比較起來，現地空氣貫入法之花費相對較低廉，也因此普遍地受到矚目。

▶▶ 空氣注入法（Air Sparging）

現地空氣貫入法主要是使氣體（一般為空氣或氧氣）在壓力下注入飽和層內，讓地下水中的污染物揮發，且由於地表下氧氣濃度的增加，增進飽和層及不飽和層土壤之生物降解速率。當揮發性蒸氣移動至不飽和層之區域後，便經由真空萃取將之移除，通常此真空萃取系統為土壤蒸氣萃取系統。現地空氣貫入法已使用於許多揮發性及半揮發性之地下水及土壤污染物之整治上，包括汽油、柴油等燃料類、油脂類、BTEX 相關化合物及含氯溶劑（PCE、TCE、DCE 等），此法最適用於中滲透性至高滲透性及均質土壤中揮發性有機污染物之去除。

在操作空氣貫入系統時，污染物主要藉由下列三個程序移除：(1) 溶解性 VOCs 之現地提除（Stripping）；(2) 使地下水位下及毛細邊緣所捕捉及吸附之污染物揮發（Volatilization）；(3) 溶解性及吸附相之污染物之好氧生物降解。以現地空氣貫入法整治石油碳氫化合物污染場址時可發現，在較短的時間內（數週或數月），提除及揮發對移除碳氫化合物之貢獻較生物降解較多。只有在長時間的操作下，生物降解對污染物之移除較顯著。

生物氣提法為一以現地微生物降解飽和層中有機污染物之現地整治技術。在生物氣提法中，將空氣（或氧氣）及營養鹽（若需要的話）打入飽和層中，以增加現地微生物之生物活性。利用生物氣提法可降低地下水中石油污染物的濃度。

生物氣提法之過程與空氣灌入法相似，但空氣灌入法主要以揮發為移除污染物之機制；而生物氣提法則以促進污染物的生物降解為主要機制（通常提供之空氣流量較空氣灌入法為低）。事實上，無論是生物氣提法或空氣灌入法，皆有某種程度的揮發與生物降解。

當地下水中含有揮發性成分時,生物氣提法通常會結合土壤蒸氣萃取法或生物通氣法(Bioventing),並使用其他的整治技術。生物氣提法與土壤蒸氣萃取法結合時,會利用一系列的抽氣井使不飽和層產生負壓,限制污染團的移動。若生物氣提法執行狀況良好時,其對降低地下儲油槽洩漏之石油濃度有極佳的效率。生物氣提法最常使用於中分子量的石油污染物整治上(如柴油及飛機燃料);揮發較快的輕油污染物如汽油則以空氣灌入法進行整治。

▶▶ 生物通氣法(Bioventing)

生物通氣法為利用空氣或氧氣的導入,刺激現地微生物降解吸附於不飽和層土壤的有機污染物之整治方法,若有需要亦可添加營養鹽以增進生物降解速率。此法使用時會設計一系列的注入井或抽取井,將空氣以極低的流速通入或抽出,並使污染物的揮發降至最低,且不致影響飽和層之土壤。當使用的系統為抽取井時,則生物通氣法之程序與土壤蒸氣萃取法極為相似。但不同於土壤蒸氣萃取法,生物通氣法是以增進污染物的生物降解及減少揮發為主要目的,而非利用揮發的機制移除污染物。其對於具揮發性卻不易生物降解的物質,亦有去除的效果,但會增加廢氣處理設備之負擔(圖7.2)。

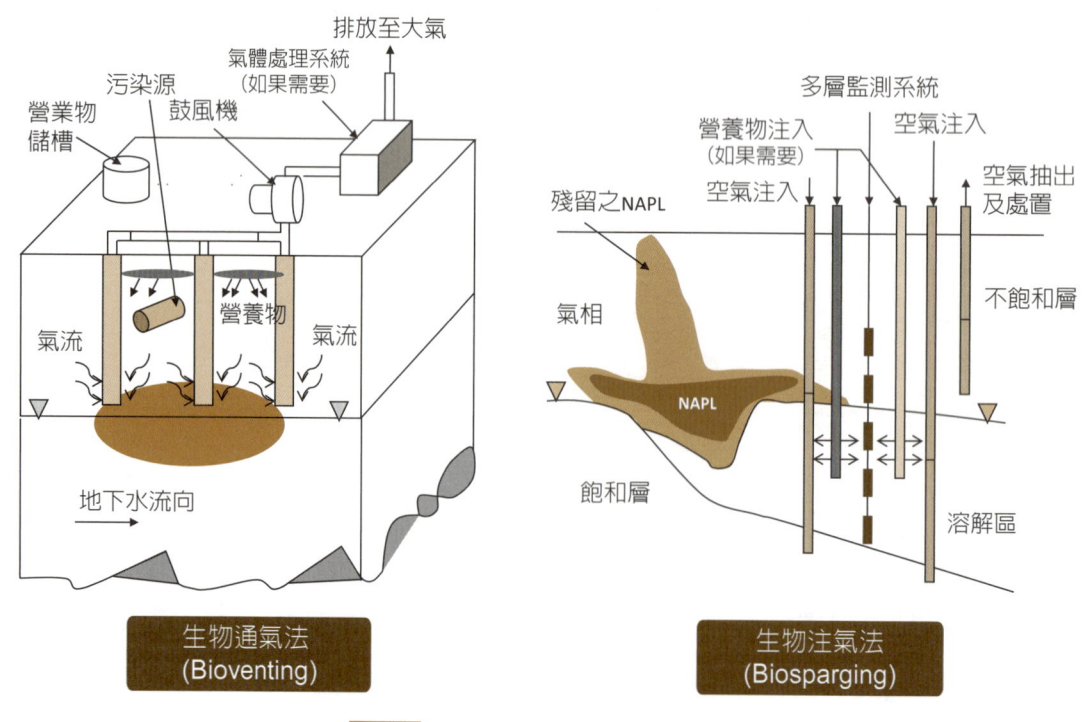

圖7.2 生物通氣法和生物注氣法

幾乎所有可好氧生物降解之污染物皆可利用生物通氣法去除，特別是一些石油系化合物如汽油、飛機燃料油、煤油或柴油等，以生物通氣法的處理效率皆非常好。生物通氣法最常使用於中分子量石油化合物如柴油或飛機燃料油的處理上，且大部分使用於地表土壤距地下水位超過 3 公尺深的場。

7.5 植物復育

植物復育法（Phytoremediation）為以種植植物之方式達到整治污染土壤及地下水的目的。植物復育亦為生物復育技術之一種，可同時處理有機及無機污染物。污染物可從土壤中被萃取出，並經由植物吸收、累積，或由微生物族群降解。植物復育為一綜合物理、化學及生物反應之整治技術，可利用現地或離地的方式進行，以處理土壤、污泥、含水層物質及地下水等受污染之介質。

植物復育之機制為：

1. Rhizofiltration：利用植物之根將金屬吸附、濃縮及沉澱。
2. Phytostabilization：將污染物沉澱，吸收於植物体內，以降低污染物之移動性，並防止其滲漏至地下水中或揮發至空氣中，進而污染到鄰近的區域。
3. Phytoextration：利用植物吸收、累積、濃縮污染物，以便植株收成後進一步利用加熱、微生物發酵或化學方法處理，此機制在移除土壤重金屬時最為重要。
4. Phytotransformation：將複雜的有機物降解成較簡單之小分子，並使其與植物體組織結合。
5. Phytostimulation（Plant-assisted Bioremediaiton）：植物釋放酵素至根區，刺激微生物降解作用。

植物復育是以下列之自然程序進行的：

1. 自土壤或地下水中吸收金屬或有機物經由木質化（Lignification）、蒸散、代謝及礦化之程序處理或累積污染物。
2. 利用酵素將複雜的有機污染物分解成較低分子（最終產物為水及二氧化碳）。
3. 藉由根區釋放之分泌物及腐壞之根部組織，增加根部附近土壤之氧氣及碳源含量，使微生物之活性增加。
4. 以植物捕捉地下水並進行利用。

植物復育之優點為花費低廉、美觀、可礦化污染物及土壤穩定化。植物復育之操作費用主要用於施肥及澆水以維持植物生長。若使用在重金屬整治上，則須增加收割、植物體處理及再種植之費用。若植物根的深度無法達到污染物所在處，或是污染物對植物之毒性過大，導致其無法生長，則植物復育將受到限制。此外整治的過程可能需耗費多年才能使污染物濃度達到法規之限值，因此必須長時間維持系統的運作。

▶▶ 替代性電子接受者——厭氧生物復育（Alternate Electron Acceptors-anaerobic Bioremediation）

　　大多數的加強式生物復育技術皆著力於氧氣的添加以增進生物降解能力。在飽和層中之生物整治亦可以添加替代性電子接受者，使微生物於厭氧下降解污染物。由於好氧代謝所得之能量較其他微生物程序高，若氧存在時是一較佳之電子接受者。但氧氣在水中會受溶解度之限制，因此較難傳送大量的氧氣進入地下水環境中。許多陽離子或陰離子皆可取代氧氣當作電子接受者，以增進有機污染物的降解性。替代性的電子接受者包括硝酸鹽、硫酸鹽及三價鐵等，在自然界中許多厭氧菌皆可以這些物質當作厭氧環境下之電子接受者。

　　硝酸鹽較氧氣易溶於水，其反應性較差、移動性較佳，並且具有極高的電子接受能力。雖然硝酸鹽易溶於水，但其硝酸鹽還原之最終產物氮氣卻難溶於水。若氮氣持續累積，則氣泡會將孔隙空間（Pore Spaces）之水趕出，造成水力傳導係數之降低。此外，硝酸鹽對人類有毒害性且較貴。硫酸鹽有高水溶性及及高電子接受能力，且無任何吸附性，對微生物無毒害亦不貴。但其硫還原反應之最終產物硫化氫，對人體及微生物皆有毒性。三價鐵微溶於水且電子接受能力較低。在應用上往往將鐵或其鹽類加入污染物中進行整治。鐵還原反應之產物為二價鐵，並無毒性，因此在生物整治上較為人們接受。

7.6　非現地生物處理技術

▶▶ 泥漿相生物降解（Slurry-phase Biodegradation）

　　泥漿相生物降解是藉由將水加入受污染的介質（土壤或污泥）並在好氧狀況下處理。此法在處理槽（生物反應槽）內，利用混合攪拌幫助微生物與污染物的接觸，並供給其氧氣進行處理。此技術可用以單獨使用，或結合其他生物、物理及化學技術以處理污染物（圖 7.3）。

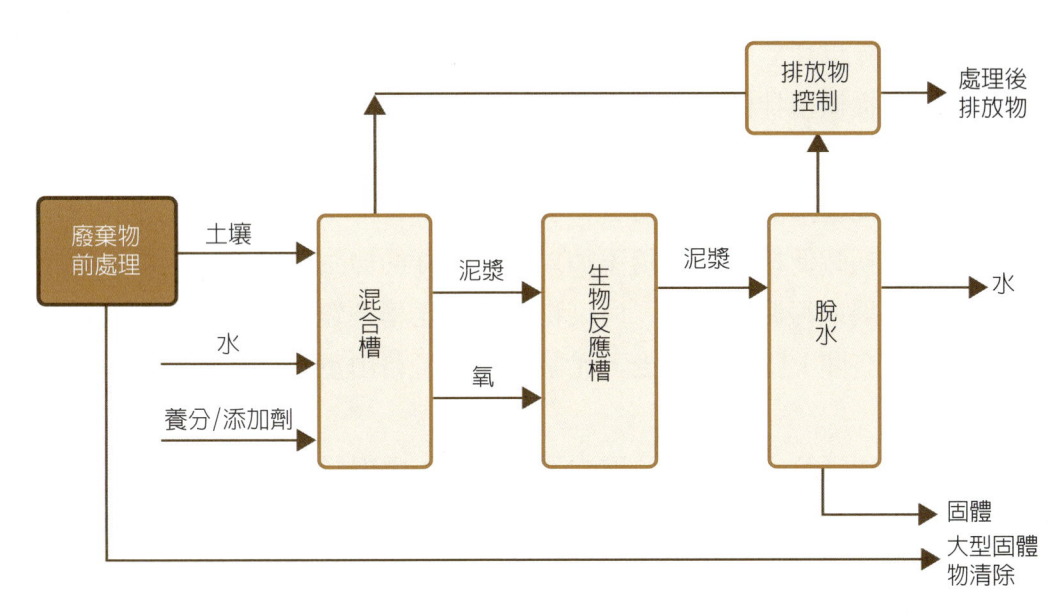

圖7.3　泥漿相生物降解程序

　　泥漿相生物降解可處理土壤或污泥中的高濃度（2,500～250,000 mg/kg）溶解性有機物。使用此法之主要目的有二：(1) 破壞有機污染物；(2) 減少受污染介質之體積。泥漿相生物降解對無機物如金屬等處理效率不佳。此技術目前雖屬於發展階段，但由於其處理有害廢棄物花費較經濟，因此有其發展性。泥漿相生物降解法可處理許多有機污染物如農藥、石油、木焦油（Creosote）、五氯酚（PCP）、多氯聯苯（PCBs）及鹵化揮發性有機物。但重金屬及氯化物存在時，會抑制微生物之代謝，因此必須先進行前處理。

　　泥漿相生物降解的處理效率主要受前處理程度、污染物自土壤顆粒的脫附性（影響生物可利用性）、固體濃度、混合程度及停留時間所影響。進行泥漿相生物降解時首先進行廢棄物調理（Waste Preparation），將受污染介質挖出移除雜物及較大物體，接著將其粒徑減小，並添加水分、調整pH及溫度。廢棄物調理階段關係著能否使進料調整至最佳狀況，達成最大的污染物降解效率。進料要求的性質包括有機物 0.025-25%（w/w）；固體 10-40%（w/w）；水分 60-90%（w/w）；固體粒徑 < 1/4 吋；溫度 15-35℃ 及 pH 4.5-8.8。

　　調理後受污染介質會成泥漿相，將其在混合槽（Mixing Tank）內混合，使污染物及微生物間有最大的接觸及質量傳輸速率。接著在生物反應槽（Bioreactor）中進行好氧批次（Batch）處理，此方式為泥漿相生物降解最常

用的操作方法。以浮於水面上或設至於水面下之曝氣裝置進行曝氣，並單獨藉由曝氣或輔以機械攪拌使泥漿相物質混合。加入營養鹽及中和劑以消除抑制生物活性之化學因子。其他物質如界面活性劑、分散劑（Dispersants）及可支持微生物生長或促進降解之化合物皆可加入反應槽中，增進污染物之生物降解。微生物可於最初時便植種或持續添加以維持良好的微生物濃度。生物反應槽之停留時間與土壤或污泥的組成、污染物之物理化學性質（包括濃度）及污染物之生物降解性有關。降解完成後，泥漿相物質可藉由重力方式或脫水設備進行固液分離。

　　泥漿相生物降解系統會有三種主要的產物：處理後的固體、分離的水及可能逸散的氣體。若固體中仍含有有機污染物，則須進行更進一步的處理。若固體中含有無機物或重金屬，則須將其穩定化再處置。分離的水可於現場處理系統中處理後再排放，或直接進入泥漿相生物降解系統再使用。操作此系統時，揮發性污染物可能逸散至空氣中，因此可能需要設置空氣污染防制設備。

▶▶ 土耕法（Land Farming）

　　土耕法，亦稱為土地處理（Land Treatment）或土地應用程序（Land Application），是一個以生物降解方式降低石油污染物濃度的地表上整治技術。在地表上將挖出的受污染土壤鋪成一薄層，並利用曝氣、調整pH值、添加礦物質與營養鹽、控制水分及翻土等動作刺激土壤中微生物之活性。當微生物活性增加後，微生物會將吸附於土壤中的石油污染物代謝掉。若受污染的土壤位置較淺（在地表下3吋內），則不需挖掘土壤便可有效的刺激微生物進行降解作用。若受污染之土壤位置超過地表下5吋，則須將土壤挖掘至地表上進行處理。

　　土耕法廣泛的運用於處理石油污染物上，幾乎所有地下儲油槽污染場址中的石油組成，皆可藉由土耕法有效降低其濃度。較低分子量，較易揮發之石油產物如汽油，會經由曝氣過程揮發移除，並且經由生物降解轉變成更低分子。因此必須控制揮發性有機物（VOCs）之排放，以符合法令要求。控制方法可在VOCs進入大氣前便將其捕捉，經由適當的處理程序處理後再排放。中分子量石油產物如柴油或煤油中含有較汽油少的揮發性組成，因此中分子石油產物被生物降解移除的量較揮發顯著。重油如燃料油或潤滑油則不會在土耕法的曝氣過程中揮發，移除這些石油化合物主要的機制為生物降解，但需花費較長的時間方能被降解移除。

7.7 現場生物處理法

地下水污染的整治技術中最常見的是抽取處理系統。在 1982 年至 1999 年間，有 71% 的超級基金場址單純只以抽取處理法做為其地下水整治的方法，若加上與其他整治方法結合者，則有高達 86% 的場址使用抽取處理法。抽取處理系統主要目的有二：(1) 侷限（Containment），防止污染物擴散；(2) 整治（Restoration），將污染物移除。受污染的地下水於抽水井中加以抽取回收，抽取出的地下水則在地表上利用氣提法、活性碳吸附法、生物處理法或其他方法（如濾膜法、離子交換法、化學氧化法）加以處理。經處理後的水可經由補注井再重新注入地下水體中或直接排至地面水體，或是排放至廢水處理廠。當受污染的地下水抽至地面後，可以使用處理飲用水及廢水的技術將污染物移除至極低的程度。然而自含水層中抽取受污染的地下水並無法保證所有的污染物皆可從場址中移除。污染物的移除受到污染物在地表下的行為（主要受污染物的特性所主導）、場址地質、地下水水文及抽取系統的設計之限制。

現場生物處理可藉抽水井將受污染之地下水抽出後，於現場設置一好氧或厭氧之生物反應槽，將受污染之地下水導入反應槽內，利用好氧污泥或厭氧污泥進行生物降解，以去除污染物。這些生物反應槽之型式包括有活性污泥法、滴濾法、旋轉生物圓盤法（RBC）、流動床反應槽（Fluidized Bed Reactors）、厭氧消化槽及氧化塘。

欲以生物反應槽降解有害有機污染物時，可依循之設計規範極少，且設計時須考慮場址之特性。處理有害有機污染物時，並不像一般廢水生物處理之目的往往是要將總有機物（BOD 或 TOC）完全降解，其目的是針對目標污染物之降解。處理之效果通常與場址特性、物理化學因子及微生物間之互相作用有關，因此設計時通常須進行處理能力之研究，方能定出設計規範。由於每個場址中有機污染物、水及土壤化學、微生物之優勢種、微生物代謝之主要模式及化學物質之促進性或抑制性皆不同，因此處理能力之研究對處理程序之最佳化非常重要。

土壤及地下水受各種有機物污染已是一個愈趨普遍且嚴重的問題。以生物處理法降解土壤及地下水中有機污染物不但可將污染物完全礦化，且亦具有其經濟上之誘因。在 1999 年舊金山第四屆國際水文會議中，美國環保署官員針對

廿一世紀之土壤及地下水資源保護，訂出了四個在污染整治方面應努力鑽研的方向：(1) 自然衰減法；(2) 現地整治牆技術；(3) 植物處理法；及 (4) 含氯有機溶劑之生物分解，由上述四個方向可見生物處理法所受到之重視。

由於國內污染場址之數目有日益增加的趨勢，日後在整治經費有限的情況下，勢必採用美國環保署及各州政府的政策，即在低風險的污染場址，經評估後以較經濟之現地自然生物處理或加強式之生物處理為優先考慮之整治方案，而將有限的整治經費運用在高風險的污染場址。因此國內環保機關、業界及學界應針對相關之整治技術及法規及早謀求因應之道。

因此，生物整治之主要優勢在於：(1) 可將污染物轉化成毒害較小的產物，而非將污染物僅做相的轉移；(2) 整治費用較為經濟。由於國內污染場址之數目有日益增加的趨勢，日後在整治經費有限的情況下，勢必採用美國環保署及各州政府的政策，即在低風險的污染場址，經評估後以較經濟之現地自然生物處理或加強式之生物處理為優先考慮之整治方案，而將有限的整治經費運用在高風險的污染場址。因此國內環保機關、業界及學界應針對相關之整治技術及法規及早謀求因應之道。

補充資料

含氯有機溶劑污染場址現地整治技術──食用油基質添加生物復育

美國國家優先整治場址名單中，有許多工業、軍事及洗衣店場址，遭受含氯有機溶劑的污染。針對含氯有機溶劑污染之地下水，傳統的抽除法（Pump And Treat）僅能控制地下水污染團的流向，單純使用抽除法來處理含氯有機溶劑污染場址長期的操作及維護費，常為天文數字且去除效率亦不盡理想。

國內遭受含氯有機溶劑之比水重非水相液（DNAPL）污染場址，除先前熟知之桃園 RCA 場址，近來亦有陸續南部幾個場址，檢測結果顯示可能為比水重非水相液溶劑所污染，其中包含遭傾倒廢溶劑之水井及某加油站鄰近區域。此些場址的特性為高濃度的污染源（Hot Spot），大多已不存在或無法明確定位，僅殘存污染物濃度較小之污染團，近來國外常用的表面活性劑淋洗法（Surfactant Flushing）或氧化劑添加法，在此些場址可能無法經濟有效的改善污染現況。含氯有機溶劑可於厭氧狀態，利用微生物將其脫氯以轉換成無害之最終產物。使用現地生物復育法常需添加碳源或電子供應者（Electron Doner）以加速生物反應之進行。

近來新技術是以添加乳化狀態食用油基質（Edible Oil Substrate），以加速地下水污染團之還原脫氯作用。此方式經實場分析，食用油可在存留地下，並在數年內持續緩慢的釋出碳源及能量來源，以加速厭氧生物分解反應之進行。此方式亦經美國環保署認可，適用於現地地下水整治。食用油基質的添加方式，可以傳統的水井或以較節省經費直接貫入法，將基質送至整治區。

還原脫氯作用係利用場址中原存有之微生物，藉由將污染物之氯原子脫除置換上氫原子，以獲得能量提供細胞代謝和生長所需。還原脫氯作用可發生於四氯乙烯、三氯乙烯、順-二氯乙烯、氯乙烯、1,1,1-三氯乙烷、1,1,2-三氯乙烷、1,2-二氯乙烷、四氯化碳、氯仿等含氯有機溶劑。舉例而言，四氯乙烯可分解為三氯乙烯、順二氯乙烯、氯乙烯至無害之最終產物乙烯。生物還原脫氯反應所需常使用之有機質包含醋酸、甲醇、葡萄糖等，然而此些基質於地底

狀態常迅速被分解，因而常需經常不斷補充以防止生物分解作用中止。換言之，為使厭氧生物復育作用進行，以上基質補充之方式需耗用極大的人力及初設費、操作及維護費用亦為其採用之限制因子。在美國北卡羅萊納州之三氯乙烯、二氯乙烯污染場址以添加植物食用油方式，提供還原脫氯生物分解作用所需之碳源，成功地將污染物去除。在模型試驗中，添加 500 mg/L 之食用油，三氯乙烯及二氯乙烯在 50 天內被完全的去除，氯乙烯同時產生，而大約 90 天左右，氯乙烯全部轉換為乙烯。在三年內，四氯乙烯不斷地批次注入，而前述脫氯反應亦同時發生，然而卻無需再添加任何之食用油基質。同樣於奧克拉荷馬州之實場現地試驗，在食用油基質添加處之下游，地下水質檢測顯示三氯乙烯濃度減低 90%，氯乙烯則降低至法定標準以下，此外亦測出其最終產物乙烯及乙烷，顯示生物脫氯作用順利進行。在經費分析比較方面，以去除 180 公尺寬 24 公尺深之地下水污染團，歷時 30 年而言，傳統的抽取法最為昂貴，其次為零價鐵之透水反應阻絕牆（PRB），再來則為食用油基質添加阻隔牆，最便宜為監控自然衰減法（MNA）。然而美國環保單位通常不會核准自然衰減法，為單一之含氯有機溶劑污染場址許可整治方式。

國內首宗遭受比水重非水相液體污染之桃園 RCA 場址，在土壤污染部分，已以挖除及土壤氣體抽取，加以後續活性碳處理完成初步整治工作。由於比水重非水相液體之污染特性，該場址以傳統的地下水抽除法，歷經六個月抽取處理尚無法達到整治基準。未來類似場址之污染整治仍是極大的挑戰，本文提供之整治技術，或許未來在考量較消極的地下水污染自然衰減作法之餘，可加以評析之替代方案。

美國超級基場址亞伯丁陸軍基地—植物復育（Phytoremediation）

亞伯丁基地設立於 1917 年是美國現今最老使用中的陸軍基地，由於先前化學武器及彈藥的生產儲存，基地內有不少的土壤及地下水污染場址。筆者茲就此些污染場址中以美國發展中，有效及兼具生態考量的植物復育整治法成功案例作以下簡介。

植物復育乃運用特殊的樹種以抽取、儲存、分解、去除土壤及地下水中的污染物。近來由於植物復育法的經濟有效及兼顧生態考量逐漸受到重視。植物

復育法現今用於土壤及地下水中重金屬之去除，有許多成功的案例，現有實場數據顯示以去除一英畝 20 英吋厚的砂質地中重金屬污染而言，若以傳統土壤挖掘移除法需 40 萬美元，而以植物復育法僅需 6 至 10 萬美元。其可去除重金屬包括鉛、鎘、銅、鎳、鋅、鉻及核種金屬等。

在亞伯丁超級基金場址主要以生物復育法，去除土壤及地下水中含有大量之三氯乙烯、四氯乙烯等比水重非水相液體（DNAPL）污染物。此場址因原埋有化學武器、彈藥等殘骸，故不宜以土壤挖掘法移去污染源。植物樹種之選擇應具有葉面水分蒸發量高、吸水力強，且根部能垂直穿入深層土壤為宜。現場址內約有 180 棵約 6 呎高的樹木。近來由地下水監測井之監測結果顯示，在 4-10 月非降雪季節中，可將地下水流中上游約 200 ppm 之三氯乙烯、四氯乙烯去除至下游近微量之去除效率。在分析枝幹及樹葉之結果顯示，發現三氯乙烯、四氯乙烯之代謝分解副產物，證明樹種不僅吸收了地下水中之污染物並進而將其分解，若分解反應完成，其最終產物將是無害的二氧化碳。此外最近又在樹種根部附近發現一些好氧性微生物，其有助於污染物的分解。最近工程師在根部加裝通氣管，預期將加助微生物之污染物分解代謝速率，而為兼顧生態保護，避免野鹿啃食樹群造成污染物擴散，在枝幹懸吊香皂以使野鹿誤為人體氣味而不敢接近。亞伯丁超級基金場址之植物復育的生態工法整治，可供國家未來污染場址整治考量，惟適切台灣樹種之選擇並考量台灣氣候條件（如颱風季節）等，皆為取決此生態植物復育法之未來應用是否成功的關鍵因子。

第八章
土壤及地下水污染調查評估

8.1　土污法各章重點

1. 總則：用詞定義及各級主管機關主管事項
2. 防治措施：定期檢測、查證與列管前應變、土壤污染評估調查及檢測資料提送、技師簽證
3. 調查評估措施：污染查證、場址公告列管、場址調查與控制
4. 管制措施：應變必要措施、管制區劃定與限制、禁止處分登記
5. 整治復育措施：整治計畫提送、整治目標研訂、解除列管
6. 財務及責任：整治基金成立、徵收來源、用途
7. 罰責：違反本法處分規定
8. 附則：連帶損害賠償、溯及既往

8.2　主要用詞定義

總則

污染行為人

指因有下列行為之一而造成土壤或地下水污染之人：
- 洩漏或棄置污染物。
- 非法排放或灌注污染物。
- 仲介或容許洩漏、棄置、非法排放或灌注污染物。
- 未依法令規定清理污染物。

潛在污染責任人

指因下列行為，致污染物累積於土壤或地下水，而造成土壤或地下水污染之人：
- 排放、灌注、滲透污染物。
- 核准或同意於灌排系統及灌區集水區域內排放廢污水。

污染控制場址

指土壤污染或地下水污染來源明確之場址，其污染物非自然環境存在經沖刷、流布、沉積、引灌，致該污染物達土壤或地下水污染管制標準者。

污染整治場址

指污染控制場址經初步評估，有嚴重危害國民健康及生活環境之虞，而經中央主管機關審核公告者。

污染土地關係人

指土地經公告為污染控制場址或污染整治場址時,非屬於污染行為人之土地使用人、管理人或所有人。

責任

- 於主管機關採適當措施改善前,訂定污染控制計畫核定後實施
- 主管機關得通知辦理整治場址之污染調查及評估計畫
- 主管機關得命採取應變必要措施
- 得於主管機關進行整治前,提出整治計畫

清償責任與處分

▶ 污染土地關係人未盡善良管理人注意義務,與污染行為人、潛在污染責任人負連帶清償責任。

▶ 未盡善良管理人之注意義務,致土地公告為控制或整治場址時,處以罰鍰之規定。

▶▶ 防治措施

1. 各級主管機關應定期檢測轄區土壤及地下水品質狀況,其污染物濃度達土壤或地下水污染管制標準者,應採取適當措施,追查污染責任,直轄市、縣(市)主管機關並應陳報中央主管機關;其污染物濃度低於土壤或地下水污染管制標準而達土壤或地下水污染監測標準者,應定期監測,監測結果應公告,並報請中央主管機關備查。

> 各級主管機關依本法第6條第1項規定採取追查污染責任之適當措施,應包括下列事項:
> 一、調查土地類別、實際使用及產權歸屬情形。
> 二、清查污染來源。
> 三、保存追查污染責任之相關證明文件。
> 四、依相關環境保護法令處理,並通知農業、衛生、水利、工業、地政、營建或相關機關,請其依權責處理。

2. 中央主管機關公告之事業所使用之土地移轉時,讓與人應提供土壤污染評估調查及檢測資料,並報請直轄市、縣(市)主管機關備查。

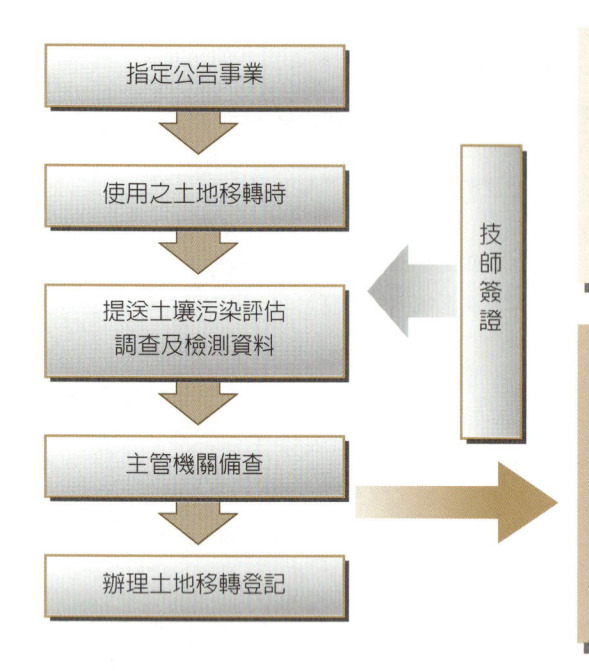

```
指定公告事業
   ↓
使用之土地移轉時
   ↓                    ← 技師簽證
提送土壤污染評估
調查及檢測資料
   ↓
主管機關備查
   ↓
辦理土地移轉登記
```

> 土地讓與人未依規定提供受讓人相關資料者，於該土地公告為控制場址或整治場址時，其責任與本法第31條第1項所定之責任同。

> 未完成備查者：
> - 處以15萬元-75萬元罰鍰，通知限期補正，屆期未補正，按次處罰。
> - 土地被公告為控制或整治場址時，與污染行為人及潛在污染責任人負有污染整治相關費用支出之連帶清償責任。

3. 中央主管機關公告之事業有下列情形之一者，應於行為前檢具用地之土壤污染評估調查及檢測資料，報請直轄市、縣（市）主管機關或中央主管機關委託之機關審查。
   - 依法辦理事業設立許可、登記、申請營業執照。
   - 變更經營者。

   > 變更經營者指經營事業之主體發生異動，不包括公司或法人之負責人、代表人或股東之變更。（施行細則 §7）

   - 變更產業類別，但變更前、後之產業類別均屬中央主管機關公告之事業則不在此限。
   - 變更營業用地範圍。
   - 依法辦理歇業、繳銷經營許可或營業執照、終止營業（運）、關廠（場）或無繼續生產、製造、加工。

   前條第一項及前項土壤污染評估調查及檢測資料之內容、申報時機、應檢具之文件、評估調查方法、檢測時機、評估調查人員資格、訓練、委託、審查作業程序及其他應遵行事項之辦法，由中央主管機關定之。

4. 進行土壤、底泥及地下水污染調查、整治及提供、檢具土壤及地下水污染檢測資料時，其土壤、底泥及地下水污染物檢驗測定，應委託經中央主管機關許可之檢測機構辦理。
5. 本法規定須提出、檢具之文件，應經依法登記執業之環境工程技師、應用地質技師或其他相關專業技師簽證。

◉ 簽證文件
- 第 8 條、第 9 條之土壤污染評估調查及檢測資料
- 第 13 條之土壤、地下水污染控制計畫
- 第 14 條之整治場址土壤、地下水污染調查及評估計畫
- 第 22 條之土壤、地下水污染整治計畫

調查評估措施
- 污染場址列管方式

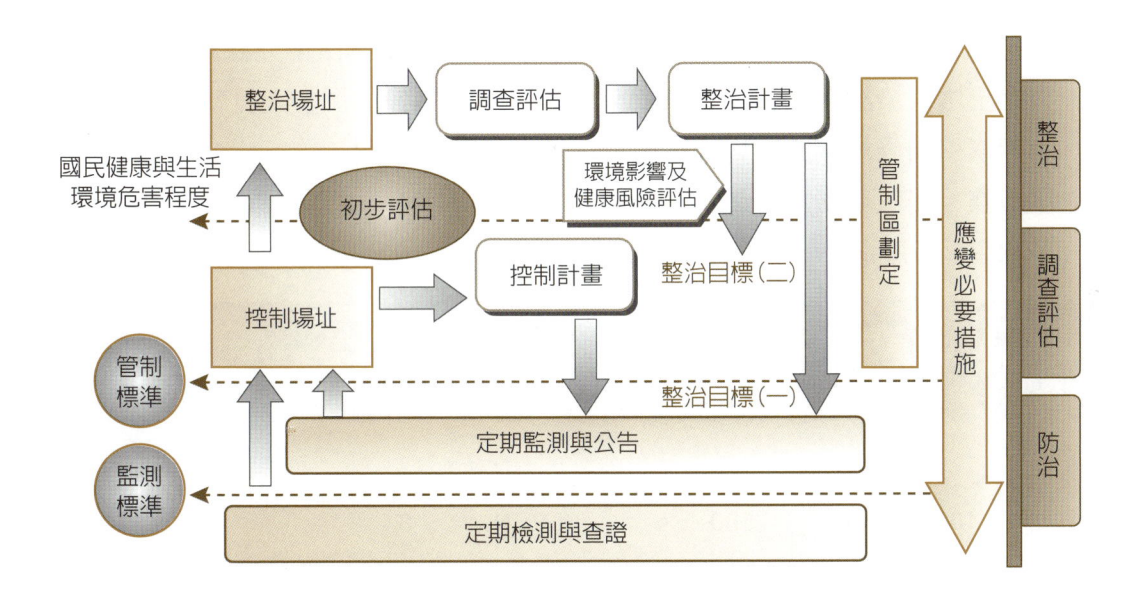

調查參照法規及方法
- 土壤污染評估調查及檢測作業管理辦法
- 土壤採樣方法（S102.62B）
- 監測井地下水採樣方法（W103.54B）

- 深層大口徑監測井地下水微洗井採樣方法（W105.50B）
- 土壤及地下水直接貫入採樣及篩選測試方法（W106.50C）
- 監測井地下水揮發性有機物被動式擴散採樣袋採樣方法（W108.50C）

土壤污染評估調查及檢測作業管理辦法

1. 第一條　本辦法依土壤及地下水污染整治法（以下簡稱本法）第九條第二項規定訂定之。
2. 第二條　本辦法用詞，定義如下：
    一、評估調查人員：依土壤污染評估調查人員管理辦法向中央主管機關完成登記之專業人員。
    二、評估調查及採樣檢測規劃（以下簡稱規劃）：依本法第八條及第九條各項規定，針對事業所使用之土地（以下簡稱事業用地）進行背景及歷史資料蒐集、審閱、現勘、訪談與綜合評估，據以規劃土壤採樣位置、深度、檢測項目與數量等工作。
3. 第三條　讓與人依本法第八條第一項申報或事業依本法第九條第一項報請審查之土壤污染評估調查及檢測資料；其規劃應由評估調查人員執行。
4. 第四條　前條規劃應依場址環境評估法、網格法辦理。
5. 第五條　第三條所定土壤污染評估調查及檢測資料，其採樣點數量不得低於下列表 8.1 規定。

事業用地面積 (A)（平方公尺）	最少採樣點數 (N)
A < 100	N = 2
100 ≦ A < 500	N = 3
500 ≦ A < 1,000	N = 4
1,000 ≦ A < 10,000	N = 10
A ≧ 10,000	N = 10 +（A-10,000）/2,500（使用無條件捨去法取整數）

6. 第六條　事業用地符合下列情形之一者，應於土壤污染評估調查及檢測資料中檢附證明文件，經地方管機關或受託機關同意後免予採樣檢測，不受前項最少採樣點數規定之限制：

一、事業用地全部位於二樓以上。

二、事業用地下方全部為地下室。

三、其他經地方主管機關或受託機關認定。

環保署訂定兩種土壤污染調查檢測之執行方式供事業參考應用，事業可自行依事業特性選擇適合調查採樣方式。

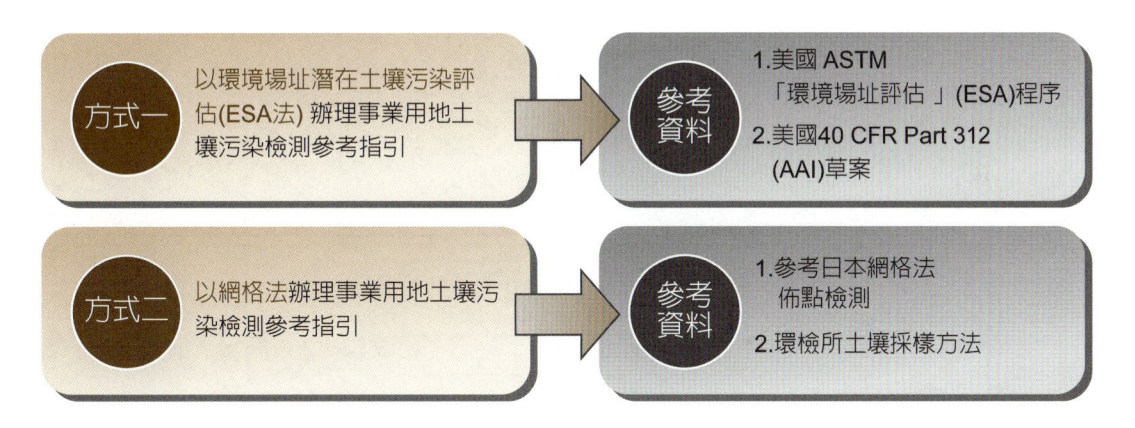

方式一	以環境場址潛在土壤污染評估(ESA法)辦理事業用地土壤污染檢測參考指引	→	參考資料	1. 美國 ASTM「環境場址評估」(ESA)程序 2. 美國 40 CFR Part 312 (AAI)草案
方式二	以網格法辦理事業用地土壤污染檢測參考指引	→	參考資料	1. 參考日本網格法佈點檢測 2. 環檢所土壤採樣方法

(一) 污染調查採樣之 ESA 法

- 環境場址潛在土壤污染評估「ESA 法」，又稱「重點法」。
- 擇以「主觀判斷採樣」進行採樣：當確知或可目視污染源所在位置時，根據專業判斷直接於定點採樣。對於調查區域內，視需要可分割成不同採樣原則的採樣分區；採樣點配置與採樣深度以取得具有代表性樣品、減低成本及最高調查品質為主要考量。（NIEA S102.60B－土壤採樣方法）
- 污染調查時需先釐清非污染區、疑似污染區及已知污染區，可由定期監測、背景調查結果及土地使用沿革得知概略情況，再經更詳細的土壤採樣分析結果判定污染區。
- 舉例說明——場址之潛在污染物外洩進入土壤及地下水可能有以下途徑：
  (1) 原料或廢液儲存槽、管線之損壞及破裂。
  (2) 柴油儲槽、輸油管之損壞及破裂。
  (3) 存放區化學物質及廢料之意外洩漏漫流入滲地層。

(4) 碼頭及裝卸口之意外洩漏漫流入滲地層。

(5) 污水及廢液（料）放流口或卸放口之意外洩漏漫流入滲地層。

場址環境評估法辦理土壤污染評估調查及檢測執行流程

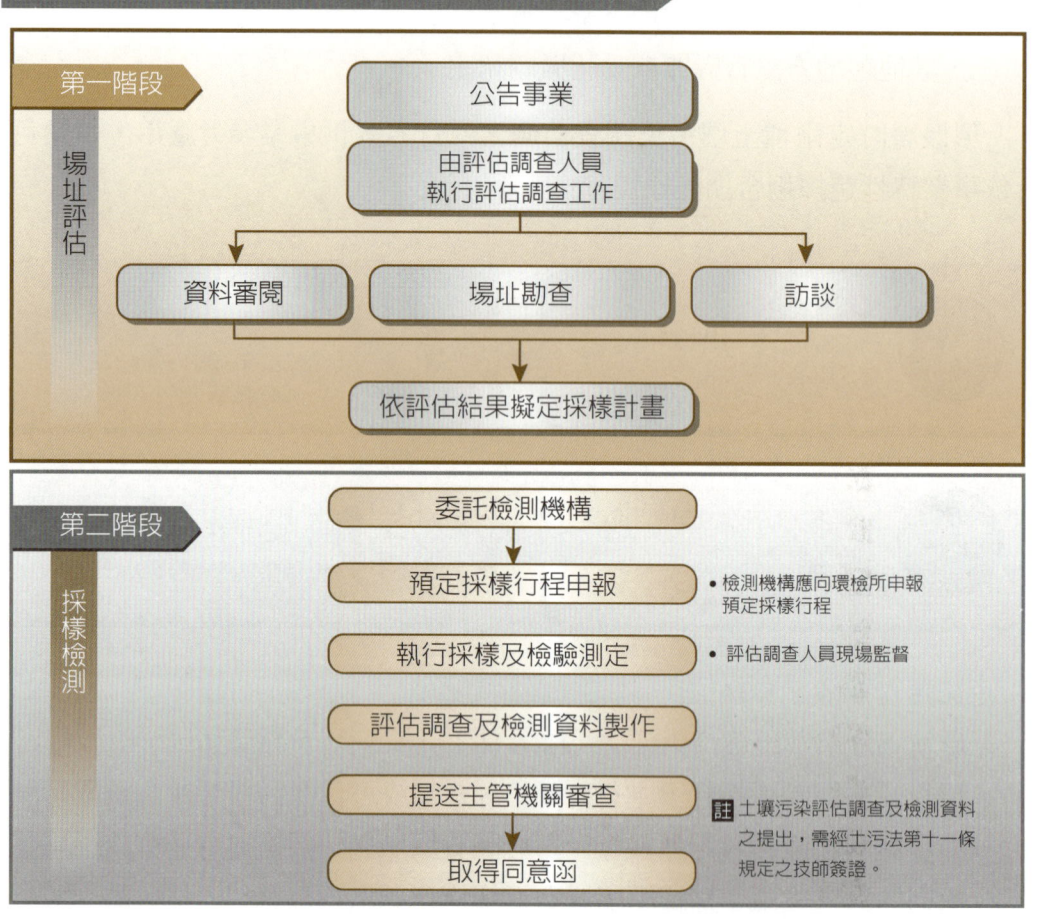

第一階段　場址評估
- 公告事業
- 由評估調查人員執行評估調查工作
- 資料審閱
- 場址勘查
- 訪談
- 依評估結果擬定採樣計畫

第二階段　採樣檢測
- 委託檢測機構
- 預定採樣行程申報　●檢測機構應向環檢所申報預定採樣行程
- 執行採樣及檢驗測定　●評估調查人員現場監督
- 評估調查及檢測資料製作
- 提送主管機關審查
- 取得同意函

註：土壤污染評估調查及檢測資料之提出，需經土污法第十一條規定之技師簽證。

資料來源：http://dpi.epa.gov.tw/New/imageTab/demo.asp?PageSwitch=2

(二) 污染調查採樣之網格法

每一網格內至少佈設一調查點為原則，該點位應儘量靠近高污染潛勢區，以取得具代表性樣品。

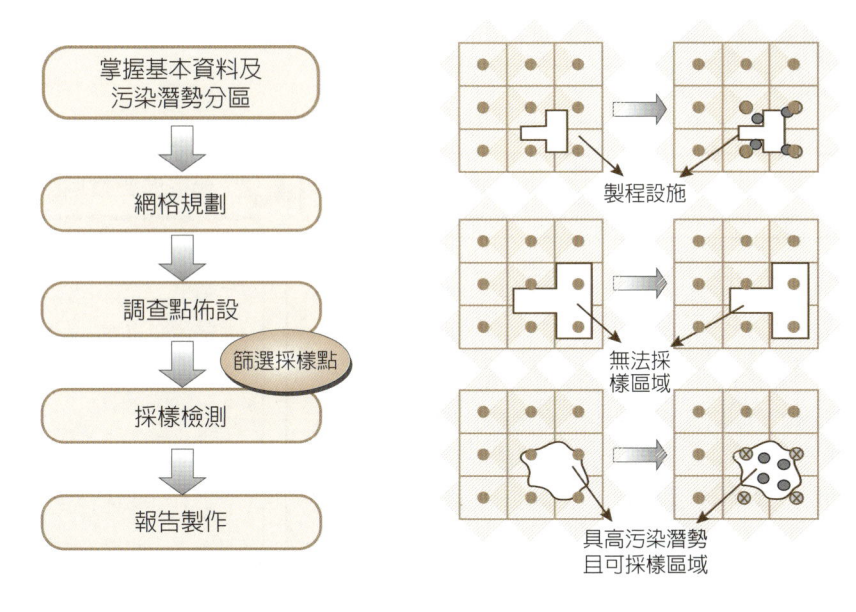

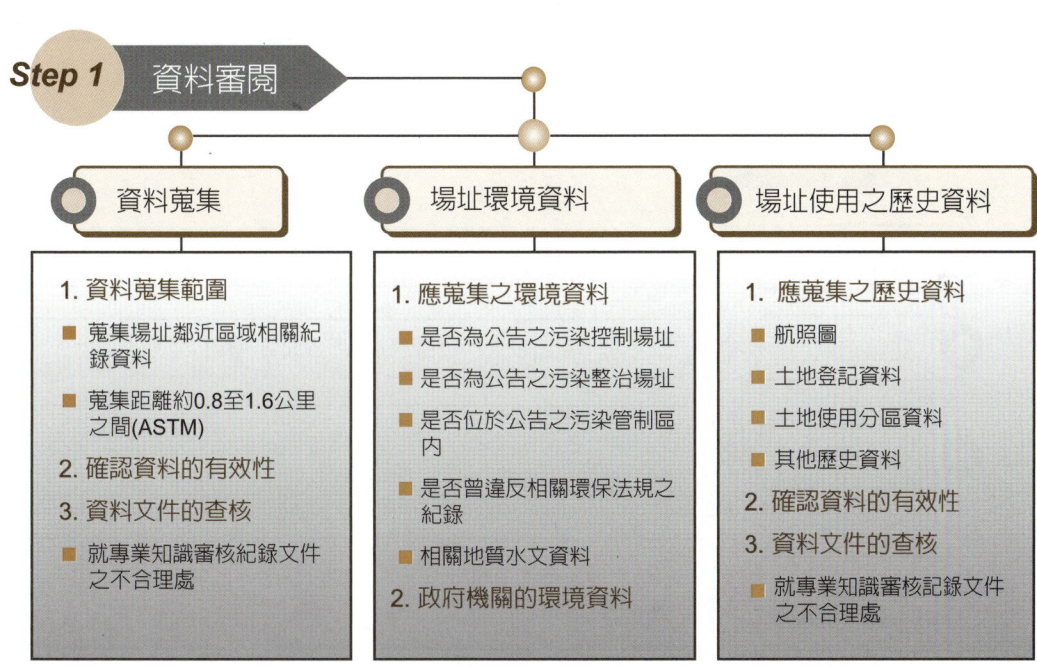

第八章　土壤及地下水污染調查評估　　141

```
掌握基本資料及
污染潛勢分區
     ↓
   網格規劃
     ↓
  調查點佈設  ← 篩選採樣點
     ↓
   採樣檢測
     ↓
   報告製作
```

製程設施

無法採樣區域

具高污染潛勢且可採樣區域

Step 1　資料審閱

資料蒐集

1. 資料蒐集範圍
   - 蒐集場址鄰近區域相關紀錄資料
   - 蒐集距離約0.8至1.6公里之間(ASTM)
2. 確認資料的有效性
3. 資料文件的查核
   - 就專業知識審核紀錄文件之不合理處

場址環境資料

1. 應蒐集之環境資料
   - 是否為公告之污染控制場址
   - 是否為公告之污染整治場址
   - 是否位於公告之污染管制區內
   - 是否曾違反相關環保法規之紀錄
   - 相關地質水文資料
2. 政府機關的環境資料

場址使用之歷史資料

1. 應蒐集之歷史資料
   - 航照圖
   - 土地登記資料
   - 土地使用分區資料
   - 其他歷史資料
2. 確認資料的有效性
3. 資料文件的查核
   - 就專業知識審核記錄文件之不合理處

Step 2　場址勘查

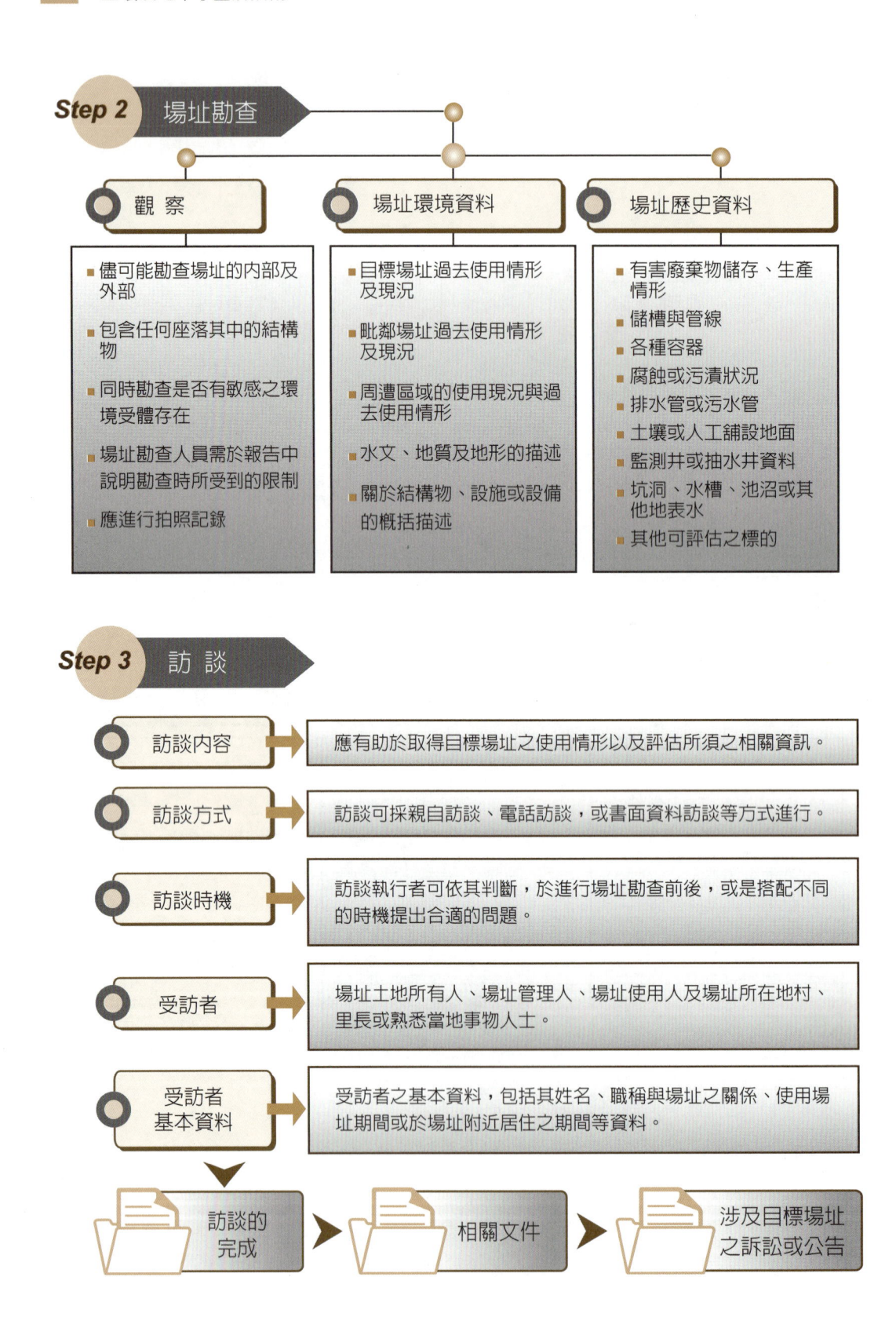

觀察
- 儘可能勘查場址的內部及外部
- 包含任何座落其中的結構物
- 同時勘查是否有敏感之環境受體存在
- 場址勘查人員需於報告中說明勘查時所受到的限制
- 應進行拍照記錄

場址環境資料
- 目標場址過去使用情形及現況
- 毗鄰場址過去使用情形及現況
- 周遭區域的使用現況與過去使用情形
- 水文、地質及地形的描述
- 關於結構物、設施或設備的概括描述

場址歷史資料
- 有害廢棄物儲存、生產情形
- 儲槽與管線
- 各種容器
- 腐蝕或污漬狀況
- 排水管或污水管
- 土壤或人工鋪設地面
- 監測井或抽水井資料
- 坑洞、水槽、池沼或其他地表水
- 其他可評估之標的

Step 3　訪談

訪談內容	應有助於取得目標場址之使用情形以及評估所須之相關資訊。
訪談方式	訪談可採親自訪談、電話訪談，或書面資料訪談等方式進行。
訪談時機	訪談執行者可依其判斷，於進行場址勘查前後，或是搭配不同的時機提出合適的問題。
受訪者	場址土地所有人、場址管理人、場址使用人及場址所在地村、里長或熟悉當地事物人士。
受訪者基本資料	受訪者之基本資料，包括其姓名、職稱與場址之關係、使用場址期間或於場址附近居住之期間等資料。

訪談的完成 ▶ 相關文件 ▶ 涉及目標場址之訴訟或公告

Step 4　依評估結果擬定採樣計畫

- 場址限制
- 現有資料檢視判斷
- 採樣程序
- 安全衛生預防守則
- 檢測分析程序
- 品保／品管程序

採樣計畫內容

(一) 場址限制

應事先判斷會妨礙或限制勘查、分析或採樣的障礙，例如低矮的天花板、狹窄的通道、鬆軟的土質、險峻的斜坡和已知的地下結構物如管線或建物、設施之基礎等。

(二) 現有資料判斷

檢視現有資訊，以確認場址特性及鄰近地區狀況，進而決定：

- 有哪些潛在土壤污染狀態需加以評估？
- 在建築物、地面上、地下水、土壤或是地表水及場址附近，潛在土壤污染物的移動及分布影響。
- 土壤污染物之評估方法。
- 地下水污染物之評估方法。
- 目標場址外之背景值或污染調查。
- 適當的採樣點及採樣和檢測分析方法。

(三) 採樣程序

- 依據環保署公告之「土壤採樣方法」，規劃最可能取得具代表性的採樣點及採樣深度。
- 土壤採樣點數，應視各目標場址之特性及資料審閱、場址勘查與訪談等之執行結果而定。
- 倘經完成前述評估作業後所決定之採樣點數少於下表所列者，則應參考下列數量進行採樣。

(四) 現有資料檢視判斷

　　檢測分析程序應依所採樣品中可能之污染物選擇適當之檢測方法：
- 欲使用之分析方法應預先決定。
- 應依據環保署公告之標準方法進行檢測分析。
- 檢測項目應依資料審閱、場址勘查與訪談等場址資料。
- 綜合評估後研判擇定，並敘明擇定或排除之理由。

8.4　網格法土壤污染調查

網格法土壤採樣調查整體作業流程

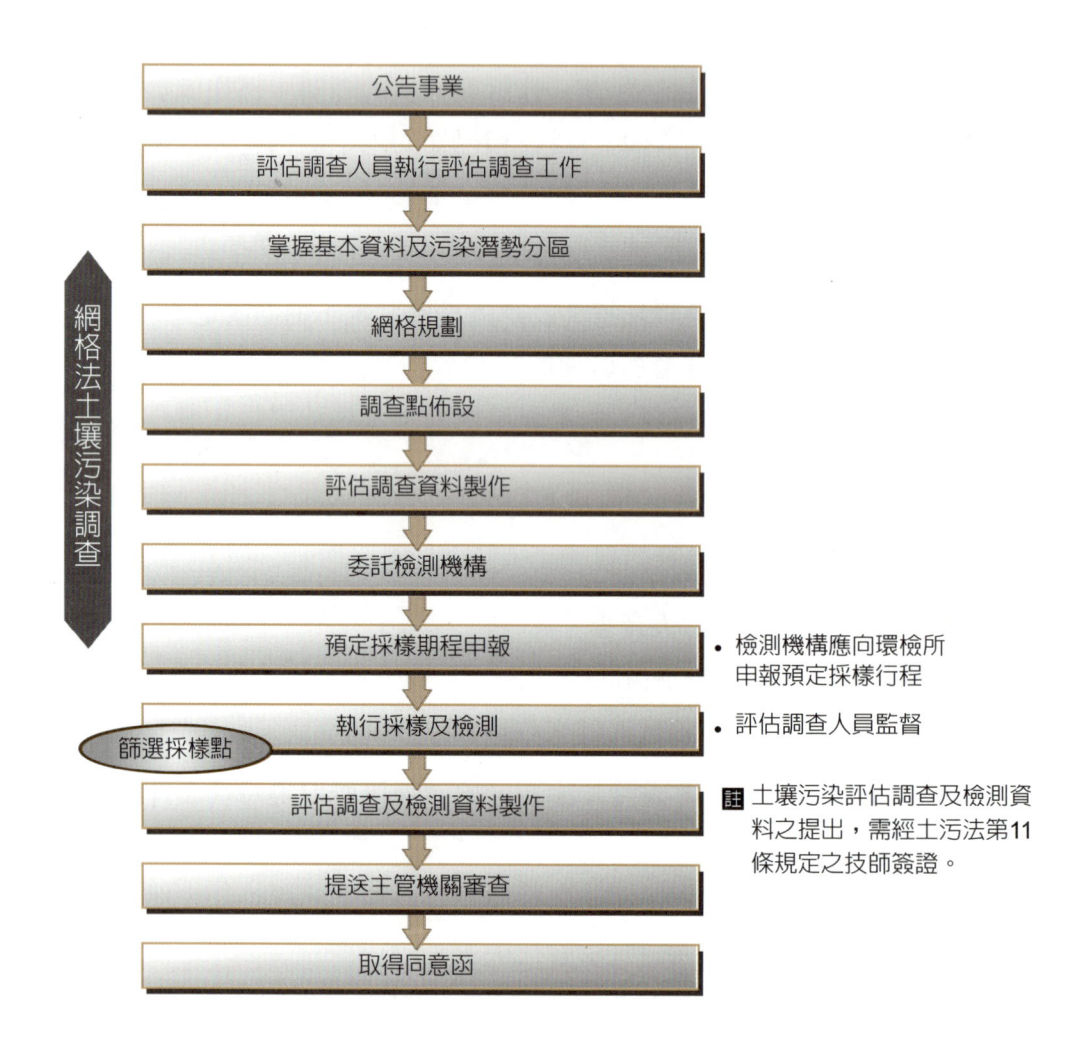

網格法土壤污染調查

公告事業
↓
評估調查人員執行評估調查工作
↓
掌握基本資料及污染潛勢分區
↓
網格規劃
↓
調查點佈設
↓
評估調查資料製作
↓
委託檢測機構
↓
預定採樣期程申報　　・檢測機構應向環檢所申報預定採樣行程
↓
執行採樣及檢測　　・評估調查人員監督
（篩選採樣點）
↓
評估調查及檢測資料製作　　註：土壤污染評估調查及檢測資料之提出，需經土污法第11條規定之技師簽證。
↓
提送主管機關審查
↓
取得同意函

網格法土壤污染調查

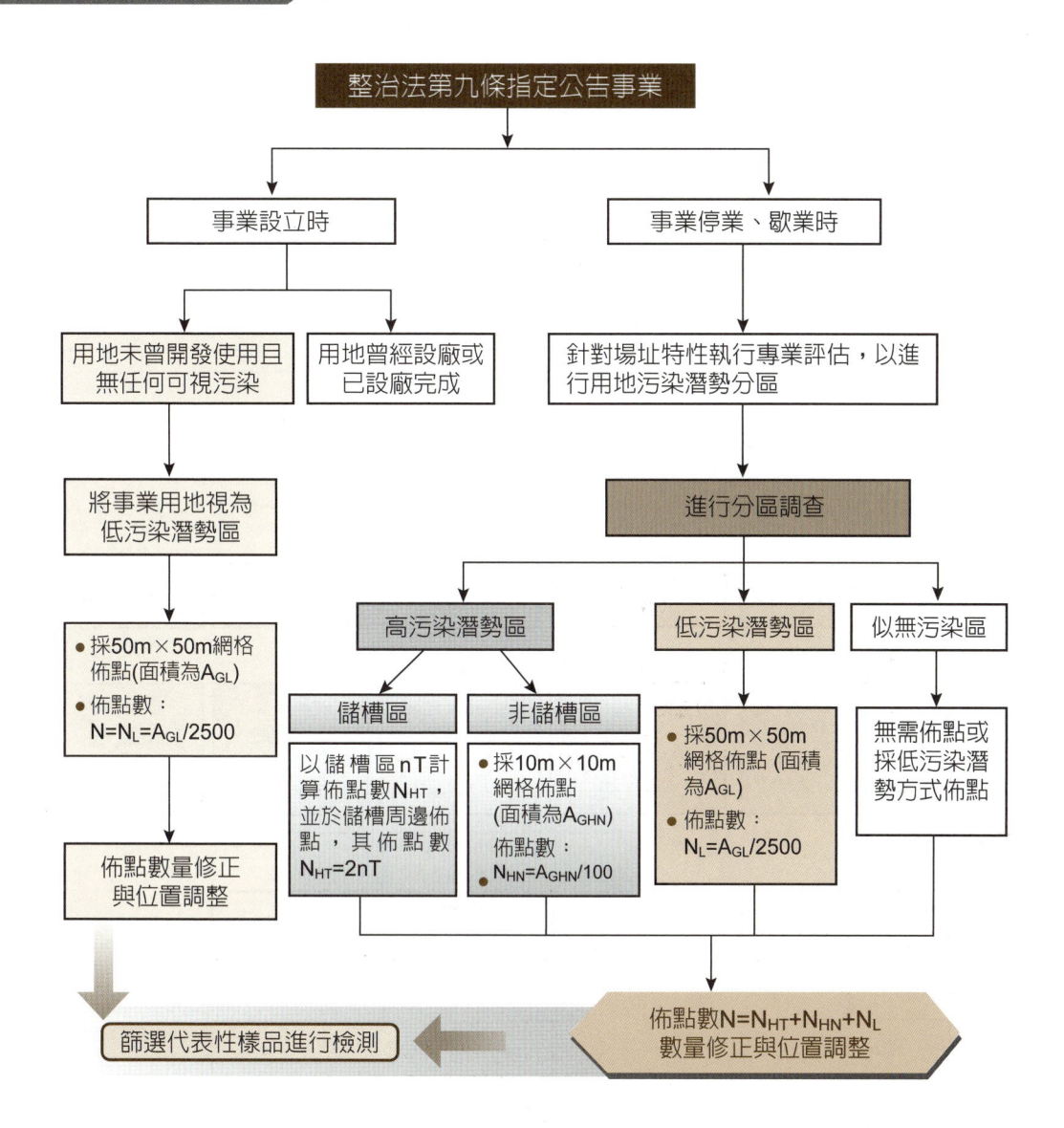

```
                    整治法第九條指定公告事業
                    ┌──────────┴──────────┐
                事業設立時              事業停業、歇業時
              ┌─────┴─────┐                  │
        用地未曾開發使用且  用地曾經設廠或    針對場址特性執行專業評估，以進
        無任何可視污染      已設廠完成        行用地污染潛勢分區
              │                                │
        將事業用地視為                    進行分區調查
        低污染潛勢區                ┌────────┼────────┐
              │                  高污染潛勢區  低污染潛勢區  似無污染區
              │                ┌────┴────┐       │          │
        ● 採50m×50m網格        儲槽區    非儲槽區  ● 採50m×50m  無需佈點或
          佈點(面積為$A_{GL}$)  │         │        網格佈點(面積  採低污染潛
        ● 佈點數：           以儲槽區nT  ● 採10m×10m  為$A_{GL}$)   勢方式佈點
          $N=N_L=A_{GL}/2500$  計算佈點數   網格佈點    ● 佈點數：
              │               $N_{HT}$，   (面積為$A_{GHN}$)  $N_L=A_{GL}/2500$
              │               並於儲槽周   佈點數：
              │               邊佈點，其    ● $N_{HN}=A_{GHN}/100$
        佈點數量修正          佈點數
        與位置調整            $N_{HT}=2nT$
              │                    └────┬────┘
              │                         │
              └──→ 篩選代表性樣品進行檢測 ←── 佈點數$N=N_{HT}+N_{HN}+N_L$
                                              數量修正與位置調整
```

第八章　土壤及地下水污染調查評估　　145

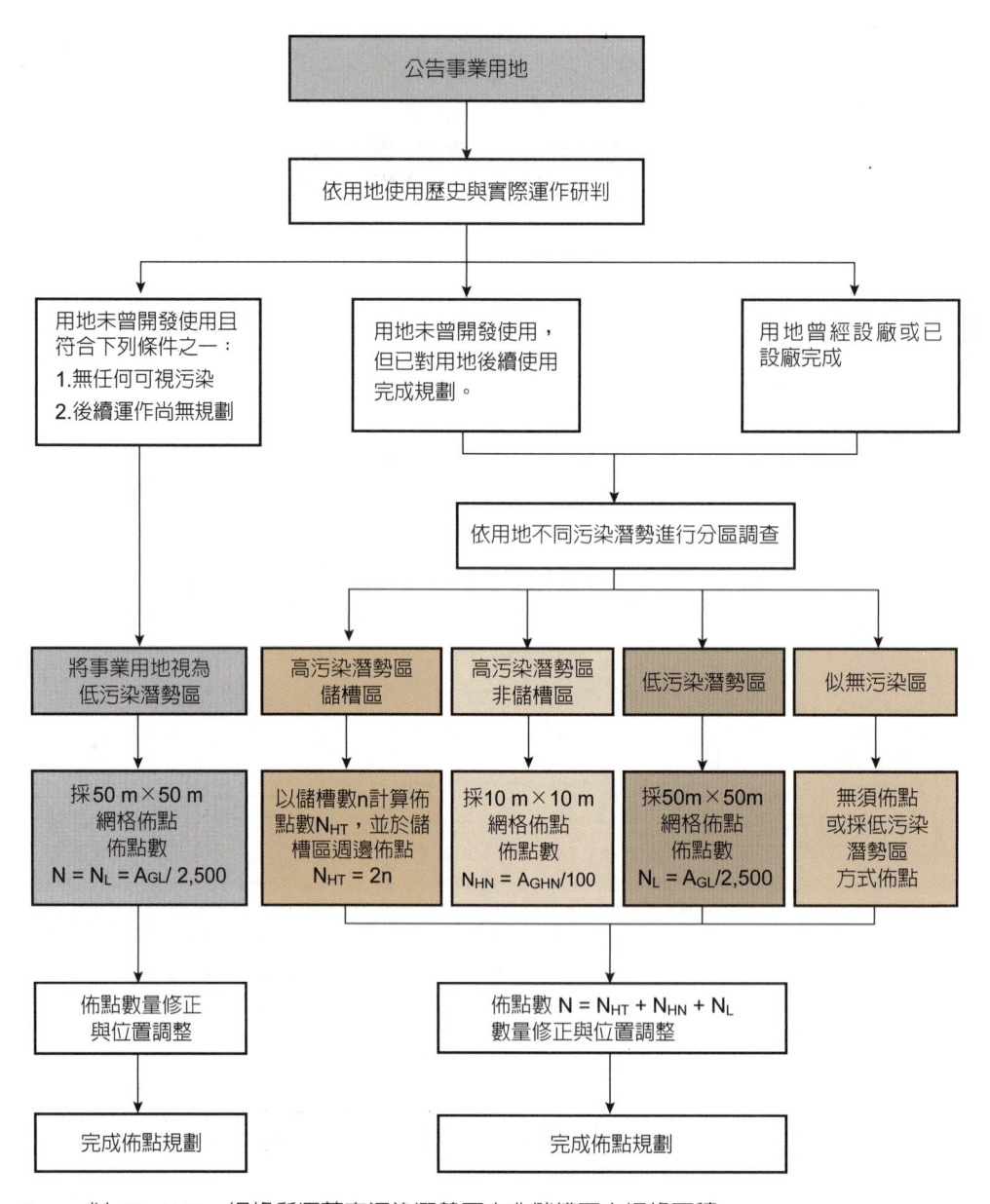

```
                    ┌─────────────────┐
                    │   公告事業用地    │
                    └────────┬────────┘
                             ↓
                    ┌─────────────────┐
                    │依用地使用歷史與實際運作研判│
                    └────────┬────────┘
         ┌───────────────────┼───────────────────┐
         ↓                   ↓                   ↓
┌─────────────────┐ ┌─────────────────┐ ┌─────────────────┐
│用地未曾開發使用且 │ │用地未曾開發使用，│ │用地曾經設廠或已  │
│符合下列條件之一：│ │但已對用地後續使用│ │設廠完成          │
│1.無任何可視污染  │ │完成規劃。       │ │                 │
│2.後續運作尚無規劃│ │                 │ │                 │
└────────┬────────┘ └────────┬────────┘ └────────┬────────┘
         │                   └─────────┬─────────┘
         │                             ↓
         │                    ┌─────────────────┐
         │                    │依用地不同污染潛勢進行分區調查│
         │                    └────────┬────────┘
         ↓          ┌──────────┬───────┼───────┬──────────┐
┌─────────────┐ ┌────────┐┌────────┐┌────────┐┌────────┐
│將事業用地視為│ │高污染  ││高污染  ││低污染  ││似無污染│
│低污染潛勢區 │ │潛勢區  ││潛勢區  ││潛勢區  ││區      │
│             │ │儲槽區  ││非儲槽區││        ││        │
└──────┬──────┘ └───┬────┘└───┬────┘└───┬────┘└───┬────┘
       ↓            ↓         ↓         ↓         ↓
┌─────────────┐┌────────┐┌────────┐┌────────┐┌────────┐
│採50 m×50 m ││以儲槽數n││採10 m× ││採50m×  ││無須佈點│
│網格佈點     ││計算佈點 ││10 m網格││50m網格 ││或採低污│
│佈點數       ││數NHT，並││佈點    ││佈點    ││染潛勢區│
│N=NL=AGL/2500││於儲槽區 ││佈點數  ││佈點數  ││方式佈點│
│             ││週邊佈點 ││        ││        ││        │
│             ││NHT = 2n ││NHN=    ││NL=     ││        │
│             ││         ││AGHN/100││AGL/2500││        │
└──────┬──────┘└───┬────┘└───┬────┘└───┬────┘└───┬────┘
       ↓            └─────────┴─────────┴─────────┘
┌─────────────┐                       ↓
│佈點數量修正 │              ┌─────────────────┐
│與位置調整   │              │佈點數 N = NHT + NHN + NL│
└──────┬──────┘              │數量修正與位置調整        │
       ↓                     └────────┬────────┘
┌─────────────┐                       ↓
│完成佈點規劃 │              ┌─────────────────┐
└─────────────┘              │   完成佈點規劃    │
                             └─────────────────┘
```

A_{GHN}：以 10m×10m 網格所涵蓋高污染潛勢區內非儲槽區之網格面積
A_{GL}：以 50m×50m 網格所涵蓋低污染潛勢區之網格面積
N_{HN}：高污染潛勢區內非儲槽區 10m×10m 網格佈點數
N_{HT}：儲槽區佈點數
N_L：低污染潛勢區 50m×50m 網格佈點數
N：總佈點數
n：總儲槽數
面積單位：平方公尺

註：於採樣過程中，若發現由土壤外觀可明顯研判其物化性質異於場址或附近土壤性質時即應參採高污染潛勢區之調查佈點方式辦理或調整佈點數量與位置。

土壤污染潛勢區分區原則

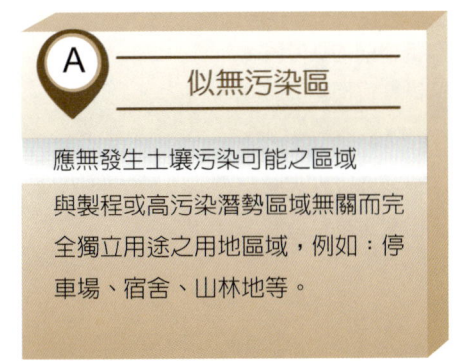

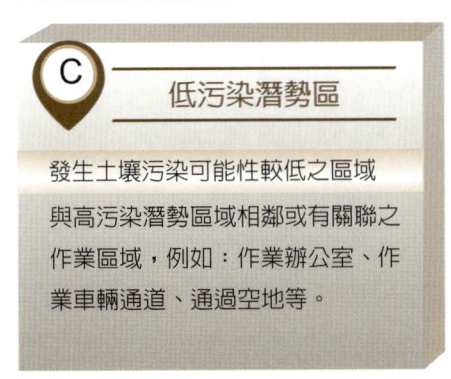

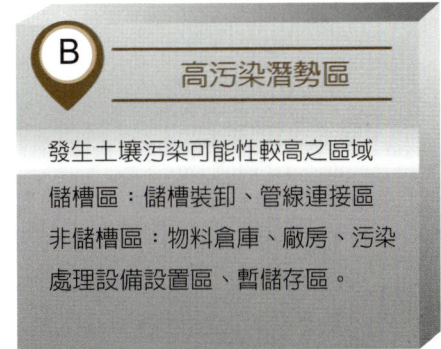

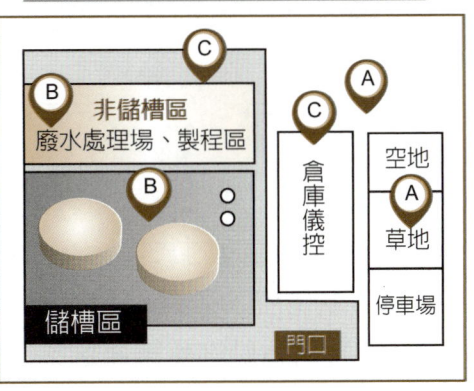

A 似無污染區

應無發生土壤污染可能之區域

與製程或高污染潛勢區域無關而完全獨立用途之用地區域，例如：停車場、宿舍、山林地等。

B 高污染潛勢區

發生土壤污染可能性較高之區域

儲槽區：儲槽裝卸、管線連接區
非儲槽區：物料倉庫、廠房、污染處理設備設置區、暫儲存區。

C 低污染潛勢區

發生土壤污染可能性較低之區域

與高污染潛勢區域相鄰或有關聯之作業區域，例如：作業辦公室、作業車輛通道、通過空地等。

決定佈點位置

(一) 佈點位置應盡量靠近高污染潛勢區

1. 針對下列區域進行調整佈點位置：
   (1) 儲槽、管線、污水處理區、製程區
   (2) 運作場址、暫儲區、罐裝區
2. 當網格內有上述高污染潛勢時，原佈點位置應調整至設施或設備附近。
3. 需參考場址區域地下水流向、地下水位、設備位置、作業安全性等因素修正佈點位置。

完成網格分區規劃後，每一網格內至少佈設一調查點為原則，惟其佈點位置應進行微調：

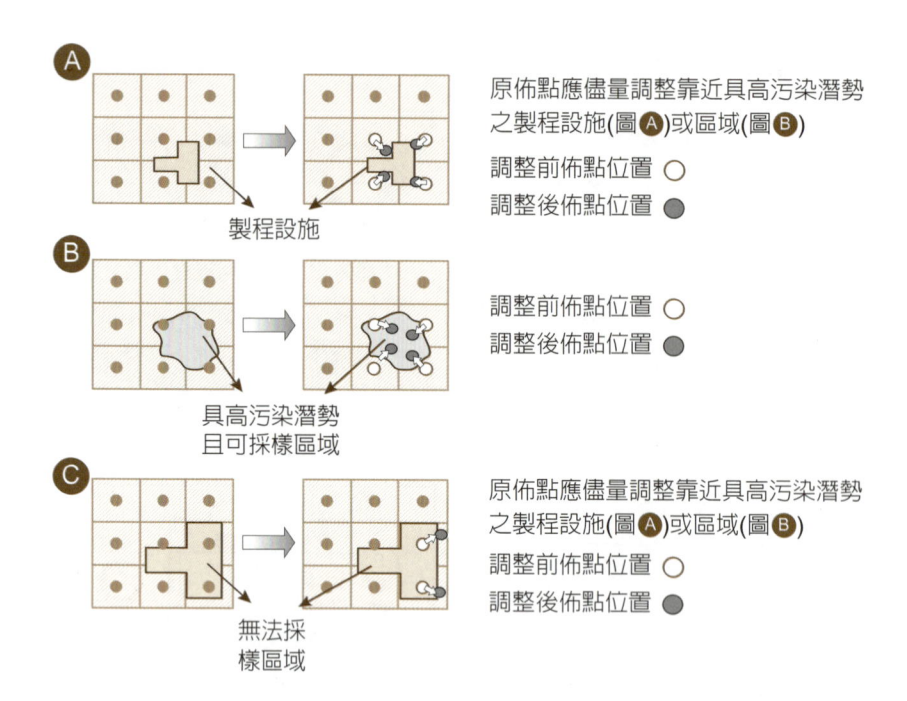

A

製程設施

原佈點應儘量調整靠近具高污染潛勢之製程設施(圖A)或區域(圖B)
調整前佈點位置 ○
調整後佈點位置 ●

B

具高污染潛勢
且可採樣區域

調整前佈點位置 ○
調整後佈點位置 ●

C

無法採
樣區域

原佈點應儘量調整靠近具高污染潛勢之製程設施(圖A)或區域(圖B)
調整前佈點位置 ○
調整後佈點位置 ●

(二) 無法採樣時之處理方式

1. 當佈點位置被設備、舖面所阻擋時，經排除阻礙物後仍無法進行採樣時，可將佈點調整至原網格內接近前述高污染潛勢區且實務上可進行採樣之地點。

2. 單一調查網格內用地全部為下述情形時，該網格內不進行採樣：
   (1) 池塘、河川、岩盤
   (2) 基礎達 50 公分且下方無管線、儲槽
   (3) 具地下室或建築物

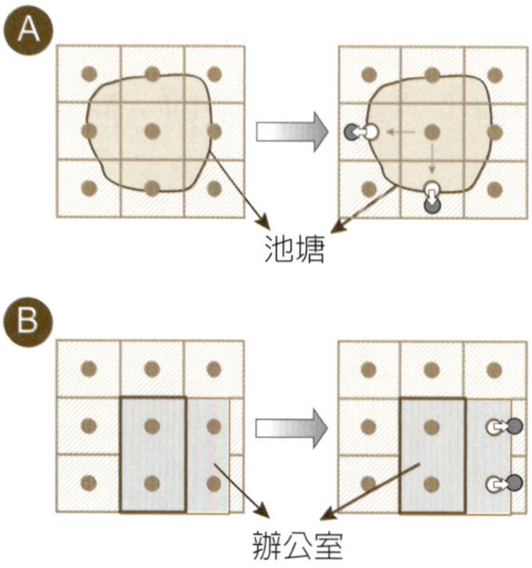

A

池塘

粗框之網格因網格內用地全部位於池塘，無法進行採樣，故該採樣點得無須進行採樣。
調整前佈點位置 ○
調整後佈點位置 ●
無法進行採樣之網格點 ●

B

辦公室

粗框之網格因網格內用地全部位於池塘，無法進行採樣，故該採樣點得無須進行採樣。
調整前佈點位置 ○
調整後佈點位置 ●
無法進行採樣之網格點 ●

㈢ 決定佈點位置

事業除依前述原則進行佈點調整外，亦應主動針對研判可能為高污染潛勢之區域增加佈點。

㈣ 範例說明

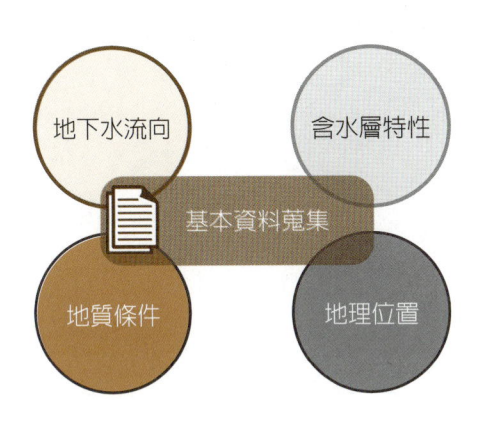

基本資料蒐集
- 地下水流向
- 含水層特性
- 地質條件
- 地理位置

Step 1 製備廠區平面配置圖

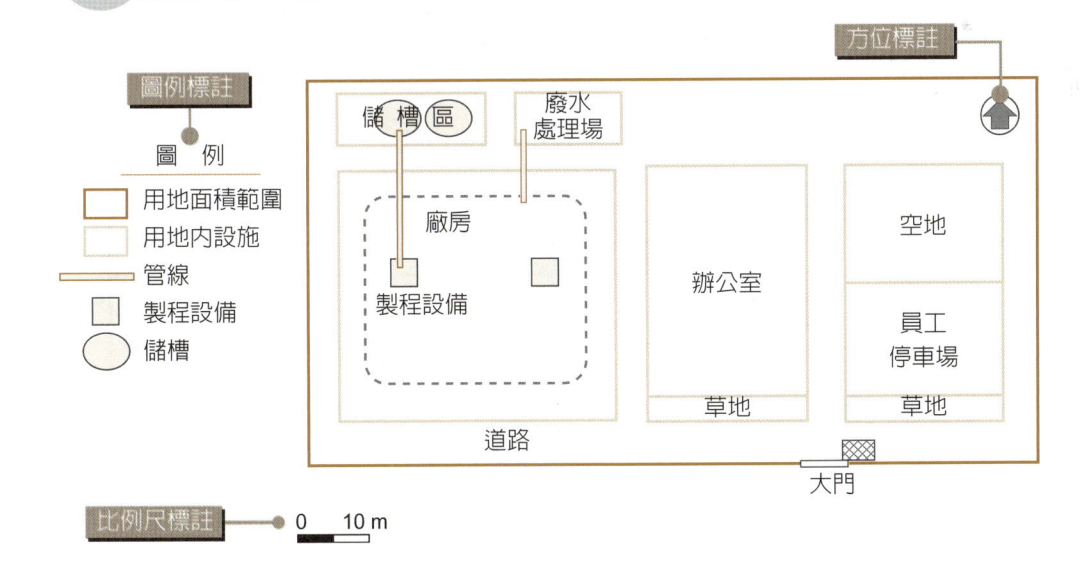

圖例標註
圖 例
- 用地面積範圍
- 用地內設施
- 管線
- 製程設備
- 儲槽

方位標註

儲槽區　廢水處理場
廠房
製程設備
辦公室
空地
員工停車場
草地　草地
道路　大門

比例尺標註　0　10 m

Step 2　調查區域分區

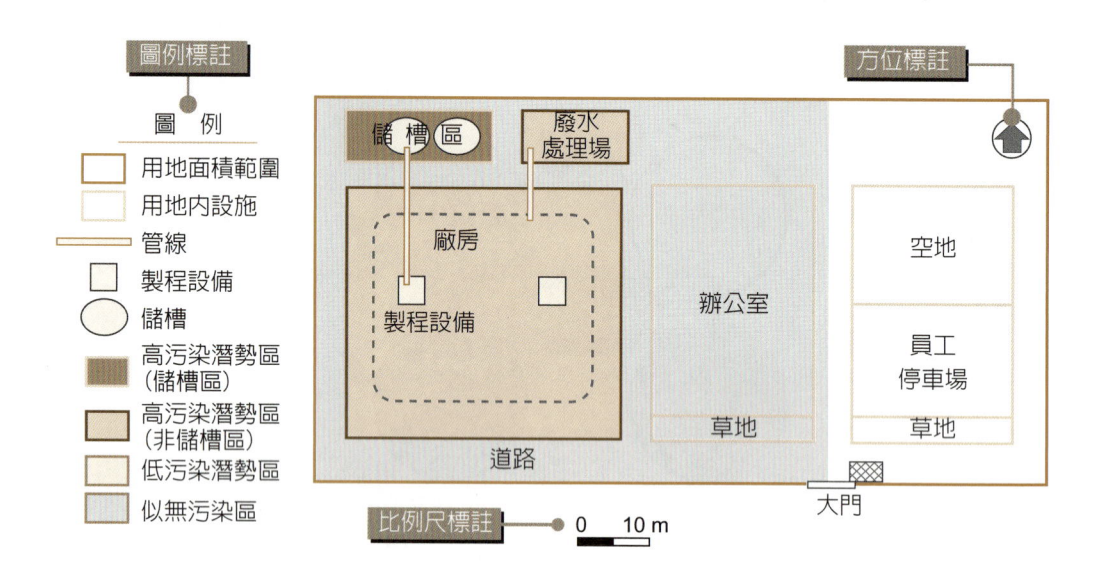

圖例標註

圖　例
- 用地面積範圍
- 用地內設施
- 管線
- 製程設備
- 儲槽
- 高污染潛勢區（儲槽區）
- 高污染潛勢區（非儲槽區）
- 低污染潛勢區
- 似無污染區

方位標註

區域配置：儲槽區、廢水處理場、廠房、製程設備、辦公室、空地、員工停車場、草地、草地、道路、大門

比例尺標註　0　10 m

Step 3　網格繪製

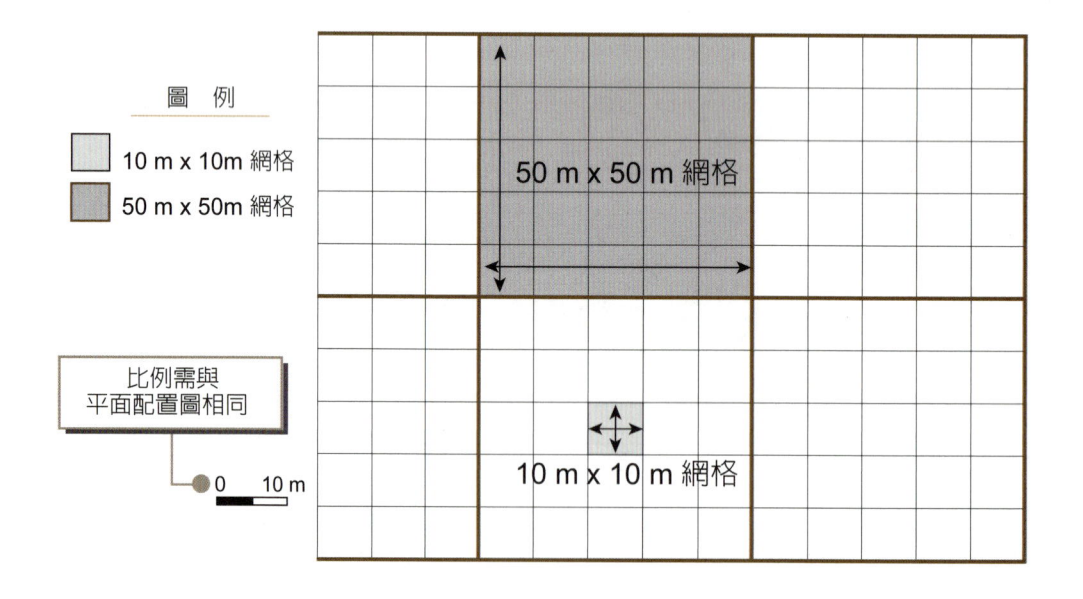

圖　例
- 10 m x 10m 網格
- 50 m x 50m 網格

50 m x 50m 網格

10 m x 10 m 網格

比例需與平面配置圖相同

0　10 m

第八章　土壤及地下水污染調查評估

Step 4　網格套疊

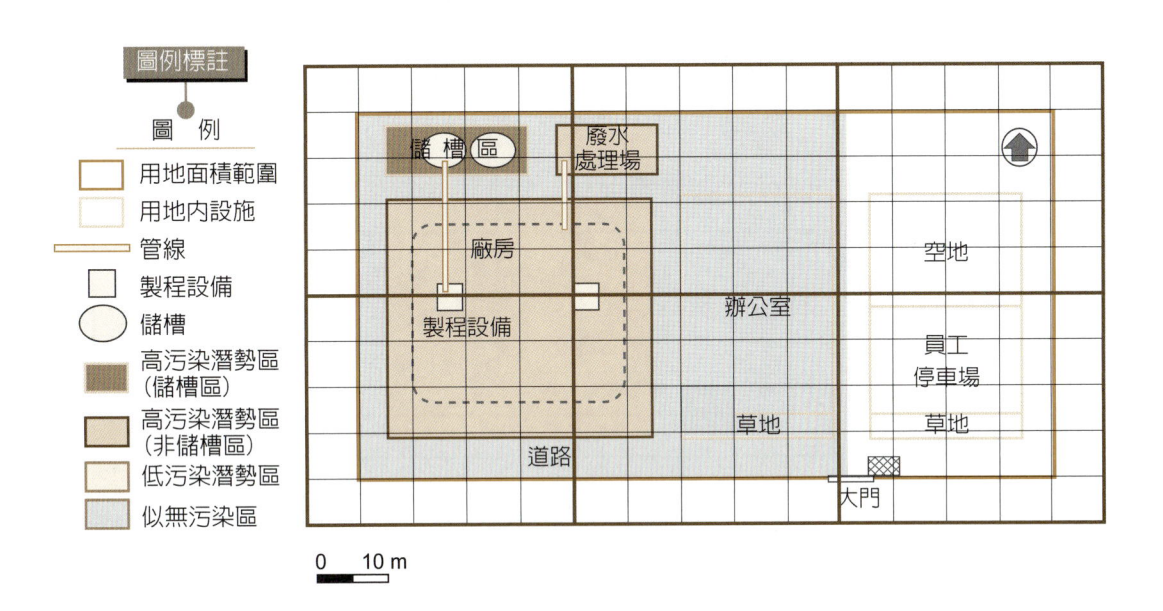

圖例標註

圖例
- 用地面積範圍
- 用地內設施
- 管線
- 製程設備
- 儲槽
- 高污染潛勢區（儲槽區）
- 高污染潛勢區（非儲槽區）
- 低污染潛勢區
- 似無污染區

0　10 m

Step 5　確認網格分區

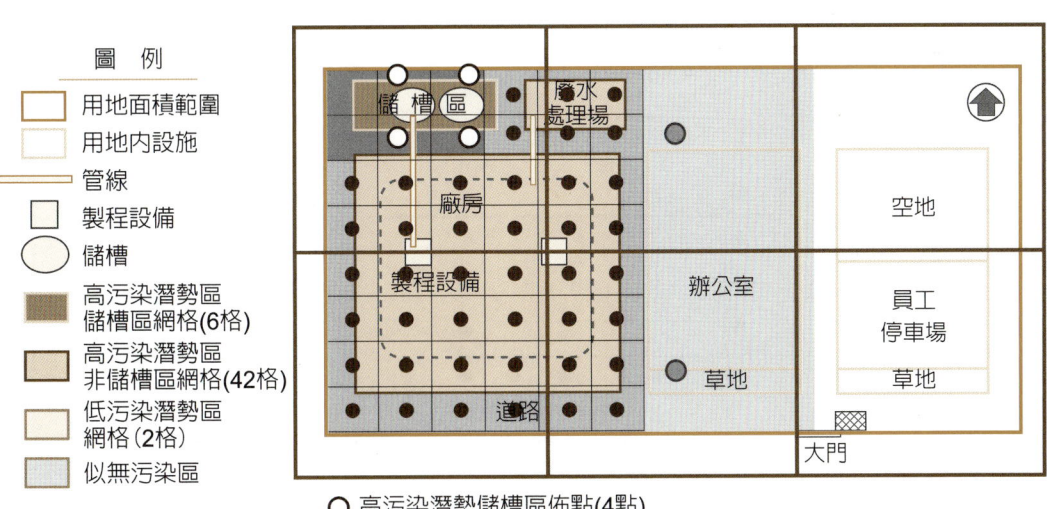

圖例
- 用地面積範圍
- 用地內設施
- 管線
- 製程設備
- 儲槽
- 高污染潛勢區 儲槽區網格(6格)
- 高污染潛勢區 非儲槽區網格(42格)
- 低污染潛勢區 網格(2格)
- 似無污染區

0　10 m

○ 高污染潛勢儲槽區佈點(4點)
● 高污染潛勢非儲槽區佈點(42格)
◉ 低污染潛勢區佈點(2格)

Step 6　佈點調整

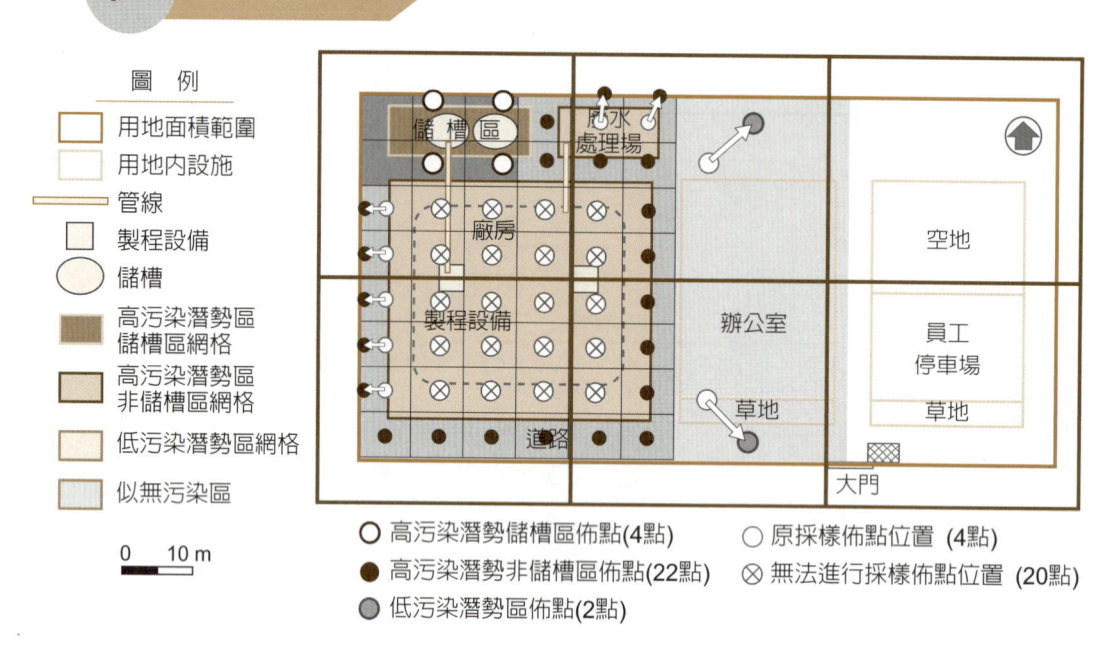

圖例
- 用地面積範圍
- 用地內設施
- 管線
- 製程設備
- 儲槽
- 高污染潛勢區 儲槽區網格
- 高污染潛勢區 非儲槽區網格
- 低污染潛勢區網格
- 似無污染區

0　10 m

○ 高污染潛勢儲槽區佈點(4點)　　　○ 原採樣佈點位置 (4點)
● 高污染潛勢非儲槽區佈點(22點)　　⊗ 無法進行採樣佈點位置 (20點)
◉ 低污染潛勢區佈點(2點)

Step 7　佈點篩選與採樣

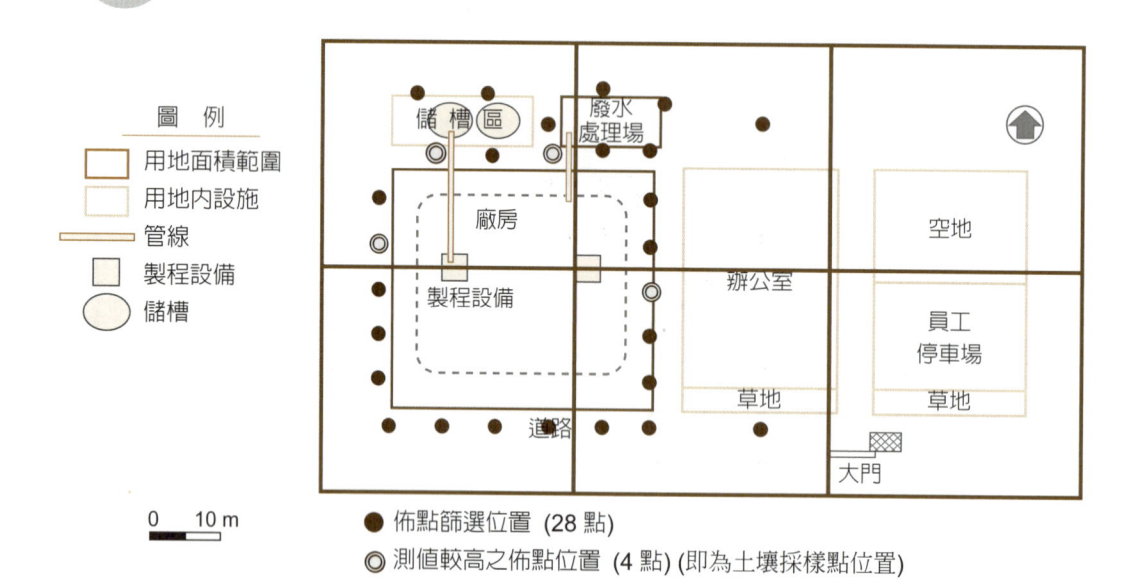

圖例
- 用地面積範圍
- 用地內設施
- 管線
- 製程設備
- 儲槽

0　10 m

● 佈點篩選位置 (28 點)
◎ 測值較高之佈點位置 (4 點) (即為土壤採樣點位置)

　　本事業用地面積為一萬零四百平方公尺，已超過一萬平方公尺，故依表 8.1 之規定至少應採 N ＝ 10 ＋（10,400－10,000）/2,500 ＝ 10.16 ≒ 10 點（無條件捨去取整數）之土壤樣品（即除四點測值較高之採樣點外，需再增加六個採樣點）。

第九章
土壤採樣調查方法

9.1 土壤採樣方法

1. 環保署於 91 年 2 月 18 日所公告「土壤採樣方法」。
2. 一般土壤之採集因為目的之不同可分為抓樣與混樣二種
   - 抓樣為單一樣品代表採樣點特定深度之濃度分布情形。
   - 混樣為特定區域內之個別樣品混合物,代表此區域之平均濃度值。

9.2 採樣需注意事項

1. 為採集到最具代表性之土壤樣品,採集含揮發性有機物含量之土樣時,應避免使用旋鑽式器具,以防止土壤團粒因旋轉而受到擾動重組,其內含之土壤氣體(Soil Gas)逸散。
2. 因為污染物質之物化性質不同及土壤本身特性,土壤可能具有高度不均勻性,採樣時需注意待測物之特性及現場狀況,適當使用土壤採集工具以取得具有代表性之樣品。採樣時不可使用自底部噴水之鑽頭。
3. 採樣時應注意現場環境之干擾及採集工具之交互污染。

9.3 採樣器材

採樣鏟(Hand-held Shovel):常用不銹鋼材質製品,或其表面具有塑膠、鐵氟龍塗布者(圖 9.1)。規格大型者如水泥拌合用,小型者如園藝用。如樣品僅檢測重金屬時亦可使用塑膠材質代替。採樣過程對樣品擾動程度較大,且採樣位置與深度較不易精確掌握。

圖9.1 採樣鏟

9.4 採樣器材

1. 土鑽採樣組（Hand-held Auger）：不銹鋼製或其他金屬製螺旋狀或中空探樣管（圖 9.2），配合適於不同土壤性質之各型螺旋狀刀刃組成。如以旋轉方式採樣，所得為受擾動之土壤樣品；如直接以壓力迫使土壤移入中空採樣管中，則可得較不擾動之土壤樣品。使用時以手動鑽入或配合現場電源供應器以手提電（氣）動式鑽入採樣。

黏土用愛德曼（Edelman）土鑽（適於黏性土壤）

綜合用愛德曼土鑽（適於中性黏質土壤）

砂用愛德曼土鑽（適於黏性砂質土壤）

粗砂用愛德曼土鑽（適於較鬆或非常乾土壤）

小礫石土壤用河濱分校（Riverside）土鑽（適於硬土壤或混合之細石礫土壤層）

含石頭土壤用土鑽（適於土壤含大礫石）

圖9.2　土鑽

堅硬土層用土鑽　　　　捕石頭用土鑽　　　　軟黏土用土鑽
（適於較深堅硬土層）　（適於已鬆脫石頭）　（適於非常軟黏土）

飽和層土壤用土鑽　　　泥用土鑽
（適於較少黏性土壤）　（適於較溼黏的土壤）

圖9.2　土鑽（續）

2. 劈管採樣器（Split-barrel Sampler）：外徑 50.5±1.3 公釐、內徑 38.1±1.3 公釐、長度 45.7 至 76.2 公釐之採樣管，或使用其他適當之尺寸，前頭接強化鋼材之靴頭（Driving Shoe）。本採樣器必須連接於鑽探設備之採樣桿和打擊重錘組或壓入設備。

3. 薄管採樣器（Thin-walled Tubes Sampler）：適當之外徑、管厚與管長之常見規格如下三種：50.8 公釐 /1.24 公釐 /91 公分、76.2 公釐 /1.65 公釐 /91 公分及 127 公釐 /3.05 公釐 /145 公分。本採樣器必須連接於手動土鑽設備或機械動力鑽探設備之採樣器接頭和壓入器具（圖 9.4）。本採樣器取得之土壤樣品為較不擾動土壤（管徑至少大於土壤樣品最大粒徑之 6 倍時），可保持土壤原來的構造、容積密度、孔隙率、含水量等物理與力學性質。

图9.3　劈管採樣器

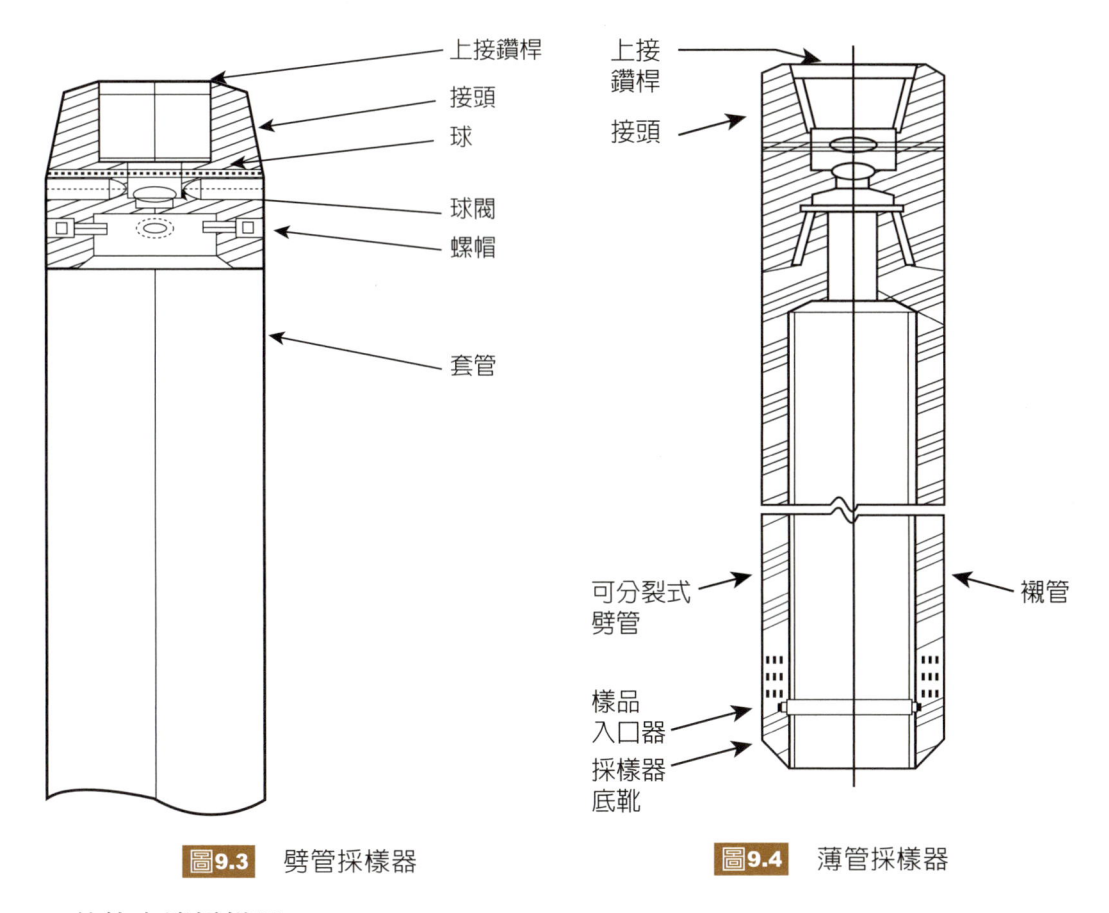

图9.4　薄管採樣器

4. 其他土壤採樣器

(1) 活塞式採樣器（Piston Rod Soil Sampler）：利用採樣器內的活塞造成適當的真空，以採集具流動性的樣品（如湧砂）。

(2) 雙套管採樣器（Dual Tube Soil Sampler）：具有內、外二組螺桿，內螺桿前端接採樣襯管，同時直接貫入土中，土樣即進入襯管中。適用於採樣孔有崩孔之虞者。

9.5　鑽探設備

　　鑽探設備應可提供一合適的乾淨裸孔，且未擾動待採之土壤層。鑽探設備之選用須配合地質狀況，如開孔旋鑽（Open-hole Rotary Drilling）、旋轉錘鑽（Roller-cone）、中空螺旋鑽（Hollow Stem Auger）、套筒（Bucket）、實心螺旋鑽（Auger）等，並配合壓入設備使用。

1. 土壤氣體採樣設備：包括鑽頭、鑽桿、鐵氟龍管及電鑽或撞擊鎚等，及其他設備包括抽氣泵或真空採樣箱、採樣袋、簡易偵測器等。
2. 其他初步開挖工具：如採樣位置於山谷、河床、道路旁等困難地點可採用初步開挖工具如挖土機、氣旋式旋轉鑽機等機具。

9.6　採樣襯管

採樣襯管或採樣管：亦可作為樣品容器。

1. 塑膠襯管：適用於檢測無機項目（如重金屬）之採樣。若使用塑膠襯管採集有機項目分析之土樣時，則不可作為保存容器，必須將土壤保存於玻璃容器中。
2. PETG、鐵氟龍襯管：檢測各成分之採樣皆可使用。
3. 金屬管：常用銅管及不鏽鋼管，適用於檢測無機項目、揮發性有機物與半揮發性有機物之採樣。若採檢測銅的樣品則不能使用銅管。

9.7　樣品容器

1. 廣口塑膠瓶或（厚）塑膠袋：容量 1 公升或以上之塑膠瓶，或耐重之塑膠袋（如至少 20 公分 × 40 公分可耐裝 10 公斤、厚度在 0.1 公釐以上之塑膠袋），適用檢測無機項目（如重金屬）之土壤樣品。
2. 直（廣）口玻璃瓶：容量 500 毫升、1 公升，瓶蓋附鐵氟龍墊片之棕色玻璃瓶，使用於有機污染物檢測用。如為檢測揮發性有機物項目，則使用容積 125 毫升或以下之直口玻璃瓶，瓶中土樣需盡量裝滿，瓶蓋附鐵氟龍墊片。若使用透明玻璃瓶，則裝入樣品後需有避免照光的措施。
3. 其他污染項目樣品容器，參考各標準檢驗方法規定。

9.8　採樣及保存

1. 土壤之採集應依據採樣目的之不同而有所區別。依據採樣目的、場址現勘之狀況、可疑污染物之種類與查證、後續監測或整治工作之不同分別研擬採樣計畫，據以執行。

2. 參照污染物之檢測方法及其物化特性可概分為生物性及非生物性兩大類（生物性污染採樣不在本方法範圍），非生物性污染物可再分為無機化合物（重金屬及非金屬類）及有機化合物。
3. 有機化合物因為與水相溶或不相溶、比水輕或比水重之特性有所不同，一般與水不相溶又稱非水相液體（Nonaqueous phase liquid，簡稱 NAPL），非水相液體部分化合物會微溶於水且具揮發性，會以溶入或蒸氣相造成土壤污染。
4. 非水相液體化合物如含鹵素有機化合物等，比水重者稱為重質非水相液體（Dense NAPL，簡稱 DNAPL）；比水輕者稱為輕質非水相液體（Light NAPL，簡稱 LNAPL），如含汽油、柴油及工業常用不含鹵素溶劑等。
5. 污染物之不同會影響土壤採樣之深度，一般土壤中重金屬之污染深度常以地表下 0～30 公分之土壤層為主，視污染情況再作不同土層深度之採樣；有機污染物之深度則視污染物之特性、土壤之質地、孔隙度或地下水位深度而決定，可能於地表至地下水層底端之不透水層，採樣之深度應參考污染來源、地質水文特性及其於土壤中之傳輸特性而決定。
6. 一般土壤採樣的土樣分為混樣（Composites）與抓樣（Grab Samples）兩種。混樣是將不同採樣點（或採樣深度）的土壤混合，以取得特定區域內的平均濃度，耗用之分析經費較少；抓樣為採取特定點（或深度）的土壤。混樣與抓樣皆適用於重金屬與半揮發性有機物分析；混樣則不適用於揮發性有機物分析。各種不同方式採集之土壤都應取得具代表性之樣品以供執行檢測。
7. 採樣佈點可依採樣目的而調整，可一次採樣作評估，亦可能需要以多階段執行，第一次可作較大範圍、較大間距的均勻佈點，第二次或第三次則應儘量集中於高污染區內及邊界附近，即調查由開始至結束階段，佈點重心也由場址的全面性趨於污染源或高濃度區（Source or Hot Spot）。但若依據土壤及地下水污染整治法第八、九條規定執行之採樣工作，應依「土壤污染評估調查及檢測作業管理辦法」之規定辦理。

9.9 採樣作業之各項步驟說明

1. 採樣計畫：應包括採樣目的、場址背景〔如場址地號（址）、場址地（簡）圖與現場面積、場址土地使用沿革、地質與地下水資料、可能污染物種類及預估污染土方量等〕、計畫採樣點數及佈點、使用之採集工具、採樣人員組

織與分工、樣品容器與保存運送、待檢測項目及其他相關品管規範等。採樣計畫可由採樣人員依採樣目的及場址初勘後先行研妥，必要時依場址所轄環保單位規定辦理，以供採樣之進行。
2. 採樣點配置與採樣深度：對於調查區域內，視需要可分割成不同採樣原則的採樣分區；採樣點配置與採樣深度以取得具有代表性樣品、減低成本及最高調查品質為主要考量。並應審慎檢查每一鑽孔的位置，避開地下管線、儲槽或其他非天然障礙物。
3. 污染調查時需先釐清非污染區、疑似污染區及已知污染區，可由定期監測、背景調查結果及土地使用沿革得知概略情況，再經更詳細的土壤採樣分析結果判定污染區。針對疑似污染區及已知污染區採樣時，不可混入非污染區土樣。

9.10 採樣方式

1. 依據場址特性、污染情況，常用的污染調查採樣方式如下：
    (1) 主觀判斷採樣（Judgmental Sampling）：當確知或可目視污染源所在位置時，根據專業判斷直接於定點採樣。可節省採樣及分析成本，但其結果不適合作統計分析。
    (2) 簡單隨機採樣（Simple Random Sampling）：將調查區劃分成許多小單位，配合亂數表對各小單位採樣。適用於調查區域內的污染分布相當均質時，亦即非針對高濃度的污染源調查時。其結果具統計意義，容易計算平均值、濃度分布與變異
    (3) 分區採樣（Stratified Sampling）：當調查區內影響污染物分佈特性（如土壤質地、風向、地下水流等）的異質性較高時，可將整個調查區切分成各個均質的小分區，以各分區的面積權重分配採樣數，再對各小分區進行（如隨機）採樣。其結果可更精確獲知污染分布。
    (4) 系統及網格採樣（Systematic and Grid Sampling）：利用虛擬網格方法，在網格內或交叉處採樣，當污染趨勢或分布範圍過大且不明確時，可依此結果找尋高污染區。在常用的網格定點方法中（如圖 9.5），若無特殊考量，以瓶架網格（Bottle Rack Grid Method）、平行網格（Parallel Grid Method）及矩形網格（Rectangular Grid Method）採得高濃度點的機率較高。

① 隨機網格法

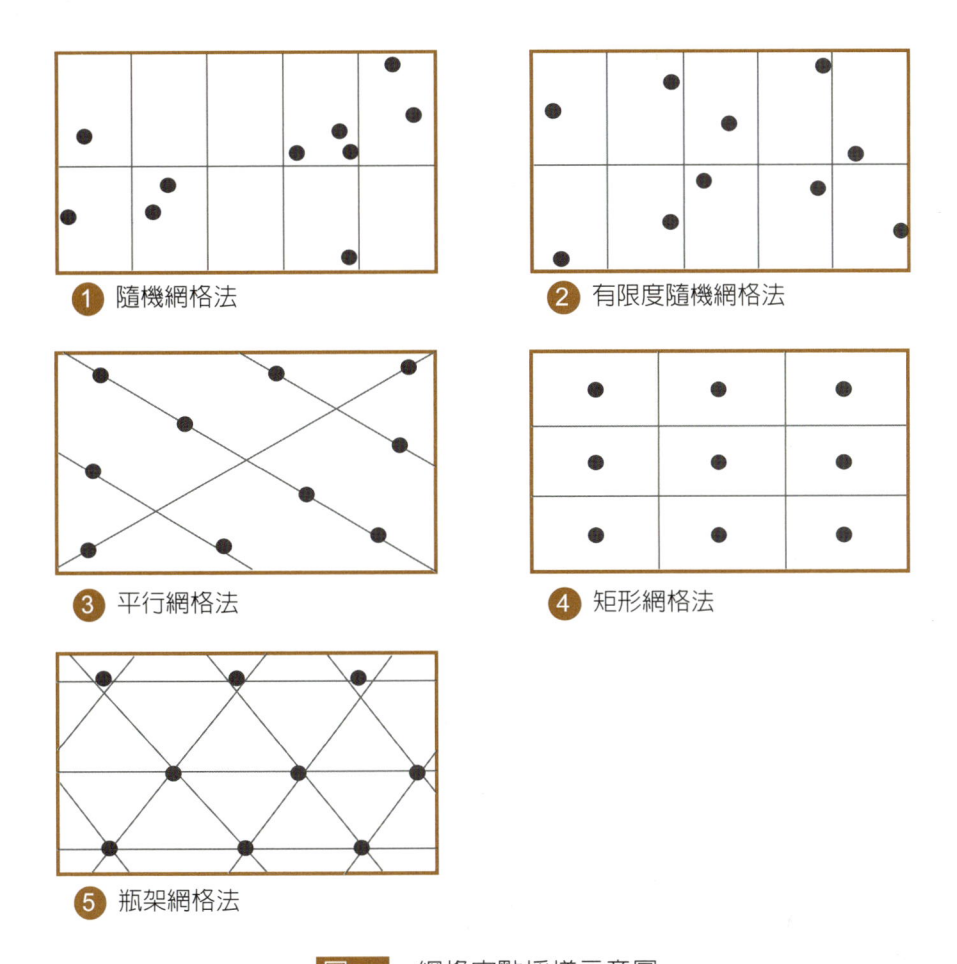

② 有限度隨機網格法

③ 平行網格法

④ 矩形網格法

⑤ 瓶架網格法

圖9.5 網格定點採樣示意圖

(5) 應變叢集採樣（Adaptive Cluster Sampling）：利用初步大範圍的系統調查結果，再逐步趨向高污染區作較細密的採樣，適用於界定污染範圍。

(6) 混合採樣（Composite Sampling）：當受限於樣品分析經費或時間，可將採得的土樣等量均勻混合，以減少分析樣品數。其結果會損失濃度分布的資訊。

2. 界定土壤污染範圍時，包括污染土地的面積、深度及污染物種類及濃度分布，通常採網格方式作採樣佈點（如圖9.5）。

(1) 網格之製作可於調查面積內，以每隔5至50公尺間距進行虛擬網格作業，網格可為正方形、長方形、三角形、菱形或平行四邊形等形狀，於網格節點處即為採樣點。實際上可依現場面積大小、污染分布與污染物傳輸速度、污染程度、土壤質地、污染物質之物理化學性質、場址地表情況而變動。

(2) 污染範圍界定常需要進行多次的佈點與採樣，第一次作較均勻的採樣間距佈點，得到初步土壤污染物濃度分布，再對於土壤污染物濃度較高處、濃度異常變化處等進行較細密的採樣佈點與採樣。
3. 決定採樣數：採樣數的決定應依據採樣計畫的數據品質目標、濃度變異性、可容忍之採樣誤差等，可用適當之統計方法計算。使用之統計方法應符合採樣之目的。

9.11 採樣深度

採樣深度依場址及污染物特性而定，通常可分為淺層污染採樣及深層污染採樣。

1. 淺層污染採樣
    - 一般重金屬污染或半揮發性有機物之採樣深度為表土（地表下 0～15 公分）及裏土（地表下 15～30 公分）為主。揮發性有機物除非有地表污染源，否則不易於表土長時間殘留。

2. 深層污染採樣
    - 當進行深層污染採樣時，採樣過程需注意避免打破含水層之不透水層，以防止污染相鄰之含水層。若需對不同含水層土壤採樣時，需以適當措施（如皂土回填）避免相鄰之含水層受污染。
    - 在可能的污染源（如地下儲槽、管線、掩埋區等，或由地表已知污染區位判斷）周邊劃一調查區，並在此區內至少分別於地下水流上游設置一處與下游處設置二處的採樣點。
    - 重金屬污染物因受土壤吸附作用影響，雖不易在土壤中移動，然視需要（如區內有客土、回填土或需採集受地質影響之背景等）可在調查區內進剖面分層採樣，其間距以 50 公分為原則，可依調查目的及經費作調整。若調查區內有植栽，則視需要於植栽根部到達深度處採樣。
    - 有機污染物之採樣深度視可能的污染源位置、污染物之特性、土壤之質地、孔隙度或地下水位深度而決定，應於採樣計畫中說明。一般深度參考方式如下：分別於可能的污染源位置（如地表下管線及儲槽埋設深度）及地下水位附近抓取兩種深度的樣品；或將採樣點之深度分別設於地表下 0～30 公分處、地表至當時地下水面之中間區處（中間區處採樣深度間距

以自地表往下每隔 1.5 公尺至 3 公尺設一採樣點）及地下水位上方及下方各 1 公尺之區間處等三個不同之深度；或自地表往下探至未發現污染處。當懷疑有重質非水相液體（DNAPL）污染時，需垂直向下採集不同深度土樣，直到第一含水層底部不透水水層的上方，或至污染物濃度在法規標準以下。

- 採樣深度仍應依據土壤質地的變化、不同深度的濃度變化趨勢及地質水文之分布與流向，適當調整採樣間距。若遇到砂石地質，則可加長採樣間距及考慮延伸採樣深度。
- 可利用調查區域附近現有地下水監測井，獲得地下水位深度資料；如果無當地之資料，可在附近進行地質鑽探以協助提供。如果因現場為卵礫石地質，則以開挖較大面積或使用較大口徑的採樣管取得足夠量可供分析的樣品；或另行研究替代方式。

9.12 其他採樣原則

參考前二項原則並考量現場實地狀況酌以混樣或抓樣採取之。

使用簡易的檢測工具可輔助現場篩選採樣點，並記錄檢測結果，亦可依專業知識與污染情況而更動採樣點數目與位置。前述篩選測試的數據僅能作為參考，不能作為最終分析結果。

9.13 採樣器具之使用

各檢測項目適用之採樣器具如表 9.1 所列，若以採樣管貫入方式採取土柱樣品，需注意貫入深度不可大於採樣管之全長，以免土柱被壓縮。各採樣器具之使用方法如下：

1. 採樣鏟：先以採樣鏟移除地表覆蓋物（如石礫、植被），再挖取表土；或在已用機具挖開之土層剖面一定深度處直接以採樣鏟取土。若樣品代表某一深度範圍（如 0～15 公分）之樣品時，在該範圍內每一深度所得之土樣宜儘量混合均勻。

表 9.1　土壤採樣方法適用之檢測項目

檢測項目 採樣方法	揮發性有機物 （VOCs）	半揮發性有機物 （BNAs）	農藥*	重金屬*
劈管採樣法	✓	✓	○	○
活塞式採樣法	✓	✓	○	○
雙套管採樣法	✓	✓	○	○
薄管採樣法	○	○	○	○
手動採樣法	×	○	✓	✓

＊係指土壤淺層受此類化合物污染。

註：依採樣法的普遍性、效率與適用性程度，依序建議：✓ 屬「推薦使用」，○ 屬「適用」，× 屬「不適用」。

2. 手動式土鑽採樣組
   - 一般包含轉動把手、連接桿、採樣頭（或採樣管）三部分，將各部分零件組合完成，組合之程序依照供應廠商之建議說明為之。於預定採樣點，以人力於把手處旋轉（或加壓）可將採樣頭移入適當深度，同時使土壤進入採樣頭內。
   - 連接桿可適當的續接以達更深的土層，通常 2～3 公尺以上深度採用機械動力式土鑽機組為宜。採樣頭底端含斜角切刀以利旋入土壤中，採樣頭之口徑大小及切刀形狀不同是為提供不同土壤質地時使用，採樣頭亦可內加襯管作為樣品容器。

3. 劈管採樣器：先行以合適之鑽探設備鑽入土壤預定採樣之深度，並將鑽屑清除。再將劈管採樣器安裝在採樣桿上輕放入鑽孔中，不可讓採樣器任其墜落到擬採樣之土層中。將壓入或貫入設備如重錘、鐵鉆等安裝定位，施以壓入動力或接觸貫入打擊，直至所需深度為止。將採樣器移至地表並打開，記錄樣品採樣長度（或描述樣品之組成、顏色和狀況），取出土壤樣品放入樣品容器內密封。

4. 薄管採樣器：操作應依照設備操作標準作業程序及相關採樣法步驟為之。先行以合適之鑽探設備鑽入土壤預定採樣之深度，並將鑽屑清除後即可進行採樣工作。

5. 其他：其他適當之採樣設備，依照設備製造廠操作說明書為之。

9.14 現場輔助性篩選工具

1. 有機污染：抽取土壤間隙氣體現場偵測可作為揮發性有機物採樣點選擇或污染濃度之參考，其程序為以鑽探設備鑽入或手動採集工具鑽出一適當孔穴（以 1～2 吋為宜）。將鐵氟龍管（外徑 1/8 吋）與具有開孔的鑽頭連接，置入鋼管（內徑 1/2 吋）中，以鑽探設備鑽至欲採樣深度後，以挖出之土屑覆蓋地表鑽孔，再將鋼管往上拉約 2 公分；或直接置入鋼管（外徑 1/2 吋以下）。

   - 再以適用之氣體抽吸設備抽取土壤間隙氣體，所抽之氣體可直接以攜帶式簡易偵測器（如光離子化偵測器 PID、火焰離子化偵測器 FID 或其他合適者）量測，亦可以氣體採集袋收集送回實驗室分析。
   - 或使用市售商業化土壤氣體採樣監測設備或相當設備執行之，或利用採取之深層土壤剩餘樣品，放置於封口夾鏈膠袋中充分揉搓土壤，再以攜帶式簡易偵測器量測袋中氣體濃度。

2. 金屬污染：可利用攜帶式的 X 射線螢光光譜儀（X-ray Fluorescence Spectrometer）篩選金屬污染的採樣點。

9.15 採樣執行

土壤採樣之執行，係以土壤採樣器及採樣原則為基礎，地質特性與待檢測項目為分類依據，一般土壤採樣之執行步驟如下：

1. 除了例行性採樣外，依據現場範圍、地形地物、疑似污染處所及採樣計畫書，決定採樣點分布後進行現場標示。
2. 參考污染項目，選擇適合採樣器具、樣品容器、包裝用品及標示標籤，並備妥足夠之採樣器具或清洗設施。
3. 於擬採樣點上，以適當採樣器具採取。採表土時，需先清除地表大塊石礫、植被，再採取適當深度土樣；採剖面土樣時，可以鑽探設備鑽入預定採樣之深度後採樣。每一點之樣品量以不低於 0.1 公斤為原則。
4. 為能有效規劃揮發性有機物污染採樣位置與數量，可於正式土壤採樣前先進行土壤氣體採樣篩選測試，以提供揮發性有機物污染深度之參考。土壤氣體篩選技術對找尋高蒸氣壓、低水溶解度、低分子量如氯化有機物及石油碳氫化合物最有效。

5. 依地質特性選擇適用之採樣器具（參考表 9.2）進行採樣。觀察並記錄土壤樣品的物理特性。
6. 進行採樣器具之除污作業。
   - 除污是為減少土壤樣品間的接觸與相互污染的可能，在採樣前、後，依照需求標準，徹底清洗採樣系統各部零件。與樣品接觸的土鑽採樣元件、銅管或不鏽鋼襯管等於使用後須更換或清理乾淨，方能重複使用。清洗方法為先用毛刷或鋼刷將附著的土壤刷除（以目視判定）（若採集待分析有機成份土樣時，尚需以無磷清潔劑、或有機溶劑（丙酮及正己烷）、或熱水清洗），最後以去離子水或不含待測物的試劑水潤洗之，風乾後以塑膠袋、鋁箔或 PVC 膜包裹備用，襯管兩端則需套上封帽。

表 9.2　土壤採樣方法適用之檢測項目

採樣方法＼地質特性	黏土層	坋砂層	砂層	湧砂含水層	礫石層	一般土壤特性
劈管採樣法	✓	✓	✓	×	○	✓
活塞式採樣法	✓	✓	✓	✓	✓	✓
雙套管採樣法	✓	✓	✓	○	○	✓
薄管採樣法	✓	○	×	×	×	○
手動採樣法	✓	✓	✓	×	○	✓

註：依採樣法的普遍性、效率與適用性程度，依序建議：✓ 屬「推薦使用」，○ 屬「適用」，× 屬「不適用」。

9.16　樣品處理

1. 若以採樣襯管裝待測揮發性有機化合物樣品時，襯管需儘量充滿樣品，不作其他會擾動樣品的處理，並套上鐵氟龍封帽或內置鐵氟龍膜的塑膠封帽，於封帽邊緣包裹鐵氟龍止洩帶及如石蠟（Paraffin）封口膜之密封物，以確保密封。分析時，保留部分土壤樣品以供水分含量測定用。
2. 如為檢測重金屬及揮發性有機物項目樣品前處理部分依總則或檢測方法規定。

3. 如為檢測非揮發性有機物項目，同上作業目視以手剔除石礫、樹枝等雜物後，儘可能均勻混合後再裝入樣品瓶中保存。當樣品難以混合時，則以自然風乾（約需 7 至 10 天）、30±4℃之烘箱烘乾、冷凍乾燥後，再進行鎚打、研磨混合，或依檢測方法之規定。若選用其他乾燥方法，應以適當之品管措施證明乾燥過程所造成待測物逸失的程度不會影響檢測結果。
4. 若欲進行混樣，則在樣品混合前，需先將各樣品均勻化，等量取出一部分進行混合，剩餘部分備用；當混樣分析結果過高時，可在樣品保存期限內重新分析各備用樣品，以減少重新採樣的工作。但是土樣的基質足以干擾污染物的分析結果，或土壤質地差異過大時，不適合作混樣處理。
5. 樣品篩選：檢測揮發性有機物土樣時，樣品如無法完全充滿襯管，需用清潔之不銹鋼鋸切除襯管空心部分與包含約 2 公分長的土柱後再密封。如切除後之剩餘長度無法滿足分析要求，此樣品應視為無效樣品，須重新採樣。樣品若含有大粒徑之礫石，使得封帽無法完全密封襯管口時，如在長度許可之範圍下，採樣人員可用清潔之不銹鋼鋸切除已變形之襯管，封存合格樣品，否則此樣品即為無效樣品，須重新採樣。
6. 在樣品容器外加貼標籤（必要時應加封條），或依檢測方法項目而定。

9.17 樣品保存及運送

1. 土壤樣品應依據各檢測方法之規範要求保存，重金屬項目除了汞最長可保存 28 天外，其餘重金屬項目原則可在室溫下保存 6 個月。
2. 一般而言，待測有機成份的樣品應保存在 4±2℃冷藏箱中，並避免照光，儘速送至實驗室執行檢測分析。揮發性有機物最長可以保存 14 天應進行檢測分析；半揮發性有機物、有機氯系殺蟲劑類或除草劑類最長可以保存 14 天應進行萃取淨化處理（檢測多氯聯苯土樣於 4±2℃冷藏，不規定保存期限），經處理後之樣品溶液，則可以保存 40 天。
3. 運送之樣品如為高污染土壤或污染特性不明確者，需注意其可能引致之安全問題並預防之。運送時除樣品外尚須附上相關採樣記錄資料。
4. 採樣完畢後，若現場挖出之棄土無污染採樣孔或採樣坑之虞（例如含污染物的棄土不能回填至未污染層），應將現場挖出之棄土回填並夯實；若棄土無

污染之虞但未能完全回填,或挖出之棄土有污染之虞,則應以細砂或細砂及皂土交替灌滿所有鑽孔,並保持工地之清潔及整齊,後者之棄土應與受污染土壤一併處理。採樣人員應依據工作計畫,於施工後將工作場所修補或復原。

9.18 工作場地復原

採樣完畢後,若現場挖出之棄土無污染採樣孔或採樣坑之虞(例如含污染物的棄土不能回填至未污染層),應將現場挖出之棄土回填並夯實;若棄土無污染之虞但未能完全回填,或挖出之棄土有污染之虞,則應以細砂或細砂及皂土交替灌滿所有鑽孔,並保持工地之清潔及整齊,後者之棄土應與受污染土壤一併處理。採樣人員應依據工作計畫,於施工後將工作場所修補或復原。

9.19 結果處理

土壤採樣進行期間,應針對所遇土壤材料及實施之作業保持連續、正確、完整之記錄,記錄應至少包含下列資料:

1. 一般項目
    - 日期及天候狀況。
    - 採樣人員。
    - 採樣位置簡圖及佈點位置、採樣地點及／或編號、及相關之資料(如深層採樣之地下水位高程等)。
2. 採樣紀錄
    - 樣品編號。
    - 採樣器材及／或方法。
    - 採樣深度及／或採樣點高程(或相對高程)。
    - 樣品之土壤特性描述。
    - 現場篩選測試位置與結果。

9.20 品質管制

所有樣品之運送時應包裝完妥,置於適當運送容器內。所採之樣品應有樣品標籤及封條。

1. 樣品標籤之內容至少應包括：
   - 樣品編號。
   - 採樣者姓名及所屬單位名稱。
   - 採樣時間。
   - 採樣地點。
   - 檢測項目。
   - 樣品保存方式。
2. 樣品封條：採樣後樣品容器應加上封條，封條的黏封須使打開容器時必須撕破封條；現場採樣人員並應於封條上簽名。

9.21 品管樣品

土壤採樣之品管樣品包括現場空白、設備空白及運送空白，視各採樣計畫之需要採取品管樣品。空白樣品請參照環保署公告 NIEA -PA101 之規定。

9.22 採樣佈點

樣佈點原則如上述。如第一次採樣分析結果顯示污染情況異常，不易解釋或需再次採樣確認時，依計畫目的之需求而需進行第二次、第三次…多次採樣時，每次採樣佈點需不同，以避免同點重複採樣。

若是採樣區有高低污染之別，則採樣佈點應儘量集中於高污染區內及邊界附近。

10 第十章

其他相關課題

10.1 污染場址判定流程

▷▷ 發現場址及查證

各級主管機關對於有土壤或地下水污染之虞的場址，應即進行查證，如發現有未依規定排放、洩漏、灌注或棄置之污染物時，各級主管機關應先依相關環保法令管制污染源，並調查環境污染情形。

▷▷ 控制場址

前項場址之土壤污染或地下水污染來源明確，其土壤或地下水污染物濃度達土壤或地下水污染管制標準者，所在地主管機關應公告為土壤、地下水污染控制場址（以下簡稱控制場址）。

▷▷ 控制計畫

控制場址未經公告為整治場址者，所在地主管機關得依實際需要，命污染行為人提出污染控制計畫，經所在地主管機關核定後實施。前項控制場址之土壤或地下水污染控制計畫實施後，如土壤或地下水污染物濃度低於土壤或地下水污染管制標準時，得向所在地主管機關申請解除控制場址之管制並公告之。

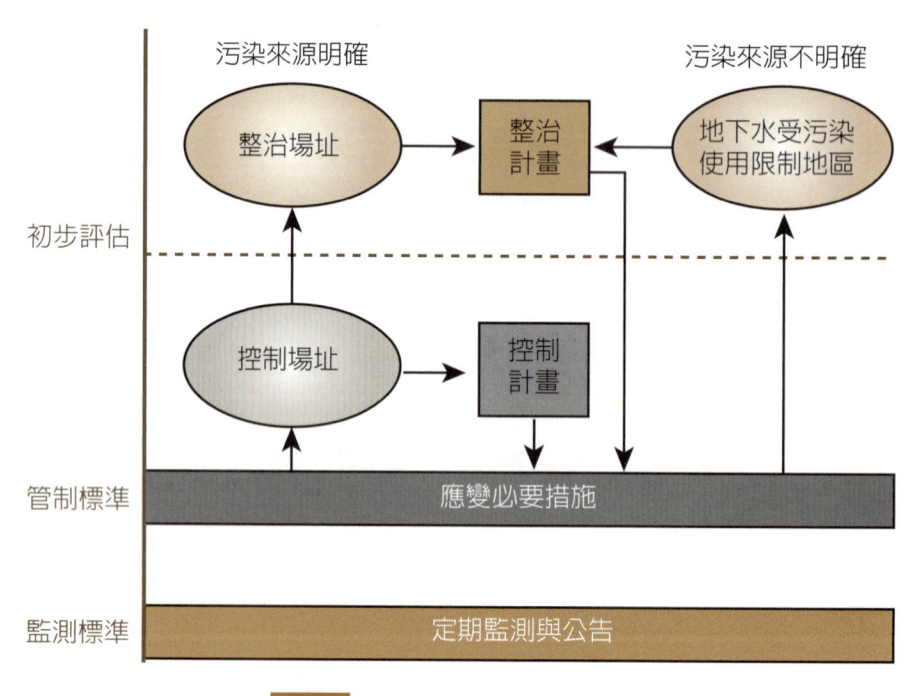

圖10.1　污染場址判定流程圖

初步評估

控制場址經初步評估後,具有下列各款情形之一者,所在地主管機關應報請中央主管機關審核後公告為整治場址:

1. 控制場址之單一污染物最高濃度達土壤或地下水污染管制標準二十倍。
2. 依土壤污染評分(T_s)及地下水污染評分(T_{gw})計算污染總分 P 值達二十分以上。
3. 控制場址位於飲用水水源水質保護區內、飲用水取水口之一定距離內或水庫集水區內。
4. 控制場址位於國家公園、野生動物保護區、敏感性自然生態保育地或稀有或瀕臨絕種之動、植物棲息地。
5. 控制場址位於風景特定區或森林遊樂區。
6. 控制場址位於學校、公園、綠地或兒童遊樂場。
7. 其他經中央主管機關指定公告重大污染情形。

健康風險評估

控制場址符合上述規定者,所在地主管機關得通知場址污染行為人及土地使用人、管理人或所有人申請辦理健康風險評估。健康風險評估報告經審查其致癌風險低於百萬分之一且非致癌風險低於一者,所在地主管機關無須報請中央主管機關公告為整治場址。但該場址仍應依本法控制場址相關規定辦理。

整治場址

控制場址經初步評估後,有危害國民健康及生活環境之虞時,所在地主管機關應報請中央主管機關審核後公告為土壤、地下水污染整治場址(以下簡稱整治場址),並於中央主管機關公告後七日內將整治場址列冊,送各該直轄市、縣(市)政府、鄉(鎮、市、區)公所及地政事務所提供閱覽。

整治計畫

整治場址之污染行為人應依第 12 條之調查評估結果,訂定土壤、地下水污染整治計畫,經所在地主管機關審查核定後據以實施;所在地主管機關應將核定之土壤、地下水整治計畫報請中央主管機關備查,並將計畫及審查結論摘要公告。

使用限制地區

主管機關依第 11 條第 1 項進行場址查證時,如場址地下水污染濃度達地下水污染管制標準,但污染來源不明確者,所在地主管機關應公告劃定地下水受

污染使用限制地區及限制事項，並依第 13 條規定採取應變必要措施。

▶▶ 應變必要措施

所在地主管機關為減輕污染危害或避免污染擴大，應依控制場址或整治場址實際狀況，採取下列應變必要措施：

1. 命污染行為人停止作為、停業、部分或全部停工。
2. 依水污染防治法調查地下水污染情形，並追查污染責任；必要時，告知居民停止使用地下水或其他受污染之水源，並得限制鑽井使用地下水。
3. 提供必要之替代飲水或通知自來水主管機關優先接裝自來水。
4. 豎立告示標誌或設置圍籬。
5. 通知農業、衛生主管機關，對因土壤污染致污染或有受污染之虞之農漁產品進行檢測。必要時，應會同農業、衛生有關機關進行管制或銷毀，並對銷毀之農漁產品予以相當之補償。必要時，限制農地耕種特定農作物。
6. 疏散居民或管制人員活動。
7. 移除或清理污染物。
8. 其他應變必要措施。

▶▶ 解除列管

土壤、地下水污染控制計畫或污染整治計畫之實施者，應於土壤、地下水污染整治完成後，將其整治完成報告報請所在地或中央主管機關核准。

所在地或中央主管機關為前項核准後，應辦理下列事項：

1. 公告解除控制場址或整治場址之管制或列管，並取消閱覽。
2. 公告解除或變更土壤、地下水污染管制區之劃定。
3. 囑託土地所在地之登記主管機關塗銷土地禁止處分之登記。

10.2　土壤及地下水污染場址健康風險評估方法

土壤及地下水污染整治法（以下簡稱土污法）第 12 條及第 24 條中已納入執行健康風險評估之規定，顯示健康風險評估在土污法之污染場址管理與改善等事項扮演相當重要之角色，其主要功能為評估污染場址對人體產生之危害程度，因考量風險評估執行者可能為污染行為人、潛在污染責任人、污染土地關係人或政府機關，特訂定本評估方法，以作為進行風險評估作業時之參考依據。

健康風險評估簡介

健康風險評估為專指以危害鑑定（Hazard Identification）、劑量反應評估（Dose Response Assessment）、暴露量評估（Exposure Assessment）與風險特徵描述（Risk Characterization）為基本架構來判定風險之專有名詞。

以健康風險評估進行的基本流程如圖10.2所示。本健康風險評估方法（以下簡稱評估方法）適用於以土壤及地下水中污染物為標的之健康風險評估，各步驟所需執行的內容如下：

(一) 危害鑑定（Hazard Identification）

危害鑑定為健康風險評估的第一個步驟，主要係以蒐集現有的場址資訊與污染物檢測資料，來確認場址關切污染物種類及其濃度、可能影響關切污染物傳輸途徑及是否有受體（Receptors）可能受到該關切污染物的危害。在這個步驟，因為評估的需求，健康風險評估執行人員需以現有的概略資料建立初步的場址概念模型（Site Conceptual Model, SCM），包括污染源位置、場址周邊水文地理的描述與判斷可能被關切污染物影響的受體。

(二) 劑量反應評估（Dose Response Assessment）

劑量反應評估為探討人體暴露於污染物中程度之高低、與其產生反應之機率，或嚴重程度之間有無關連。

一般的劑量反應評估係以毒理學動物研究或相關的人體流行病學研究為基礎，除討論污染物的致病機轉之外，並根據現有的實驗數據或統計結果，將暴露劑量與毒性反應程度之間的關係，量化成劑量反應曲線（Dose-response Curve）。以這個量化的數學模式為出發點，來計算該污染物毒性因子（Toxicity Factor）的數值。目前在健康風險評估中，污染物的毒性被分為致癌性（Carcinogenic）及非致癌性（Non-Carcinogenic）兩類。因此，毒性因子的計算方式也分為這兩大類。

(三) 暴露量評估（Exposure Assessment）

暴露量評估為探討人體是否有暴露於土壤、地下水污染環境之機會及程度，即判斷關切污染物經由何途徑而被人體吸收，再計算進入人體的劑量。由於在暴露量評估中，場址的特異性會對於暴露劑量有很大的影響，與在劑量反應評估中，一旦確定污染物種類，毒性便確定的情況有很大的不同。因此大多

數健康風險評估工作，著重於暴露量評估中場址資料的蒐集與各項計算公式中參數的決定，以期能得到更具場址特異性的評估結果。

(四) 風險特徵描述（Risk Characterization）

　　風險特徵描述為綜合上述三項步驟進行綜合性評估，將風險予以量化，以估計該污染物影響人體健康之風險程度高低與影響之方式。讓決策者瞭解在暴露量評估的設定條件下，受體可能經由何種方式暴露於污染物中，進而對人體健康產生多大之影響，並依此擬定該場址的風險管理策略。在量化風險時，將危害性區分為致癌性及非致癌性兩類，並假設危害性具有相加性（Additive），即不同暴露途徑與關切污染物所產生的危害可直接相加，最後以總危害來表示場址污染對人體健康造成的風險。風險特徵描述除量化的風險值之外，也應包括健康風險評估的不確定性分析（Uncertainty Analysis）。所謂的不確定性分析，即說明真實的結果與計算的結果產生差異的可能性。而這些假設為風險計算結果的基礎之一，因此對計算結果有一定的影響。不確定性分析即藉由討論資料品質來呈現計算結果的可信度或是否為保守估算的結果（對風險高估），讓進行決策或審查的單位除可依數值的結果進行判斷外，更有資料品質上的判斷依據。

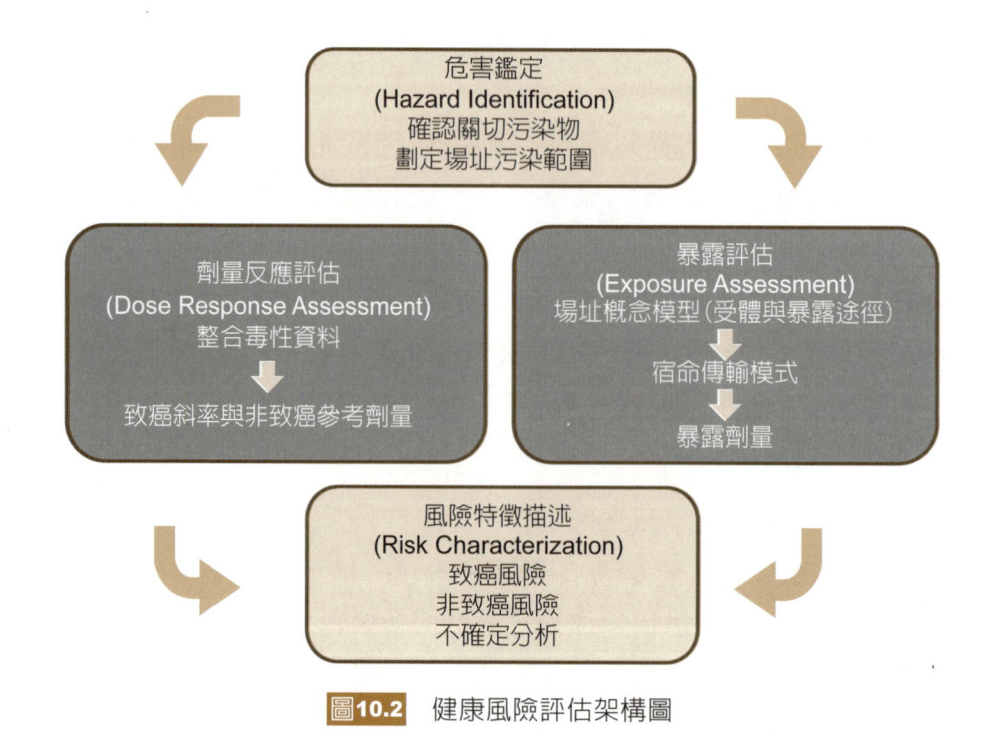

圖10.2　健康風險評估架構圖

10.3　土壤整治技術：其他類

▶▶ 生物漱洗法

　　雙相抽除法亦稱為多相抽除法（Multi-phase Extraction）、真空抽除法（Vacuum-enhanced Extraction）或是生物漱洗法（Bioslurping），主要於污染區土壤上方，設置回收井，於井中設置泵，以移除土壤及地下水中不同型態的污染物質，包括液態之地下水自由相（Free Product）、溶解相，以及不飽和土壤層中氣態之揮發性有機物等物質，屬於油、水、氣可同時抽除處理之整治技術。抽出之污染物再經處理後排放、廢棄或是回收。

▶▶ 整合型植生復育技術

　　台灣的土壤及地下水污染整治法對於八大重金屬有其標準限值，但自然界中受到地質特性的影響，使得土壤中某些重金屬元素濃度背景值本身就偏高。台灣地區就和其他先進國家一樣，在工商業蓬勃發展中，土壤和地下水受到工業、農畜業及高科技產業所產生之廢棄物、廢水所污染的事件逐年增加。近年來更由於光電、半導體產業等高科技產業的迅速發展，環保署也於放流水新增管制標準中，針對光電材料及元件製造業單獨分類列管，同時也針對新興產業特殊微量重金屬進行管制，例如：銦、鉬、鎵。考慮其製程廢水之排放可能對土壤地下水所造成影響。以一種能源作物既超量攝取植物的植生控制（Phytoattenuation），在有效之必要風險評估後之阻絕及監測規劃，應可取代目前常用之土壤整治技術，還可創造生質能源的價值。本計畫將對能源作物及超量攝取植物，進行土污法所管制之八大土壤重金屬、畜牧廢水銅、鋅及新興產業特殊金屬鉬、銦、鎵的改善研析。探討整合植物生長激素與螯合劑植生復育受八大重金屬、畜牧廢水銅、鋅及鉬、銦、鎵污染土壤，並進一步評估能源作物向日葵復育受八大重金屬、畜牧廢水銅、鋅及鉬、銦、鎵污染土壤操作方式暨相關環境因子擬定。另外，藉由實驗探討植物生長激素與八大重金屬、畜牧廢水銅、鋅及鉬、銦、鎵對植體生長情形（植體形態分析）暨八大重金屬、畜牧廢水銅、鋅及鉬、銦、鎵累積傳輸效益之影響。另以生物可分解性螯合劑添加改變土壤重金屬生物有效性，配合植物生長激素提升植體生長，探討植體重金屬累積傳輸情形，期許能以整合型植生復育法作為後續研究之綠色整治技術。此外，亦以分子生物技術鑑定植體根系與土壤微生物之菌相，試圖尋找可

圖10.3 整合型植生復育技術示意圖

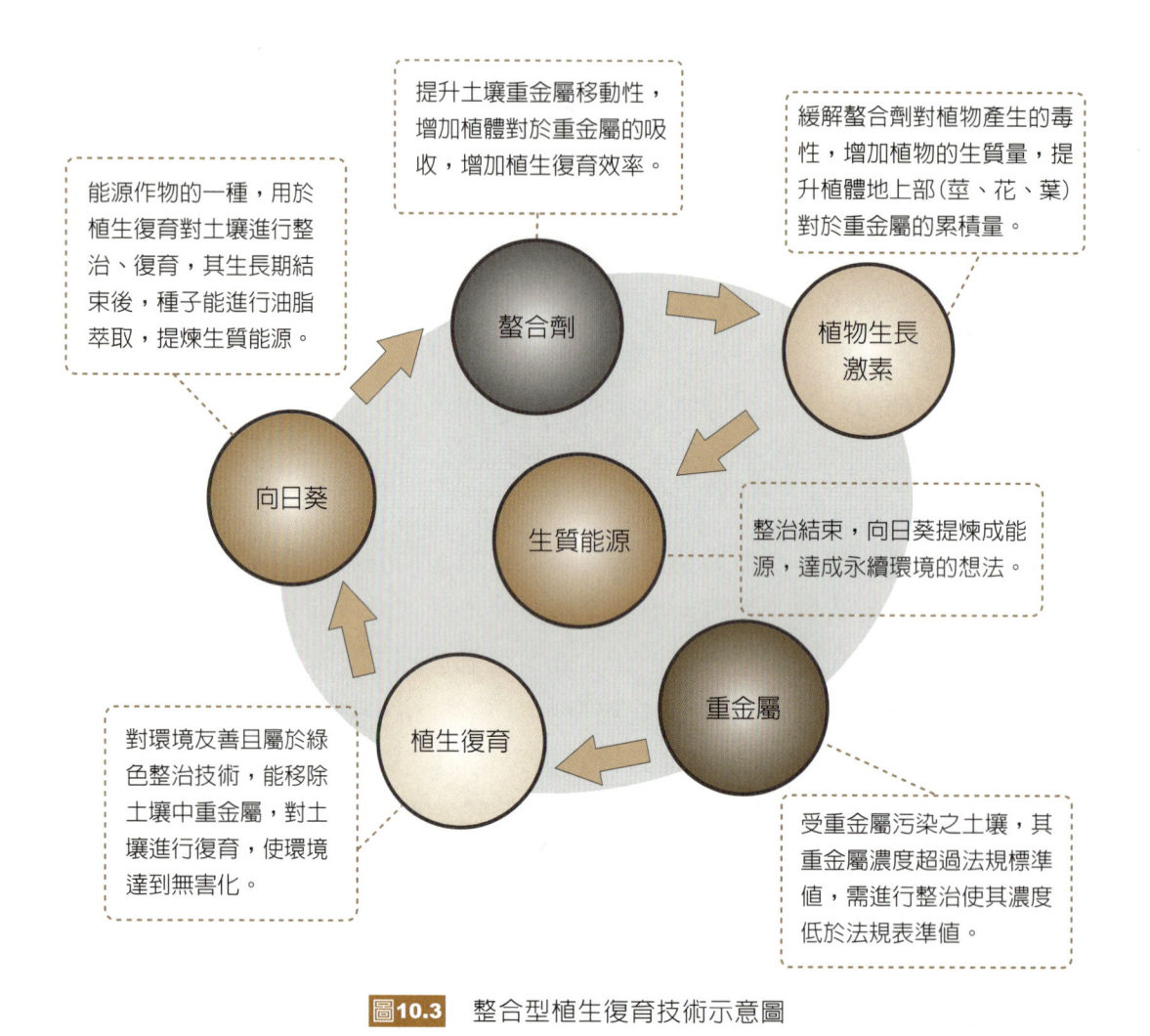

以促進植物生長亦可以抵抗毒害之植物促生菌,並比較一般土壤、重金屬、新興產業特殊金屬污染土壤、添加植物生長激素與螯合劑重金屬污染之土壤,其土壤內植物促生菌的差別,並評估螯合劑的添加是否會造成植物促生菌的死亡。

抽除處理（Pump and Treat）

- 將地下水抽出後經物理、化學或生物處理後排放,或回注地下。
- 為最早且仍廣泛被應用之整治技術。
- 適當設計下,能阻止污染物擴散。
- 應用於將地下水抽出後配合廢水處理設施如生物反應槽、人工濕地、氣提、活性碳吸附、離子交換、沉澱等降低污染濃度。

圖10.4 抽除處理（Pump and Tread）圖

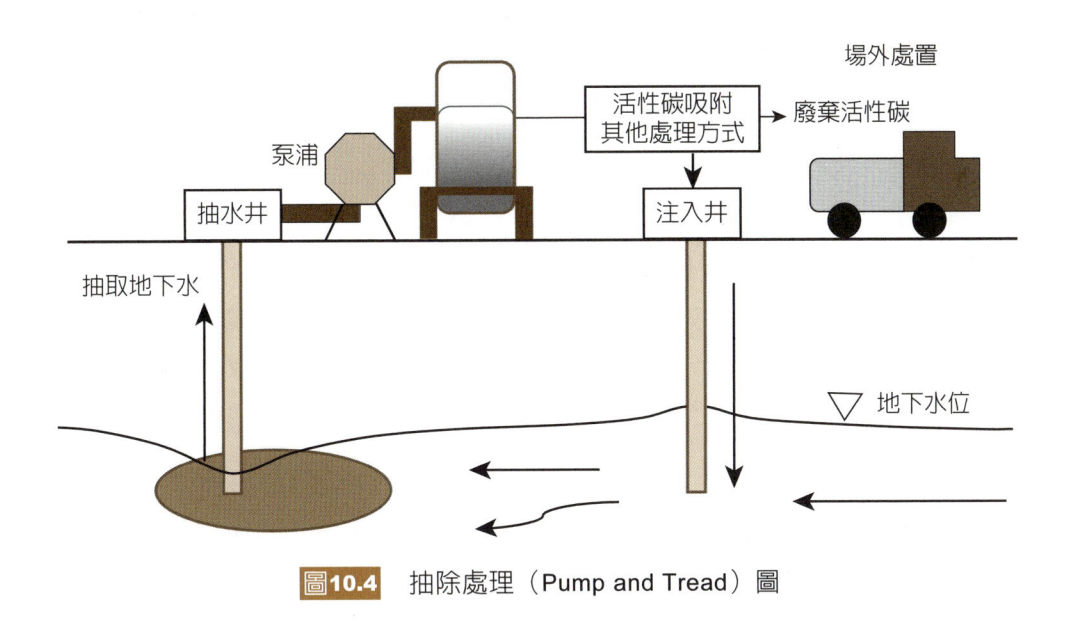

- 界面活性劑注入地層後，將地下水抽除分離處理。
- 抽除 NAPL，單泵或雙泵。
- 抽水造成洩降，阻止地下水污染擴散。

▶ 限制
- 搭配其他處理程序之抽水時。
- 需很長時間達成整治目標。
- NAPL 的高飽和殘留（Residual Saturation）污染留存於土壤孔隙中，無法抽除。
- 不適於高飽和殘留、高吸附（於土壤）之污染物及 K 值小於 10-5cm/sec 之含水層。
- 操作費用高，處置廢棄活性碳及其他廢棄物需額外費用。
- 事前審慎評估，避免污染物擴散。

玻璃化（Vitrification）

(一) 方法概述

亦稱現地電熔法，屬固化技術之一種。為利用電能轉變成熱能（1600℃ - 2000℃）之物理方法，將土壤中污染物質破壞或固定於呈玻璃狀的矽酸鹽物質，降低污染物之移動性。

土壤污染的案例再度成為媒體的焦點，如屏東縣的銅木瓜、雲林縣的鎘米

等。除應配合農政府機關勸導農民休耕外，後續的土壤整治復育應循土壤及地下水污染整治法積極進行。近來歐美國家對於污染土壤的復育逐漸採行現地（In-situ）整治技術。玻璃化（Vitrification）技術已運用在含戴奧辛及重金屬之焚化爐灰渣的後續處理、有害廢棄物及含放射性物質污泥的處置，經由熱解作用可將此些棘手的廢物轉換為可資源利用之石材原料。而針對污染場址復育方面，玻璃化現地整治技術亦逐漸受到青睞。

現地玻璃化整治流程，在確認污染土壤中所含之污染物種類後，通常將四支石墨電極置入土壤形成一正方形整治區域。土壤玻璃化的深度取決於電極的長度及可供應的電力。土壤在置入電極並通電之後，逐漸被電力所轉換之熱能升溫並熔融，一般土壤可被加熱到 1,600°C 至 1,800°C。最後在斷電後，受熱土壤逐漸冷卻而呈現玻璃化狀態。現行玻璃化技術可產生重達 1,400 噸的土壤玻璃結塊，而處理深度可達 20 呎。現地土壤玻璃化整治法，若針對有機性污染物如非水相液體（NAPL）包括三氯乙烯、四氯乙烯（DNAPL）及 BETX 等，則應於處理範圍上將揮發之廢氣收集並處理以減少二次污染，因土壤在玻璃化過程，有機污染物常會被熱解而轉換為汽相排入環境中。至於對於如受鎘、銅等重金屬污染之土壤，此些污染物會存於經玻璃化作用後的土壤玻璃結塊中，一般而言，土壤在經玻璃化的過程後，其土壤孔隙幾乎完全消失，因而受污染之土壤體積可減為原有之 20%～50%，大大減少後續若需進行土壤移除時之工程及處置經費。

一般而言，土壤玻璃化處理優於傳統整治法之優點包括：(1) 玻璃化技術可同時整治含有機、無機污染物之土壤；(2) 玻璃化技術可現地處理無需將大量污染土壤移除，而進行玻璃化處理之土壤，可選擇留置於原地，無需進行移除亦無污染物滲漏之問題；(3) 玻璃化之處理技術花費取決於電費，一般而言，其整治花費為（每噸 250～700 美元，或以每千瓦 0.07 美元電費計）。在土壤及地下水監測基準及整治標準及污染整治費收費辦法等草案相繼出爐之際，環保機關已積極制定土壤及地下水污染整治法相關子法，期使土壤及地下水污染控制架構及早確立。玻璃化處理技術不僅提供未來土壤整治復育另一可採行之最佳技術。近來民眾抗爭焚化爐興建，針對環境影響評估中，對焚化爐產生含有戴奧辛及重金屬之飛灰底灰之後續處理處置技術之質疑，亦提供一工程上之最佳處理替代方案。

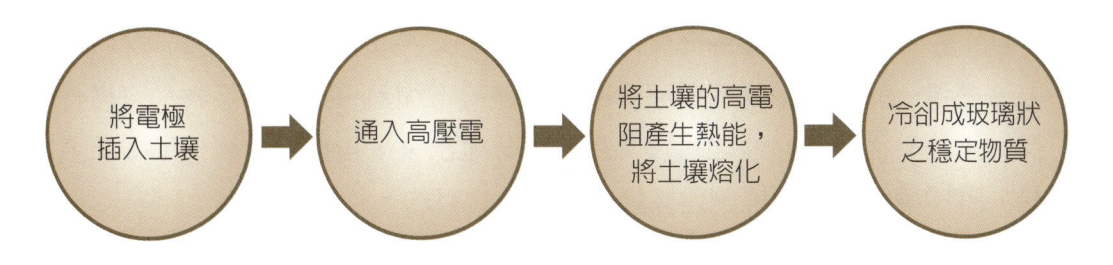

圖10.5　玻璃化法示意圖

≫ 熱處理技術

(一) 流體化床式焚化爐（Fluidized-bed Incinerator）

1. 方法概述：爐體為豎立圓筒型，將爐內之矽砂燒至約 700-800℃，呈朱紅色狀況。再將經前處理粉碎至 5 公分以下之廢棄物送入爐內。爐體下部送入加壓空氣，使矽砂呈流動狀態與垃圾均勻混合，烘乾垃圾水分使之變脆後燃燒。灰燼經篩選後，不燃物落入冷卻設備中，砂則經循環昇送機加入補充砂，再送入爐體內循環使用。

(二) 旋轉窯式焚化爐（Rotary kiln Incinerator）

1. 方法概述：水平或稍微傾斜可連續運轉之圓筒型爐體，廢棄物焚化時，爐體緩慢旋轉，垃圾由上部供應，逐漸移動至下部進行乾燥，燃燒或後燃燒，並排出殘渣。其系統包括進料系統、旋轉窯爐體、二次燃燒室、廢熱回收鍋爐及空氣污染防制設施等。

(三) 熱裂解法（Pyrolysis Method）
1. 方法概述：先使廢棄物於還原（缺氧）狀態下加熱，以利揮發物（可燃性氣體、水分）從非揮發性之焦質、灰分中分離出來，再於適當條件下（氧氣充足）將揮發性氣體燃燒，達破壞有害成分之目的。
2. 系統概要：
   - 投入與儲留、熱分解瓦斯化
   - 乾燥層／熱分解層／燃燒層／灰層

(四) 紅外線系統（Infrared System）
1. 方法概述：由碳化矽製成之紅外線燈管裝置於爐頂，利用電熱功率，使溫度控制於 275-1,000℃ 間。廢棄物在主燃燒室經加熱、蒸發、燃燒或裂解等反應，轉換成有機性氣體，而進入燃燒室，再以約 1,300℃ 之溫度將有機性氣體完全燃燒。本法於 1986 年後陸續用於受污染場址土壤之處理。

整治列車概念

整治列車之相關概念原先由美國環保署於 1955 年提出，最近在新穎技術報導中再次被特別提及。整治列車技術係指處理土壤及地下水之污染可以連續串列式或整體並行多方位的方式進行污染整治。在單一整治技術不易處理受污染場址時，整治列車的觀念即會被列入考量。

界面活性劑沖排技術

此技術是一具有兩性構造之聚合物，同時具有親水基（Hydrophilic Group）及疏水基（Hydrophobic Group）兩種相反性質官能基的特殊化合物，因可吸附於表面或界面上，使其表面張力減低或界面張力產生活性。界面活性劑是生活環境中，較為常見的有機化合物，目前廣泛被使用在工業、農業及生活上，包括清潔劑、柔軟劑、乳化劑及溼潤劑等用途。

高錳酸鉀氧化處理，ISCO（In-situ Chemical Oxidation）

1990 年以後，高錳酸鉀氧化之應用更為甚多，並成為最近這幾年來最常被用在整治含水層中之污染物，如含氯碳氫化合物與石油碳氫化合物。為將氧化劑送入到地下，以轉換目標污染物（Contaminants of Concern, COC），並降低其質量、移動性及／或毒性的方法。污染團範圍很大，則以高錳酸鹽以及過硫酸鹽兩種較穩定的氧化劑效果較佳。透性差之區域，氧化劑必須靠擴散傳輸為

表 10.1　受有機物污染土壤之復育技術 - 熱處理

技術類別	1. 流體化床	2. 紅外線	3. 熱解	4. 旋轉窯
處理型態	• 在反應器內	• 在反應器內	• 在反應器內	• 在反應器內
功能	• 體積減少 • 去毒	• 體積減少 • 去毒	• 體積減少 • 去毒	• 體積減少 • 去毒
可能殘留物及轉化產物	• 排氣（可能是酸性，以及不完全燃燒的產物） • 處理過的土壤含有殘留的金屬 • 飛灰 • 洗滌水	• 排氣（可能是酸性，以及不完全燃燒的產物） • 處理過的土壤含有殘留的金屬 • 飛灰 • 洗滌水		• 排氣（可能是酸性，以及不完全燃燒的產物） • 處理過的土壤含有殘留的金屬 • 飛灰 • 洗滌水
可能之應用	• 鹵化的與非鹵化的有機物 • 無機氰化物	• 鹵化的與非鹵化的有機物 • 無機氰化物	• 不易以傳統焚化處理之廢棄物 • 含揮發性金屬或可回收殘留的廢棄物	• 鹵化的與非鹵化的有機物 • 無機氰化物
可能之限制	• 高維護要求 • 廢棄物大小及均質性要求 • 適用於含低鈉與金屬含量的廢棄物	• 限於某些固粒大小，因此，可能需要破碎設備	• 處理量小	• 粒狀物排放量大

主或平流與擴散兩種機制均同時重要時,氧化劑需要傳輸的時間久時,則應以高錳酸鹽以及過硫酸鹽(非硫酸根自由基形式)較佳。

▶ 生物整治牆處理

滲透性反應牆為近幾年來美國環保署所推動之被動式地下水污染整治技術。藉由使用不同的材料,滲透性反應牆可處理不同之有機或無機污染物,常見的反應牆可分成吸附/吸收、沉澱及降解性等。其中生物整治牆即是滲透性反應牆應用之一。

11 第十一章

附件

本作者亦與中國環保部有密切交流，為使讀者與國際將來市場有所了解與銜接，故於本文補充三要點：

1. 法規與制度面
2. 技術與市場
3. 兩岸土壤及地下水用語編撰名詞對照

兩岸土壤污染防治比較

▶▶ 防治法規

台灣現行的「土壤與地下水污染整治法」已實行 14 年之久，而中國則是在近來才即將推行「土壤污染防治行動計畫」，在此之前由環保部所訂定的「污染場地土壤修復技術導則」、「污染場地環境調查技術導則」、「污染場地環境監測技術導則」、「污染場地風險評估技術導則」、「污染場地術語」等五項主要是提供各地的污染場址調查、評估、整治上提供技術引導。因此，中國在土壤污染方面並未有明定的法規和防護體制。

1. 污染場地環境調查技術導則：規定場地中土壤和地下水環境調查的原則、內容、程序和技術要求；適用於場地環境現況調查、污染風險評估和場地修復的環境調查。
2. 污染場地環境監測技術導則：規定污染場地環境監測的原則、程序、工作內容和技術要求；適用於場地環境調查、污染場地風險評估，以及污染場地土壤修復、工程回顧性評估等過程的環境監測；不適用於場地的放射性及致病性生物污染監測。
3. 污染場地土壤修復技術導則：規定污染場地土壤修復技術方案編制的基本原則、程序、內容和技術要求；適用於污染場地土壤修復技術方案的制定；不適用於放射性污染和致病性生物污染場地的土壤修復。
4. 污染場地風險評估技術導則：規定污染場地人體健康風險評估的原則、內容、程序、方法和技術要求；適用於污染場地人體健康風險評估和污染場地土壤和地下水風險控制值的確定；不適用於鉛、放射性物質、致病性生物污染以及農用地土壤污染的風險評估。
5. 污染場地術語：規定與場地環境相關的名詞術語與定義，包括場地基本概

念、場地污染與環境過程、場地調查與環境監測、場地環境風險評估、場地修復和場地環境管理制度六個方面的術語；適用於場地環境保護工作中名詞術語及定義的使用；不適用於放射性污染場地環境管理工作中使用的名詞術語。

▶▶**管制標準：**

台灣土壤污染管制標準

主要是以「毫克／公斤」和「奈克 - 毒性當量／公斤」所制定的管制標準值。

污染物之管制項目及管制標準值如下：

管制項目	管制標準值
重金屬	
砷（As）	60 毫克／公斤
鎘（Cd）	20 毫克／公斤（食用作物農地之管制標準值為 5）
鉻（Cr）	250 毫克／公斤
銅（Cu）	400 毫克／公斤（食用作物農地之管制標準值為 200）
汞（Hg）	20 毫克／公斤（食用作物農地之管制標準值為 5）
鎳（Ni）	200 毫克／公斤
鉛（Pb）	2000 毫克／公斤（食用作物農地之管制標準值為 500）
鋅（Zn）	2000 毫克／公斤（食用作物農地之管制標準值為 600）
有機化合物	
苯（Benzene）	5 毫克／公斤
四氯化碳（Carbon tetrachloride）	5 毫克／公斤
氯仿（Chloroform）	100 毫克／公斤
1,2- 二氯乙烷（1,2-Dichloroethane）	8 毫克／公斤
順 -1,2- 二氯乙烯（cis-1,2-Dichloroethylene）	7 毫克／公斤
反 -1,2- 二氯乙烯（trans-1,2-Dichloroethylene）	50 毫克／公斤
1,2- 二氯丙烷（1,2-Dichloropropane）	0.5 毫克／公斤
1,2- 二氯苯（1,2-Dichlorobenzene）	100 毫克／公斤

1,3-二氯苯（1,3-Dichlorobenzene）	100 毫克／公斤
3,3'-二氯聯苯胺（3,3'-Dichlorobenzidine）	2 毫克／公斤
乙苯（Ethylbenzene）	250 毫克／公斤
六氯苯（Hexachlorobenzene）	500 毫克／公斤
五氯酚（Pentachlorophenol）	200 毫克／公斤
四氯乙烯（Tetrachloroethylene）	10 毫克／公斤
甲苯（Toluene）	500 毫克／公斤
總石油碳氫化合物（TPH）（Total petroleum hydrocarbons）	1000 毫克／公斤
三氯乙烯（Trichloroethylene）	60 毫克／公斤
2,4,5-三氯酚（2,4,5-Trichlorophenol）	350 毫克／公斤
2,4,6-三氯酚（2,4,6-Trichlorophenol）	40 毫克／公斤
氯乙烯（Vinyl chloride）	10 毫克／公斤
二甲苯（Xylenes）	500 毫克／公斤
農　藥	
阿特靈（Aldrin）	0.04 毫克／公斤
可氯丹（Chlordane）	0.5 毫克／公斤
二氯二苯基三氯乙烷（DDT）及其衍生物（4,4'-Dichlorodiphenyl-triichloroethane）	3 毫克／公斤
地特靈（Dieldrin）	0.04 毫克／公斤
安特靈（Endrin）	20 毫克／公斤
飛佈達（Heptachlor）	0.2 毫克／公斤
毒殺芬（Toxaphene）	0.6 毫克／公斤
安殺番（Endosulfan）	60 毫克／公斤
其他有機化合物	
戴奧辛（Dioxins）	1000 奈克-毒性當量／公斤
多氯聯苯（Polychlorinated biphenyls）	0.09 毫克／公斤

▶▶中國土壤環境質量標準

適用範圍劃分為三類：1. 自然保護區、集中式生活飲用水源地、茶園、牧場等，土壤質量基本上與自然背景保持水平。2. 一般農地、牧場等，土壤質量基本上對植物和環境不造成危害和污染。3. 林地、污染容量較大的高背景值土壤、礦產附近的農地土壤，土壤質量基本上對植物和環境不造成危害和污染。

主要依值分為三級，一級標準：保護區域自然生態，維持自然背景、二級標準：保障農業生產，維護人體健康、三級標準：保障農林業生產和植物正常生長。

土壤環境質量標準值

級別 項目 / 土壤pH值	一級 自然背景	二級 < 6.5	二級 6.5～7.5	二級 > 7.5	三級 > 6.5
鎘≤	0.20	0.30	0.30	0.60	1.0
汞≤	0.15	0.30	0.50	1.0	1.5
砷　水田≤	15	30	25	20	30
旱地≤	15	40	30	25	40
銅　農田等≤	35	50	100	100	400
果園≤		150	200	200	400
鉛≤	35	250	300	350	500
鉻　水田≤	90	250	300	350	400
旱地≤	90	150	200	250	300
鋅≤	100	200	250	300	500
鎳≤	40	40	50	60	200
六六六≤	0.05	0.50			1.0
滴滴涕≤	0.05	0.50			1.0

評估調查

根據 2014 年中國環保部所公布之「全國土壤污染狀況調查公報」指出，大陸本土全部農地、部分林地、草地、未利用地及建設用地等，約 630 萬平方公里，16.1% 有土壤污染之虞，其中以農地為大宗，污染物主要有重金屬、農藥。但此報告中並無明確的數據，只以百分比呈現，也沒有詳細的污染場址資料。而後依據參與此報之學研單位所釋資訊之估計，約有 2,000 萬公頃農地有土壤污染之虞，當中有 299 萬公頃為中度或重度土壤污染。

台灣

依據土污法中「土壤污染評估調查人員管理辦法」、「土壤污染評估調查及檢測資料審查收費標準」、「土壤污染評估調查及檢測作業管理辦法」等，內容皆有詳細規範調查人員之訓練、資格證明、評估調查收費標準、調查方法、作業流程等。

中國

依據「污染場地環境調查技術導則」，內容主要是針對污染場地的調查評估分為三階段工作流程之引導。

場址監測

台灣

土污法中明定土壤監測之標準值、背景及與指標水質項目。

中國

「污染場地環境監測技術導則」為指引各項監測之計畫、作業流程，並參照其他標準規範。

名詞術語一覽

以下為中國環保部所訂定之污染場地術語。

場地 site
污染場地 contaminated site
土壤修復 soil remediation
場地修復目標 site remediation goal
修復可行性研究 feasibility study for remediation
修復模式 remediation strategy
場地環境 site environment
場地土壤 soil of contaminated site
場地地下水 groundwater of contaminated site

場地地表水 surface water of contaminated site
場地環境空氣 ambient air of contaminated site
場地殘餘廢氣污染物 on-site residual material
室外空氣 outdoor air
室內空氣 indoor air
關注污染物 contaminant of concern
無機污染物 inorganic pollutant
重金屬 heavy metal
氰化物 cyanide
有機污染物 organic pollutant
農藥 pesticide
持久性有機污染物 persistent organic pollutant, POP
多氯聯苯 polychlorinated biphenyl, PCB
二噁英 dioxin
揮發性有機化合物 volatile organic compound, VOC
半揮發性有機化合物 semivolatile organic compound, SVOC
多環芳烴 polycyclic aromatic hydrocarbon, PAH
苯系物 BTEX（苯 benzene、甲苯 toluene、乙苯 ethylbenzene、二甲苯 xylene）
總石油烴 total petroleum hydrocarbon, TPH

石棉 asbestos
含鉛塗料 lead-based paint
非水相液體 non-aqueous phase liquid, NAPL
高密度非水相液體 dense non-aqueous phase liquid, DNAPL
低密度非水相液體 light non-aqueous phase liquid, LNAPL
地下儲罐 underground storage tank, UST
地上儲罐 aboveground storage tank, AST
土壤性質 soil property
土壤質地 soil texture
土壤 pH soil pH
土壤密度 soil density
土壤孔隙度 soil porosity
土壤有機質 soil organic matter
土壤含水量 soil water content
土壤岩性 soil lithology
地層結構 stratigraohic structure
回填土 backfill soil
表層土 surface soil
淺層土 shallow soil
深層土 deep soil
地下水系統 groundwater system
場地水文地質條件 site hydrogrological condition
含水層 aquifer
透水層 permeable bed

隔水層 aquifuge
飽水帶 saturated zone
非飽水帶 unsaturated zone
毛細帶 capillary zone
上層滯水 perched water
地下水位 water table
地下水埋藏深度 buried depth of groundwater table
水力坡度 hydraulic gradient
滲透系數 permeability coefficient
污染物遷移模型 contaminant transport model
污染擴散區 pollution pliume
場地概念模型 site conception model
場地環境調查 environmental site investigation
場地歷史調查 site history investigation
資料蒐集 date collection
人員訪談 interview
場地利用變遷資料 site-use change information
場地環境資料 site environmental information
場地生產活動相關紀錄 site activity information
自然和社會經濟信息 natural and socio-economic information
場地特徵參數 site-specific parameter
分階段調查 tiered investigation

場地環境初步調查 preliminary site environmental investigation
場地環境詳細調查 detailed site environmental investigation
場地踏勘 site inspection
現場檢測 on-site test
場地環境監測 site environmental monitoring
場地環境調查監測 site investigatioin monitoring
場地治理修復監測 site remediation monitoring
工程驗收監測 engineering acceptance monitoring
場地回顧性評估監測 site monitoring for retrospective assessment
系統隨機布點法 systematic random sampling
專業判斷法 judgemental sampling
分區布點法 stratified sampling
系統布點法 systematic sampling
對照採樣點 reference sampling site
質量保證和質量控制 quality assurance and quality control, QA/QC
風險 risk
健康風險 health risk
致癌風險 cancer risk
非致癌風險 non-cancer risk
生態風險 ecologicial risk

場地風險評估 site risk assessment
場地健康風險評估 health risk assessment
場地生態風險評估 ecological risk assessment
定性風險評估 qualitative risk assessment
定量風險評估 quantitative risk assessment
危害識別 hazard identification
暴露 exposure
暴露情景 exposure scenario
暴露評估 exposure assessment
暴露評估模型 exposure assessment model
暴露途徑 exposure pathway
暴露濃度 exposure concentration
暴露劑量 exposure dose
暴露參數 exposure factor
暴露周期 exposure period
暴露頻率 exposure frequency
終生暴露 lifetime exposure
期望壽命 life expectancy
毒性評估 toxicity assessment
致癌斜率因子 cancer slope factor
風險表徵 risk characterization
危害商 hazard quotient, HQ
危害指數 hazard index
參考濃度 reference concentration, RfC
可接受風險水平 acceptable risk level

土壤篩選值 soil screening value
不確定性分析 uncertainty analysis
不確定性系數 uncertainty factor, UF
受體 receptor
關鍵受體 critical receptor
敏感生面階段 sensitive life stage
生態受體 ecological receptor
敏感環境區 environmental sensitive area
清潔治理 cleanup
土壤修復 soil remediation
原位修復 in-sutu remediation
異位修復 ex-sutu remediation
案例研究 case study
場地修復示範工程 demonstration project for site remediation
場地治理與修復方案 site cleanup and remediation option
修復可行性研究 feasibility study for remediation
成本-效益分析 cost-benefit analysis
決策支持 decision support
修復施工 remedy construction
施工完成階段 construction completion
修復維護 maintenance of remediation
場地修復驗收 site remediation acceptance
污染場地修復工程監理 site remediation supervision

工程控制 engineering control
封裝 encapsulation
圍隔 enclosure
圍堵 containment
帽封 capping
限制 confinement
修復技術 remedial technology
新型技術 innovative technology
成型技術 established technology
物理修復 physical remedation
化學修復 chemical remedation
生物修復 biological remedation
挖掘 - 處置 / 處理 excavation and disposal/treatment
玻璃化作用法 vitrification
電動分離法 electrokinetic separation
土壤氣相抽提法 soil vapor extraction, SVE
熱處理法 thermal treatment
原位熱處理法 in-situ rhermal treatment
異位熱處理法 ex-situ rhermal treatment
熱解吸法 thermal desorption
低溫熱解吸法 low temperature thermal desorption
空氣吹脫法 air stripping
空氣注入法 air sparging
循環井法 circulating well
填埋 landfill

焚燒 incineration
溶劑萃取法 solvent extraction
多相萃取法 multiphase extraction
土壤淋洗法 soil washing
原位土壤沖刷法 in-situ soil flushing
化學氧化法 chemical oxidation
超臨界水氧化法 supercritical water oxidation, SCWO
固化 / 穩定法 solidification/stabilization
生物通風法 biovnting
生物抽除法 bioslurping
生物反應器 bioreactor
可滲透反應牆 permeable reactive barrier, PRB
自然衰減 natural attenuation, NA
土地耕作法 landfarming
堆肥法 composting
生物堆層法 biopiles
植物修復 phytoremediation
污染場地管理 contaminated site management
污然場地申報 contaminated site report
污染場地檔案 contaminated site archive
場地分類 site classification
優先管理場地 priority management site
土地利用限制 restriction on soil use
土地利用分類 land-use classfication

土地利用規畫 land-use planning
土地利用方式變更 land-use change
居住用地 residentaial land
娛樂用地 recreational land
建設用地 construction land
工業用地 industrial land
商業用地 commercial land
專家論政 peer review

污染場地責任人 responsible party
污然責任人付費原則 polluter-pays principle
利益相關方 stakeholder
場地調查評估機構 site investigation and assessment agency
公眾參與 community involvement

引用資料來源：
土壤及地下水污染整治法　台灣環境保護署
污染場地環境調查技術導則　中國環境保護部
污染場地環境監測技術導則　中國環境保護部
污染場地土壤修復技術導則　中國環境保護部
污染場地風險評估技術導則　中國環境保護部
污染場地術語　中國環境保護部
林俊旭、李盈嬌「兩岸土水產業展望分析」　綠色經濟研究中心

　　以下文章引用自「中華經濟研究院綠色經濟研究中心」，其內容概述了中國目前土壤污染的情況與法規制度的推行過程，並對台灣及中國土壤污染之整治市場作分析。

兩岸土水產業展望分析
林俊旭 研究員
李盈嬌 分析師

11.1　摘要

　　人口成長與農地污染導致農田衰減，使中國大陸糧食安全壓力日甚一日，也因此，農地土污整治目前成為中國大陸重要國策之一。依據其在 2014 年 4 月公布的首次「全國土壤污染狀況調查公報」，在範圍達 6.3 億公頃的調查面積

中,有污染之虞者占 16.1%,且以農地為最大宗,據合理估計約有 2,000 萬公頃農地有土污之虞,其中約有 299 萬公頃農地為中度或重度土壤污染,恐需進行污染整治,相較之下,臺灣目前列管污染農地僅 300 多公頃,未來在中國大陸潛在新增土污農地數量大,也顯示中國大陸土污整治市場商機廣大。從土水產業市場角度,臺灣土污整治市場雖遠小於中國大陸,但臺灣「土污法」規範實施已 10 年餘,且政府頗為重視農地土污應變、善後管理與整治,因此已發展出有相對比較優勢的土污整治技術與土污產業,加以臺灣與中國大陸皆為小農農業型態,因此中國大陸農地之土污整治需求可能是臺灣土水產業進軍中國大陸市場的利基。而中國大陸相關法規、市場進入障礙、其他國家外商競爭,以及兩岸相關技術合作或轉移策略,均是臺灣土水產業若進軍中國大陸市場時,需重視與掌握之處。

前言

土壤污染近年逐漸成為中國大陸生活品質與產業發展之隱憂,尤其農地污染導致的農作減產或農地退化問題,讓中國大陸沉重的糧食安全壓力更是雪上加霜。為因應如此嚴峻的環境經濟課題,也為及早掌握土污整治衍生的巨大商機,2014 年年初,中國大陸政府於全國環境工作會議中將土壤污染整治、空污整治,以及水污整治並列為國家三大重要環保工作項目。同年 3 月,中國大陸環保部通過「土壤污染防制行動計劃」,明確提出至 2020 年完成中國大陸全國農地之土壤污染整治及復育;同年 4 月,中國大陸環境保護部與國土資源部又聯合公布《全國土壤污染狀況調查公報》,進一步勾勒出中國大陸土污整治市場的需求圖像。

內容

中國大陸甫於今(2014)年 4 月公布「全國土壤污染狀況調查公報」,該調查自 2005 年 4 月至 2013 年 12 月,歷時八年餘,為中國大陸首次進行全國性土污調查,調查範圍含括中國大陸本土全部農地、部分林地、草地、未利用地,以及建設用地,實際調查面積約 630 萬平方公里,其中有土壤污染之虞者占 16.1%,且以農地為最大宗。然而中國大陸此份調查報告有諸多語焉不詳之處,包括數據皆僅以百分比呈現,因而各類土地實際土污面積大小、實情並不明朗。依據參與《全國土壤污染狀況調查公報》之學研單位先前釋出的資訊合理估計,約有 2,000 萬公頃農地有土污之虞,其中約有 299 萬公頃農地為中度

或重度土壤污染，恐需進行土污整治。這些農地污染以重金屬、農藥為主。為此，中國大陸已在「十二五」計畫中，規劃大量經費與人力投入土污調查及整治工作。2011 年，中國大陸環保部、國土資源部與水利部聯合發布《全國地下水污染防治規劃（2011-2020 年）》；2012 年年底，中國大陸環境保護部、工業和信息化部、國土資源部，以及住房和城鄉建設部再連袂發布《關於保障工業企業場地再開發利用環境安全的通知》，提出排渣、防治、修復與驗收等要求。2013 年 1 月，中國大陸國務院則發布《近期土壤環境保護和綜合防治工作安排》，工作目標包含在 2015 年以前建立嚴格的農地和民生用水水源地土壤環保規範，包括建置土壤環境品質定期調查和例行監測制度，且能對全國 60% 農地和用水量達 50 萬人以上之民生用水水源地，進行常態性土壤品質監測，並於 2020 年完成建置全國土壤環境保護制度體系。

除了調查、監測與法規外，中國大陸因為土壤污染整治需求引發的商機，也開始陸續浮現檯面。雖尚無明確的土壤污染場址數量資料，但業內人士估計中國大陸目前約有 50 萬處之潛在土地污染區，其中許多污染區係污染面積大、污染深，且污染成分複雜的整治棘手之地；華南等地區因開發較早，開發程度較高之地區的污染場址數量及污染程度明顯高於其他地區，大約有 1/5 甚至更多因中國大陸之都市化政策和工廠外遷而遭廢棄的原址工廠污染場址，數量頗多。此外，中國大陸人口成長與土壤污染，使其糧食安全壓力日深，為因應保有農地面積，盡量不變更農地來開發工業區之政策趨勢，污染土地再利用的市場需求也大增，這又是中國大陸土壤污染整治另一面向的商機。

具土水業界保守估計，2015 年中國大陸土污整治市場規模將達到每年 400 億元人民幣（約為美國同類市場規模年產值之 1/10）。在此龐大商機下，不但美國、日本土污整治相關企業蠢蠢欲動，連荷蘭 DHV 集團等歐洲土污整治領導廠商，也已先用土污整治設備與技術諮詢顧問機構方式，在中國大陸土污整治市場投石問路。而中國大陸本土業者，也積極展開與外商土污整治企業之技術合作。2012 年，「中國環境修復產業聯盟」在北京市成立，不但積極參與規劃政府相關法規、管理制度建置，且企圖打造土污整治產業鏈上下游之產業聚落，甚至意欲進行土污整治產業體系之垂直整合。除了中國大陸土污整治工程界外，就連中國大陸之證券市場也日益關注土污整治概念股的價格潛力。目前中國大陸 A 股土污整治相關上市公司包括永清環保企業、鐵漢生態、維爾利、

天瑞儀器、格林美，以及華測檢驗等。其中，永清環保公司尤其積極，不但自行研發出重金屬土壤復原藥劑，並在湖南省成立子公司商轉該藥劑，此外，還與江西省政府及該省鋼鐵集團簽訂「合同環境服務協議書」，主要內容即為提供土壤污染整治相關服務。

除了產業界，諸如中國科學院地理科學與環境資源研究所和南京土壤所，以及清華大學環境學院等中國大陸理工領域學界，也開始關注並提出土污整治市場規範制定建議。中國大陸農業部也開始推動土污整治與農業復育合作之試點計畫。在可預期之龐大商機下，土壤整治技術人才也受到關注，「土壤修復工程師」、「地下水污染修復工程師」已被視為2014年中國大陸最熱門之職業。不過，中國大陸之土污整治產業尚在起步階段，雖其近年陸資土污整治公司迅速成長，但技術水準參差不齊，甚且在整治中造成二次土壤污染情事所在多有。

依據「中國修復網」之相關資料統計，2011年中國大陸新增之土污修復陸資企業有20多家，2012年新增之土污修復陸資企業達到80多家，截至2012年底，全中國大陸約有150多家土污修復陸資企業；截至2013年年底之統計，土污修復陸資企業數量已經達到300多家。然而，家數成長快速，從業者之土污整治專業技術水準卻參差不齊，可說產業領域之能力建構速度遠遠落後行業之成長擴大速度。

結論

中國大陸因嚴重之工業污染導致農地面積消退，加重糧食安全危機，也因此催生大量之土壤污染整治需求，尤其是農地的土壤污染整治需求。相較中國大陸，臺灣目前列管中土污農地約300多公頃，未來可能潛在新增土污農地約達數千公頃，相形下中國大陸土污整治市場商機顯得非常廣大。就土水產業市場角度，臺灣土污整治市場雖遠小於中國大陸，但臺灣受「土污法」規範10年餘，且政府頗為重視農地土污應變、善後管理與整治，因此逐漸發展出有相對比較優勢的土污整治技術與土污產業，加以臺灣與中國大陸皆為小農農業型態，因此中國大陸農地之土污整治需求可能將是臺灣土水產業進軍中國大陸市場的利基。然與此同時，中國大陸相關法規仍屬起步階段，不論主制度或配套規定大多尚未建置，若有也多未臻完善。雖有強烈的政策宣示，但實際的土污管理原則也尚不明確，不但中央、省市與地方之土污管理架構尚未確立，中國

大陸國土部門、規劃部門掌握污染土地品質和風險的程度也不夠具體明確，同時地方政府之土污管理能力也有嚴重的城鄉落差；至於中國大陸政府對於土污緊急應變相關制度或即時資訊掌握之能力，更是朦朧未明。

此外，土壤污染整治因牽涉土地產權，在中國大陸土地國有化制度下，加之前述所列舉諸如永清環保公司等陸資土污整治領導企業案例中，所呈顯現的土污整治相關服務模式，可發現在中國大陸進行土污整治的客戶對象其實便是公部門，這將是與一般臺商對中國大陸投資之事業領域有所不同之處。此外，中國大陸本土產業與相關學界已介入相關土污整治產業管理法規之制定，等於在市場進入上（制度層面），臺商可能遭遇不盡公平之規範競爭。此外，在整治技術研發上，土水整治產業臺商可能又將遭遇其他國家外商競爭，以及需考量兩岸相關技術在合作或轉移時，如何保護我國既有優勢技術和智慧財產權，這些都是臺灣土水產業若進軍中國大陸市場時，需預先重視與掌握之處。

≫ 建議

臺灣土水產業發展起步早於中國大陸，因此中國大陸農地之土污整治需求可能將是臺灣土水產業進軍中國大陸市場的利基。

中國大陸土污整治相關法規與配套規定多未臻完善，土污管理能力也有嚴重的城鄉落差，國土部門、規劃部門掌握污染土地品質和風險的程度也不夠具體明確，這些不確定性會造成臺商進軍中國大陸土污整治市場的重大風險，需事先嚴加重視評估。

中國大陸的「所有權」制度不同於一般民主國家，土地若非國有便是集體所有，顯見中國大陸土污整治市場之客戶絕大多為公部門，對應模式將與一般商業市場不同，這也是土污臺商產業進軍中國大陸需事先重視評估的風險與契機所在。

中國大陸土污整治產業將可能具有通路、法規制定參與者等競爭優勢，土污臺商產業進軍中國大陸需關注市場進入不公的競爭課題。

兩岸土污整治技術之合作與「know how」保護，將是土污臺商產業進軍中國大陸不可不仔細評估的重要課題。

≫ 參考文獻

「土壤污染防制行動計劃」，中國大陸環保部，2014/3/18。

「全國土壤污染狀況調查公報」，中國大陸環保部，2014/4/17。

「洋機構搶灘土壤修復市場」，中國大陸解放日報，2013/6/23。
北控水務（2012），「環境修復或將成環保產業新增長點」，北控水務集團有限公司。
何建仁（2013），「大型污染場地環境整治的問題、實踐與對策」，行政院環保署。
鄭岩（2012），「污染場地修復環保產業新增長點」，中國水網研究院。

11.2　土壤及地下水污染整治相關法規一覽（僅列重要、常出現的）

A. 法律（母法）
1. 土壤及地下水污染整治法（99.02.03.修正）

B. 法規命令
2. 土壤及地下水污染整治法施行細則（99.12.31.修正）
4. 土壤及地下水污染整治費收費辦法（100.03.07.修正）
5. 土壤污染管制標準（100.01.31.修正）
6. 地下水污染管制標準（102.12.18.修正）
7. 目的事業主管機關檢測土壤及地下水備查作業辦法（100.01.13.訂定）
8. 土壤污染監測標準（100.01.31.訂定）
9. 地下水污染監測標準（102.12.18.修正）
10. 土壤底泥及地下水污染物檢驗測定品質管制準則（100.09.08.訂定）
11. 土壤污染評估調查及檢測作業管理辦法（100.10.21.訂定）
12. 底泥品質指標之分類管理及用途限制辦法（101.01.04.訂定）
13. 土壤及地下水污染整治基金補助研究及模場試驗專案作業辦法（101.10.22.訂定）
14. 土壤及地下水污染場址初步評估暨處理等級評定辦法（102.04.24.訂定）
15. 目的事業主管機關檢測底泥品質備查作業辦法（102.07.15.訂定）
16. 土壤及地下水污染整治場址環境影響與健康風險評估辦法（102.10.31.訂定）

C. 行政規則

1. 土壤及地下水污染整治費收費辦法之免徵比例審理原則（91.07.17.訂定）
2. 執行土壤及地下水污染整治法分期繳納實施要點（102.01.03.修正）
3. 土壤及地下水污染控制場址進行污染改善推動執行要點（92.12.30.訂定）
4. 土壤及地下水污染場址健康風險評估評析方法及撰寫指引（95.04.26.訂定）
5. 「土壤及地下水污染整治法施行細則」第八條第一項有關「限期採取適當措施」適用原則及期限認定方式補充規定（97.08.12.訂定）
6. 土壤及地下水污染場址改善審查及監督作業要點（98.01.23.訂定）
7. 違反土壤及地下水污染整治法裁罰基準（101.04.17.修正）
8. 農地土壤污染控制場址停耕補償補助原則（103.01.28.修正）
9. 土壤及地下水污染整治基金代為支應費用求償案件列管作業原則（99.03.08.訂定）
10. 土壤及地下水污染整治基金管理會設置要點（100.06.24.修正）
11. 場置性地下水監測井設置及後續處理處置原則（99.04.26.訂定）
12. 地下水水質監測井廢井作業規範（99.04.26.訂定）
13. 土壤及地下水污染整治法修正公布施行後過渡時期執行要點（99.05.05.訂定）
14. 處理農地污染事件標準作業原則（101.07.16.修正）
15. 土壤及地下水監測資訊整合作業要點（99.12.02.訂定）
16. 場址污染範圍與管制區之劃定及公告作業原則（100.02.23.訂定）
17. 目的事業主管機關檢測土壤及地下水資料格式（100.03.01.訂定）
18. 土壤污染管制區內土地利用行為之申辦作業要點（100.06.22.訂定）
19. 土壤及地下水污染整治法相關法規及環境教育講習執行要點（100.06.28.訂定）
20. 地下水污染事件提供民眾必要替代飲水或接裝自來水作業要點（100.08.12.訂定）
21. 土壤及地下水污染研究與技術提昇補（捐）助計畫申請作業須知（100.08.29.訂定）

22. 土壤及地下水污染整治費審理原則（102.04.22.訂定）
23. 投保環境損害責任險或等同效益保險及新投資於預防土壤地下水污染有直接效益之設備或工程退費審核作業原則（102.11.21 訂定）
24. 地下水水質監測井設置作業原則（102.12.25.訂定）
25. 行政院環境保護署補助地方環保機關辦理土壤及地下水污染調查查證與評估工作作業要點（103.03.13.訂定）
26. 配合作物耕作期程執行農地污染調查作業實施要點（103.04.02.訂定）
27. 土壤及地下水汙染場址環境影響與健康風險評估小組設置要點（103.05.26.訂定）
28. 因自然環境產生場址之環境影響與健康風險、技術及經濟效益評估方法及撰寫指引（103.10.09.訂定）
29. 土壤、地下水污染整治場址風險評估結果研訂整治目標作業指引（103.11.10.訂定）
30. 行政院環境保護署核付潛在污染責任人支出費用作業要點（104.02.04.訂定）

11.3　土壤污染管制標準

中華民國 90 年 11 月 21 日行政院環境保護署環署水字第 0073684 號令
中華民國 97 年 5 月 1 日行政院環境保護署環署土字第 0970031435 號令修正發布第四條、第七條
中華民國 100 年 1 月 31 日行政院環境保護署環署土字第 1000008495 號令修正發布第一條、第二條

第一條　本標準依「土壤及地下水污染整治法」第六條第二項規定訂定之。

第二條　本標準所列土壤中物質濃度，受區域土壤地質條件及環境背景因素影響，經具體科學性數據研判非因外來污染而達本標準所列污染物項目之管制值，得經中央主管機關同意後，不適用本標準。

第三條　本標準專用名詞定義如下：
　　　　一、毫克／公斤：指每一公斤土壤中（乾基）所含污染物之毫克數。
　　　　二、奈克 - 毒性當量／公斤：指每一公斤土壤中（乾基）所含之污染物奈克 - 毒性當量（TEQ）數。

第四條　（刪除）

第五條　污染物之管制項目及管制標準值如下：

管制項目	管制標準值
重金屬	
砷（As）	60 毫克／公斤
鎘（Cd）	20 毫克／公斤（食用作物農地之管制標準值為 5）
鉻（Cr）	250 毫克／公斤
銅（Cu）	400 毫克／公斤（食用作物農地之管制標準值為 200）
汞（Hg）	20 毫克／公斤（食用作物農地之管制標準值為 5）
鎳（Ni）	200 毫克／公斤
鉛（Pb）	2000 毫克／公斤（食用作物農地之管制標準值為 500）
鋅（Zn）	2000 毫克／公斤（食用作物農地之管制標準值為 600）
有機化合物	
苯（Benzene）	5 毫克／公斤
四氯化碳（Carbon tetrachloride）	5 毫克／公斤
氯仿（Chloroform）	100 毫克／公斤
1,2- 二氯乙烷（1,2- Dichloroethane）	8 毫克／公斤
順 -1,2- 二氯乙烯（cis-1,2-Dichloroethylene）	7 毫克／公斤
反 -1,2- 二氯乙烯（trans-1,2- Dichloroethylene）	50 毫克／公斤
1,2- 二氯丙烷（1,2- Dichloropropane）	0.5 毫克／公斤
1,2- 二氯苯（1,2- Dichlorobenzene）	100 毫克／公斤
1,3- 二氯苯（1,3- Dichlorobenzene）	100 毫克／公斤
3,3'- 二氯聯苯胺（3,3'- Dichlorobenzidine）	2 毫克／公斤
乙苯（Ethylbenzene）	250 毫克／公斤
六氯苯（Hexachlorobenzene）	500 毫克／公斤
五氯酚（Pentachlorophenol）	200 毫克／公斤
四氯乙烯（Tetrachloroethylene）	10 毫克／公斤
甲苯（Toluene）	500 毫克／公斤
總石油碳氫化合物（TPH）（Total petroleum hydrocarbons）	1000 毫克／公斤
三氯乙烯（Trichloroethylene）	60 毫克／公斤
2,4,5- 三氯酚（2,4,5-Trichlorophenol）	350 毫克／公斤
2,4,6- 三氯酚（2,4,6-Trichlorophenol）	40 毫克／公斤
氯乙烯（Vinyl chloride）	10 毫克／公斤
二甲苯（Xylenes）	500 毫克／公斤

農藥	
阿特靈（Aldrin）	0.04 毫克／公斤
可氯丹（Chlordane）	0.5 毫克／公斤
二氯二苯基三氯乙烷（DDT）及其衍生物（4,4'-Dichlorodiphenyl-triichloroethane）	3 毫克／公斤
地特靈（Dieldrin）	0.04 毫克／公斤
安特靈（Endrin）	20 毫克／公斤
飛佈達（Heptachlor）	0.2 毫克／公斤
毒殺芬（Toxaphene）	0.6 毫克／公斤
安殺番（Endosulfan）	60 毫克／公斤
其他有機化合物	
戴奧辛（Dioxins）	1000 奈克-毒性當量／公斤
多氯聯苯（Polychlorinated biphenyls）	0.09 毫克／公斤

第六條　前條管制項目中，戴奧辛管制標準值之濃度，以檢測附表所列各項戴奧辛污染物所得濃度，乘以其國際毒性當量因子（I-TEF）之總和計算之，並以毒性當量（TEQ）表示。

第七條　事業及其所屬公會或環境保護相關團體得提出具體科學性數據、資料，供中央主管機關作為本標準修正之參考。

第八條　本標準自發布日施行。

11.4　地下水污染管制標準

　　中華民國 102 年 12 月 18 日行政院環境保護署環署土字第 1020109478 號令修正發布 全文共七條

第一條　本標準依土壤及地下水污染整治法第六條第二項規定訂定之。

第二條　本標準所列地下水中物質濃度，受區域水文地質條件及環境背景因素影響，經研判非因外來污染而達本標準所列污染物項目之管制值，得經中央主管機關同意後，不適用本標準。

第三條　地下水分為下列二類：
　　　　一、第一類：飲用水水源水質保護區內之地下水。

二、第二類：第一類以外之地下水。

第四條　污染物之管制項目及管制標準值（濃度單位：毫克／公升）如下：

管制項目	管制標準值 第一類	管制標準值 第二類	備註
單環芳香族碳氫化合物			
苯 (Benzene)	0.0050	0.050	
甲苯 (Toluene)	1.0	10	
乙苯 (Ethylbenzene)	0.70	7.0	
二甲苯 (Xylenes)	10	100	
多環芳香族碳氫化合物			
萘 (Naphthalene)	0.040	0.40	
氯化碳氫化合物			
四氯化碳 (Carbon tetrachloride)	0.0050	0.050	
氯苯 (Chlorobenzene)	0.10	1.0	
氯仿 (Chloroform)	0.10	1.0	
氯甲烷 (Chloromethane)	0.030	0.30	
1,4- 二氯苯 (1,4-Dichlorobenzene)	0.075	0.75	
1,1- 二氯乙烷 (1,1-Dichloroethane)	0.85	8.5	
1,2- 二氯乙烷 (1,2-Dichloroethane)	0.0050	0.050	
1,1- 二氯乙烯 (1,1-Dichloroethylene)	0.0070	0.070	
順 -1,2- 二氯乙烯 (cis-1,2-Dichloroethylene)	0.070	0.70	
反 -1,2- 二氯乙烯 (trans-1,2-Dichloroethylene)	0.10	1.0	
2,4,5- 三氯酚 (2,4,5-Trichlorophenol)	0.37	3.7	
2,4,6- 三氯酚（2,4,6-Trichlorophenol）	0.01	0.1	
五氯酚（Pentachlorophenol）	0.008	0.08	
四氯乙烯（Tetrachloroethylene）	0.0050	0.050	
三氯乙烯（Trichloroethylene）	0.0050	0.050	
氯乙烯（Vinyl chloride）	0.0020	0.020	
二氯甲烷（Dichloromethane）	0.0050	0.050	
1,1,2- 三氯乙烷（1,1,2-Trichloroethane）	0.0050	0.050	

1,1,1-三氯乙烷（1,1,1-Trichloroethane）	0.20	2.0	
1,2-二氯苯（1,2-Dichlorobenzene）	0.6	6.0	
3,3'-二氯聯苯胺（3,3'-Dichlorobenzidine）	0.01	0.1	
農藥			
2,4-地（2,4-D）	0.070	0.70	
加保扶（Carbofuran）	0.040	0.40	
可氯丹（Chlordane）	0.0020	0.020	
大利松（Diazinon）	0.0050	0.050	
達馬松（Methamidophos）	0.020	0.20	
巴拉刈（Paraquat）	0.030	0.30	
巴拉松（Parathion）	0.022	0.22	
毒殺芬（Toxaphene）	0.0030	0.030	
重金屬			
砷（As）	0.050	0.50	依附件「地下水背景砷濃度潛勢範圍及來源判定流程」判定
鎘（Cd）	0.0050	0.050	
鉻（Cr）	0.050	0.50	
銅（Cu）	1.0	10	
鉛（Pb）	0.010	0.10	
汞（Hg）	0.0020	0.020	
鎳（Ni）	0.10	1.0	
鋅（Zn）	5.0	50	
銦（In）	0.07	0.7	針對製程使用含銦、鉬原料之行業辦理污染潛勢調查時需檢測項目
鉬（Mo）	0.07	0.7	

一般項目		
硝酸鹽氮（以氮計）（Nitrate as N）	10	100
亞硝酸鹽氮（以氮計）（Nitrite as N）	1.0	10
氟鹽（以 F- 計）（Fluoride as F-）	0.8	8.0
其他污染物		
甲基第三丁基醚 （Methyl tert-butyl ether, MTBE）	0.1	1.0
總石油碳氫化合物 （Total Petroleum Hydrocarbons, TPH）	1.0	10
氰化物（以 CN- 計）（Cyanide as CN-）	0.050	0.50

第五條　前條所列污染物之管制項目，得由各級主管機關依區域特性、調查目的、運作方式，評估、選擇及核定最適當之檢測項目與 調查範圍。

第六條　事業及其所屬公會或環境保護相關團體得提出具體科學性數據、資料，供中央主管機關作為本標準修正之參考。

第七條　本標準自發布日施行。本標準中華民國一百零二年十二月十八日修正之條文，自一百零三年一月一日施行。

11.5　土壤及地下水污染整治法

中華民國 99 年 2 月 3 日公布

總　則

第一條　為預防及整治土壤及地下水污染，確保土地及地下水資源永續利用，改善生活環境，維護國民健康，特制定本法。

第二條　本法用詞，定義如下：

　　　　一、土壤：指陸上生物生長或生活之地殼岩石表面之疏鬆天然介質。

　　　　二、地下水：指流動或停滯於地面以下之水。

　　　　三、底泥：指因重力而沉積於地面水體底層之物質。

　　　　四、土壤污染：指土壤因物質、生物或能量之介入，致變更品質，有影響其正常用途或危害國民健康及生活環境之虞。

　　　　五、地下水污染：指地下水因物質、生物或能量之介入，致變更品質，有影響其正常用途或危害國民健康及生活環境之虞。

六、底泥污染：指底泥因物質、生物或能量之介入，致影響地面水體生態環境與水生食物的正常用途或危害國民健康及生活環境之虞。

七、污染物：指任何能導致土壤或地下水污染之外來物質、生物或能量。

八、土壤污染監測標準：指基於土壤污染預防目的，所訂定須進行土壤污染監測之污染物濃度。

九、地下水污染監測標準：指基於地下水污染預防目的，所訂定須進行地下水污染監測之污染物濃度。

十、土壤污染管制標準：指為防止土壤污染惡化，所訂定之土壤污染管制限度。

十一、地下水污染管制標準：指為防止地下水污染惡化，所訂定之地下水污染管制限度。

十二、底泥品質指標：指基於管理底泥品質之目的，考量污染傳輸移動特性及生物有效累積性等，所訂定分類管理或用途限制之限度。

十三、土壤污染整治目標：指基於土壤污染整治目的，所訂定之污染物限度。

十四、地下水污染整治目標：指基於地下水污染整治目的，所訂定之污染物限度。

十五、污染行為人：指因有下列行為之一而造成土壤或地下水污染之人：

　㈠洩漏或棄置污染物。

　㈡非法排放或灌注污染物。

　㈢仲介或容許洩漏、棄置、非法排放或灌注污染物。

　㈣未依法令規定清理污染物。

十六、潛在污染責任人：指因下列行為，致污染物累積於土壤或地下水，而造成土壤或地下水污染之人：

　㈠排放、灌注、滲透污染物。

　㈡核准或同意於灌排系統及灌區集水區域內排放廢污水。

十七、污染控制場址：指土壤污染或地下水污染來源明確之場址，其污染物非自然環境存在經沖刷、流布、沉積、引灌，致該污染物達土壤或地下水污染管制標準者。

十八、污染整治場址：指污染控制場址經初步評估，有嚴重危害國民健康及生活環境之虞，而經中央主管機關審核公告者。

十九、污染土地關係人：指土地經公告為污染控制場址或污染整治場址時，非屬於污染行為人之土地使用人、管理人或所有人。

二十、污染管制區：指視污染控制場址或污染整治場址之土壤、地下水污染範圍或情況所劃定之區域。

第三條　本法所稱主管機關：在中央為行政院環境保護署；在直轄市為直轄市政府；在縣（市）為縣（市）政府。

第四條　本法所定中央主管機關之主管事項如下：
一、全國性土壤、底泥及地下水污染預防與整治政策、方案、計畫之規劃、訂定、督導及執行。
二、全國性土壤及地下水污染之監測及檢驗。
三、土壤、底泥及地下水污染整治法規之訂定、研議及釋示。
四、直轄市或縣（市）主管機關土壤、底泥及地下水污染預防、監測與整治工作之監督、輔導及核定。
五、涉及二直轄市或縣（市）以上土壤、底泥及地下水污染整治之協調。
六、土壤及地下水污染整治基金之管理。
七、土壤、底泥及地下水污染檢測機構之認可及管理。
八、土壤、底泥及地下水污染預防與整治之研究發展及宣導。
九、土壤、底泥及地下水污染整治之國際合作、科技交流及人員訓練。
十、其他有關全國性土壤、底泥及地下水污染之管理、預防及整治。

第五條　本法所定直轄市、縣（市）主管機關之主管事項如下：
一、轄內土壤、底泥及地下水污染預防與整治工作實施方案、計畫之規劃、訂定及執行。
二、轄內土壤、底泥及地下水污染整治自治法規之訂定及釋示。
三、轄內土壤及地下水污染預防、監測及整治工作之執行事項。

四、轄內土壤、底泥及地下水污染預防與整治之研究發展及宣導。
五、轄內土壤、底泥及地下水污染預防及整治之人員訓練。
六、其他有關轄內土壤、底泥及地下水污染之管理、預防及整治。

11.6　土壤及地下水污染控制場址初步評估辦法

中華民國九十二年五月七日行政院環境保護署環署土字第○九二○○三一九二五號令訂定發布全文七條
中華民國95年3月29日行政院環境保護署環署土字第0950023629號令修正發布全文八條

第一條　本辦法依土壤及地下水污染整治法（以下簡稱本法）第十一條第三項規定訂定之。

第二條　控制場址經初步評估後，具有下列各款情形之一者，所在地主管機關應報請中央主管機關審核後公告為整治場址：
一、控制場址之單一污染物最高濃度達土壤或地下水污染管制標準二十倍。
二、依土壤污染評分（Ts）及地下水污染評分（Tgw）計算污染總分P值達二十分以上。
三、控制場址位於飲用水水源水質保護區內、飲用水取水口之一定距離內或水庫集水區內。
四、控制場址位於國家公園、野生動物保護區、敏感性自然生態保育地或稀有或瀕臨絕種之動、植物棲息地。
五、控制場址位於風景特定區或森林遊樂區。
六、控制場址位於學校、公園、綠地或兒童遊樂場。
七、其他經中央主管機關指定公告重大污染情形。前項初步評估之評估表如附表一。

第三條　本辦法之土壤污染評分（Ts）為土壤污染物濃度達土壤污染管制 標準之倍數總和（ΣTsi），其計算方式如下：
$Ts = \Sigma Tsi = C_1/S_1 + C_2/S_2 + \cdots\cdots + C_n/S_n$
Ci：達土壤污染管制標準第 i 種污染物濃度，i＝1,2……n
Si：第 i 種土壤污染物管制標準，i＝1,2……n
前項計算方式如附表二。

第四條　本辦法之地下水污染評分（Tgw）為地下水污染物濃度達地下水污染管制標準之倍數總和（ΣTgwi），其計算方式如下：

$T\,gw = \Sigma Tgwi = C_1/S_1 + C_2/S_2 + \cdots\cdots + Cn/Sn$

Ci：達地下水污染管制標準第 i 種污染物濃度，i=1,2……n

Si：第 i 種地下水污染物管制標準，i=1,2……n

前項計算方式如附表三。

第五條　本辦法污染總分 P 值之計算方式如下：

$$P = \sqrt{\frac{T_s^{\,2} + T_{gw}^{\,2}}{2}}$$

第六條　控制場址符合第二條第一項規定者，所在地主管機關得通知場址污染行為人及土地使用人、管理人或所有人申請辦理健康風險評估。

受通知人於通知送達後二週內，得向所在地主管機關申請辦理健康風險評估，並於核准後四個月內提送健康風險評估報告送請審查。所在地主管機關應於受理後三個月內完成審查，並將審查結論報請中央主管機關備查。

控制場址有下列情形之一者，不適用前項之規定：

一、依第二條第一項第一款規定，其總酚、硝酸鹽氮或亞硝酸鹽氮任一污染物濃度達土壤、地下水污染管制標準二十倍。

二、符合第二條第一項第四款或第七款規定。

健康風險評估之危害鑑定、劑量反應評估、暴露量評估、風險特徵描述等方法及報告撰寫格式，由中央主管機關定之。為審查健康風險評估，所在地主管機關應設置健康風險評估審查委員會，邀集相關單位、代表及專家學者組成；其中專家學者人數不得少於二分之一。

第七條　健康風險評估報告經審查其致癌風險低於百萬分之一且非致癌風險低於一者，所在地主管機關無須報請中央主管機關公告為整治場址。但該場址仍應依本法控制場址相關規定辦理。

第八條　本辦法自發布日施行。

11.7 附表一　控制場址初步評估表

場址名稱：＿＿＿＿＿＿＿＿＿＿＿＿＿＿＿＿＿＿＿＿＿＿＿＿＿＿＿＿＿＿

場址地址：＿＿＿＿＿＿＿＿＿＿＿＿＿＿＿＿＿＿＿＿＿＿＿＿＿＿＿＿＿＿

評估控制場址污染狀況	是	否
一、控制場址位於飲用水水源水質保護區內、飲用水取水口之一定距離內或水庫集水區內。	☐	☐
二、控制場址位於國家公園、野生動物保護區、敏感性自然生態保育地或稀有或瀕臨絕種之動、植物棲息地。	☐	☐
三、控制場址位於風景特定區或森林遊樂區。	☐	☐
四、控制場址位於學校、公園、綠地或兒童遊樂場。	☐	☐
五、其他經中央主管機關指定公告重大污染情形。	☐	☐
六、控制場址之單一污染物最高濃度達土壤或地下水污染管制標準二十倍以上。若勾選是，請列出污染物名稱及其倍數值。	☐	☐

土壤		地下水	
污染物名稱	倍數	污染物名稱	倍數

	是	否
七、依下述方式計算污染總分 P 值。P 值是否達二十分以上？	☐	☐

依附表二計算土壤污染評分（T_s）。T_s ＝＿＿＿＿＿＿（土壤污染物濃度未達管制標準時，則 T_s 以 0 分計）依附表三計算地下水污染評分（T_{gw}）。T_{gw} ＝＿＿＿＿＿＿（地下水污染物濃度未達管制標準時，則 T_{gw} 以 0 分計）

$$P = \sqrt{\frac{T_s^2 + T_{gw}^2}{2}}$$

評估結果
一、上述評估項目中任一項有勾選「是」者，此場址勾選為「整治場址」。
二、上述評估項目中皆為「否」者，此場址勾選為「控制場址」

☐ 控制場址	☐ 整治場址
評估單位：	審核單位：
評 估 人：	審 核 人：

註：本表 T_s、T_{gw} 及 P 值須四捨五入後取至小數點第一位。

11.8　附表二　土壤污染評分表

場址名稱：＿＿＿＿＿＿＿＿＿＿＿＿＿＿＿＿＿＿＿＿＿＿＿＿＿＿

污染物項目		土壤污染管制標準 S_i（mg/kg）	達管制標準之土壤污染物濃度 C_i (mg/kg)	達管制標準之倍數 $T_{gwi}=\dfrac{C_i}{S_i}$
重金屬類	As（砷）	60		
	Cd（鎘）	20（食用農地為 5）		
	Cr（鉻）	250		
	Cu（銅）	400（食用農地為 200）		
	Hg（汞）	20（食用農地為 5）		
	Ni（鎳）	200		
	Pb（鉛）	2000（食用農地為 500）		
	Zn（鋅）	2000（食用農地為 600）		
有機化合物類	苯（Benzene）	5		
	四氯化碳（Carbon tetrachloride）	5		
	氯仿（Chloroform）	100		
	1,2- 二氯乙烷（1,2- Dichloroethane）	8		
	順 -1,2- 二氯乙烯（cis-1,2-Dichloroethylene）	7		
	反 -1,2- 二氯乙烯（trans-1,2-Dichloroethylene）	50		
	1,2- 二氯丙烷（1,2D- ichloropropane）	0.5		
	1,2- 二氯苯（1,2-Dichlorobenzene）	100		
	1,3- 二氯苯（1,3-Dichlorobenzene）	100		
	3,3'- 二氯聯苯胺（3,3'-Dichlorobenzidine）	2		
	乙苯（Ethylbenzene）	250		
	六氯苯（Hexachlorobenzene）	500		
	五氯酚（Pentachlorophenol）	200		
	四氯乙烯（Tetrachloroethylene）	10		

11.8　附表二　土壤污染評分表（續）

場址名稱：_____

污染物項目		土壤污染管制標準 S_i（mg/kg）	達管制標準之土壤污染物濃度 C_i（mg/kg）	達管制標準之倍數 $T_{gwi}=\dfrac{C_i}{S_i}$
有機化合物類	甲苯（Toluene）	500		
	總石油碳氫化合物（TPH）（Total petroleum hydrocarbons）	1000		
	三氯乙烯（Trichloroethylene）	60		
	2,4,5-三氯酚（2,4,5-Trichlorophenol）	350		
	2,4,6-三氯酚（2,4,6-Trichlorophenol）	40		
	氯乙烯（Vinyl chloride）	10		
	二甲苯（Xylenes）	500		
	阿特靈（Aldrin）	0.04		
	可氯丹（Chlordane）	0.5		
農藥類	二氯二苯基三氯乙烷（DDT）及其衍生物（4,4'-Dichlorodiphenyl-trichloroethane）	3		
	地特靈（Dieldrin）	0.03		
	安特靈（Endrin）	20		
	飛佈達（Heptachlor）	0.2		
	毒殺芬（Toxaphene）	0.6		
	安殺番（Endosulfan）	60		
其他有機化合物類	戴奧辛（Dioxins）	100（ng-TEQ/kg）		
	多氯聯苯（Polychlorinated biphenyls）	0.09		
土壤污染評分（T_s）等於上列達管制標準之倍數總和				$T_s =$

註：本表 T_{si} 及 T_s 須四捨五入後取至小數點第一位。

11.9　附表三　地下水污染評分表

場址名稱：＿＿＿＿＿＿＿＿＿＿＿＿＿＿＿＿＿＿＿＿＿＿＿

污染物項目		第二類地下水污染管制標準 S_i（mg/L）	達管制標準之地下水污染物濃度 C_i（mg/L）	達管制標準之倍數 $T_{gwi}=\dfrac{C_i}{S_i}$
重金屬類	砷（As）	0.50		
	鎘（Cd）	0.050		
	鉻（Cr）	0.50		
	銅（Cu）	10		
	鉛（Pb）	0.50		
	汞（Hg）	0.020		
	鎳（Ni）	1.0		
	鋅（Zn）	50		
單環芳香族碳氫化合物類	苯（Benzene）	0.050		
	甲苯（Toluene）	10		
多環芳香族碳氫化合物類	萘（Naphthalene）	0.40		
氯化碳氫化合物類	四氯化碳（Carbon tetrachloride）	0.050		
	氯苯（Chlorobenzene）	1.0		
	氯仿（Chloroform）	1.0		
	氯甲烷（Chloromethane）	0.30		
	1,4-二氯苯（1,4-Dichlorobenzene）	0.750		
	1,1-二氯乙烷（1,1-Dichloroethane）	8.50		
	1,2-二氯乙烷（1,2-Dichloroethane）	0.050		

11.9　附表三　地下水污染評分表（續）

場址名稱：＿＿＿＿＿＿＿＿＿＿＿＿＿＿＿＿＿＿＿＿＿＿

污染物項目		第二類地下水污染管制標準 S_i（mg/L）	達管制標準之地下水污染物濃度 C_i（mg/L）	達管制標準之倍數 $T_{gwi}=\dfrac{C_i}{S_i}$
氯化碳氫化合物類	1,1-二氯乙烯（1,1-Dichloroethylene）	0.070		
	順-1,2-二氯乙烯（cis-1,2-Dichloroethylene）	0.70		
	反-1,2-二氯乙烯（trans-1,2-Dichloroethylene）	1.0		
	總酚（phenols）	0.140		
	四氯乙烯（Tetrachloroethylene）	0.050		
	三氯乙烯（Trichloroethylene）	0.050		
	氯乙烯（Vinyl chloride）	0.020		
農藥類	2,4-地（2,4-D）	0.70		
	加保扶（Carbofuran）	0.40		
	可氯丹（Chlordane）	0.020		
	大利松（Diazinon）	0.050		
	達馬松（Methamidophos）	0.20		
	巴拉刈（Paraquat）	0.30		
	巴拉松（Parathion）	0.220		
	毒殺芬（Toxaphene）	0.030		
一般項目類	硝酸鹽氮（以氮計）（Nitrateas N）	100		
	亞硝酸鹽氮（以氮計）（Nitriteas N）	10		

地下水污染評分（T_{gw}）等於上列達管制標準之倍數總和　$T_{gw}=$＿＿＿＿＿＿＿

註：本表 T_{gwi} 及 T_{gw} 須四捨五入後取至小數點第一位。

11.10　土壤及地下水污染整治場址環境影響與健康風險評估辦法

中華民國 102 年 10 月 31 日行政院環境保護署環署土字第 1020092705 號令訂定發布全文共十二條

第一條　本辦法依土壤及地下水污染整治法（以下簡稱本法）第二十四條第八項規定訂定之。

第二條　本辦法用詞，定義如下：
一、風險評估：包括環境影響風險評估與健康風險評估。
二、關切污染物：指風險評估所欲評估之污染物，包括濃度大於土壤、地下水污染管制標準之污染物及其他經中央主管機關指定之非屬土壤、地下水污染管制標準項目之污染物。
三、評估受體：指風險評估所欲評估之受體，包括土壤及地下水污染整治場址（以下簡稱污染場址）內受體及污染場址外周圍區域受體，在健康風險評估係指人體，在環境影響風險評估係指人體以外之其他生物體。
四、提出者：指風險評估報告之提出者。
五、利害關係者：指依本法所定之污染行為人、潛在污染責任人、污染土地關係人，及污染場址土地開發行為人、污染場址所在地居民及其他經中央主管機關認定者。

第三條　提出者應依下列事項，辦理環境影響風險評估作業之相關評估內容及分析，且其評估方法應依中央主管機關之公告辦理：
一、問題擬定：確認污染場址關切污染物項目、濃度與影響範圍，決定納入評估之生態物種，並擬定評估終點與量測終點，建立生態風險污染場址概念模型。
二、暴露及生態效應分析：依土壤、地下水及底泥與評估受體活動特性擬定可能暴露途徑，並蒐集評估受體毒性資料，或進行生物毒性試驗取得關切污染物影響評估受體之關係，並建立暴露情境。
三、風險特徵描述：依前二款結果界定確定關切污染物對評估受體的影響，描述各關切污染物對與生物受體之危害風險；並應執行不確定性分析，包括數據之變異性及採用模式或參數之不確定性，以說明真實結果與計算結果產生差異之可能性。

第四條 提出者應依下列事項，辦理健康風險評估作業之相關評估內容及鑑定，且其評估方法應依中央主管機關之公告辦理：
　　　一、危害鑑定：蒐集污染場址資訊與污染物檢測資料，確認污染場址關切污染物種類及其濃度，鑑定致癌毒性及非致癌毒性、可能影響關切污染物傳輸途徑及可能受到該關切污染物危害之受體，並建立污染場址概念模型。
　　　二、劑量反應評估：致癌性關切污染物應說明其致癌斜率因子，非致癌性關切污染物應說明其參考劑量或參考濃度。
　　　三、暴露量評估：分析各關切污染物於各環境介質中傳輸途徑、傳輸途徑上之受體及所有可能之暴露途徑，以評估各關切污染物經擴散及傳輸後，經由各種介質及各種暴露途徑進入所評估受體之總暴露劑量評估。
　　　四、風險特徵描述：依前三款鑑定與評估之結果綜合計算推估評估受體暴露各種關切污染物之總致癌及總非致癌風險；並應執行不確定性分析，包括數據變異性及採用模式或參數之不確定性，以說明真實結果與計算結果產生差異之可能性。

第五條 提出者應於執行風險評估作業前，依附件一提出環境影響與健康風險評估計畫書，送中央主管機關審查同意後據以執行。
　　　前項審查由中央主管機關召開會議邀請專家、學者及相關機關、團體之代表，並會同直轄市、縣（市）主管機關參與。
　　　利害關係者得檢附相關資料，以書面推薦具相關領域專長或經驗之專家、學者，經中央主管機關同意後，參與前項審查作業。
　　　提出者應列席審查會議，並對審查意見逐一答覆說明。

第六條 提出者辦理風險評估作業，應依附件二規定辦理風險溝通作業，以公開資訊、辦理說明會或公聽會等方式，與利害關係者溝通，並依據污染場址特性採取適合之民眾及社區參與方式。
　　　提出者應依民眾互動情形或主管機關之要求，調整參與方式與程度，並適時修正評估計畫書。

第七條 風險評估作業應依中央主管機關同意之環境影響與健康風險評估計畫書進行，並於完成評估作業後，依中央主管機關公告之風險評估報告

撰寫指引規定之內容要項及格式，分別撰寫污染場址環境影響風險評估報告與污染場址健康風險評估報告（以下合稱風險評估報告）。

第八條 配合提出整治目標而執行風險評估時，風險評估作業及提出之相關報告應包括下列二種情境：

一、污染場址基線風險評估：說明各關切污染物在未採取後續改善、整治、行政管制等措施前可能造成之潛在環境影響與健康風險。

二、污染場址完成改善、整治作業至該整治目標後之風險評估，如有採取風險管理措施者，應說明採取風險管理措施對環境影響與健康風險降低之效果。

第九條 直轄市、縣（市）主管機關於收到風險評估報告後三十日內，應會同中央主管機關，邀請參與第五條第二項審查之專家、學者、相關機關、團體之代表及其他利害關係者等舉行公聽會，並於公聽會辦理後三十日內作成紀錄，併同風險評估報告送交中央主管機關。

中央主管機關於受理直轄市、縣（市）主管機關轉送之風險評估報告後應先進行書面審查，審查結果有資料不符合附表一及附表二規定者，中央主管機關得命限期補正，補正次數以一次為限，補正日數不得超過三十日；逾期未補正者，中央主管機關應不予核定其整治目標。

風險評估報告經中央主管機關審查符合書面審查表者，由中央主管機關依評估方法之規範進行實體審查，並召開審查會議命提出者列席說明。審查委員由中央主管機關遴選，其中曾參與公聽會之專家、學者及相關機關、團體代表應不得少於審查委員總人數二分之一。

實體審查結果內容不符合附表三及附表四規定者，中央主管機關得命限期補正，補正次數以二次為限，補正總日數不得超過九十日；逾期未補正者，中央主管機關應不予核定其整治目標。

第十條 中央主管機關核定整治目標，應考量污染場址現在及未來用途，其核定原則如下：

一、於採取風險管理措施後之致癌總風險，不得大於萬分之一。

二、代表性物種無可觀察到之不良效應。

三、總非致癌危害指標不得大於一・○。

中央主管機關考量提出者於風險評估報告之陳述內容,且經審議確認之事實與評估結果,核定整治目標有下列情形之一者,應於核定時予以完整說明:
一、核定整治目標之致癌總風險大於萬分之一。
二、核定之整治目標須更趨近百萬分之一。
三、核定整治目標係為減輕特定生態環境之風險。

第十一條　提出者應於風險評估報告審查通過,並經中央主管機關核定整治目標後,應辦理說明會,邀集污染場址之利害關係者,說明風險評估執行結果與整治作業配合方式,並將相關資訊以網際網路、書面及其他方式公開。

第十二條　本辦法自發布日施行。

11.11　附件一、環境影響與健康風險評估計畫書內容要項

一、健康風險評估計畫書應包含下列內容:
　㈠ 污染行為人、風險評估作業執行者、風險評估報告提出者。
　㈡ 污染場址背景:說明污染場址位置、地理環境、污染查證、調查相關結果等資訊。
　㈢ 污染場址補充調查與採樣內容規劃:說明擬進行土壤、地下水補充調查採樣之項目、數量、位置等內容、問卷調查之對象與內容等。
　㈣ 評估受體規劃:說明擬進行評估之受體對象與範圍規劃。
　㈤ 評估範圍規劃:說明風險評估作業所評估之污染物項目及區域範圍規劃。
　㈥ 風險溝通作業規劃:說明健康風險評估作業過程擬進行風險溝通之方式與內容規劃。

二、環境影響風險評估計畫書應包含下列內容:
　㈠ 污染行為人、風險評估作業執行者、風險評估報告提出者。
　㈡ 污染場址背景:說明污染場址位置、地理環境、污染查證、調查相關結果等資訊。

㈢ 污染場址生態調查與土壤、地下水補充採樣規劃：說明擬進行生態調查之目標、範圍、時間、頻率及土壤、地下水補充調查採樣之項目、數量、位置等規劃。
㈣ 環境影響風險評估範圍、執行程序與層次性評估方式規劃。
㈤ 生物毒性試驗及模式推估之規劃。

11.12　附件二、風險溝通作業辦理原則

一、風險溝通作業應配合風險評估作業之進度，以舉行公聽會、說明會、資訊公開及發放說明資料等方式辦理。

二、直轄市、縣（市）主管機關辦理公聽會時，得要求提出者於公聽會現場說明風險評估執行內容，並協助答覆說明。

三、提出者辦理風險評估與整治目標核定後之說明會時，應依實際情況需要，於污染場址所在地或附近選擇適當地點舉行，並由直轄市、縣（市）主管機關於說明會舉行十日前，以書面或公告方式載明下列事項，公布於直轄市、縣（市）主管機關網站、污染場址所在地之一公里範圍內之村（里）辦公室或其他適當地點：
㈠ 事由及污染場址位置。
㈡ 時間及地點。
㈢ 其他事項。

四、提出者應採用以網際網路發佈訊息、於適當地點公開閱覽或其他適當方法將風險評估執行情形及資訊予以公開，前述適當地點應包括下列地點：
㈠ 污染場址所在地之鄉（鎮、市、區）公所。
㈡ 污染場址所在地之村（里）辦公室。

五、提出者應公開之風險評估執行情形及資訊內容應至少包括下列項目：
㈠ 風險評估計畫書。
㈡ 風險評估報告。
㈢ 歷次審查會議記錄。
㈣ 公聽會、說明會會議記錄。

11.13 附表一：健康風險評估書面審查表

污染場址名稱：　　　　　　　　　　　　　　　　　　第_____次審查

項次	主要項目	撰寫內容	檢附圖表
一	執行摘要	☐(1) 評估報告提出者	
		☐(2) 評估報告撰寫者	
		☐(3) 評估計畫執行者	
		☐(4) 風險評估之執行方式說明	
		☐(5) 簡述評估結果	
二	污染場址基本資料	☐(1) 污染場址公告資料	
		☐(2) 污染場址名稱及地址、地號或位置及污染行為人資料	
		☐(3) 污染場址土地所有人或管理人資料及目前土地使用狀況	☐ 場區配置圖（註明污染源位置）
		☐(4) 完整的污染場址使用資料	☐ 載明污染場址利用變遷及相關環境調查資料
三	污染場址現況及污染情形	☐(1) 污染場址現況	☐ 污染場址位置圖 ☐ 週邊土地利用分佈圖 ☐ 地下水井與表面水體分佈圖
		☐(2) 污染場址過去洩資料及可能污染區域	
		☐(3) 檢測數據彙整	☐ 污染物檢測數據分佈圖
四	危害鑑定	☐(1) 關切污染物質的判定	☐ 關切物質判定表
		☐(2) 污染範圍的劃定	☐ 污染物濃度分佈圖
		☐(3) 簡述污染物可能影響之受體	
五	劑量反應評估	☐(1) 毒性因子之引用及依據文獻來源	☐ 致癌毒性因子判定與援引表 ☐ 非致癌毒性因子判定與援引表
		☐(2) 毒性因子之換算	

六	暴露量評估	☐(1)污染場址區域水文地質資料	
		☐(2)污染場址地區水文地質資料	☐ 地下水位等高線圖 ☐ 污染場址地質剖面圖
		☐(3)污染場址土地利用情形	☐ 都市計畫圖、土地使用分區圖說
		☐(4)污染場址概念模型介紹及暴露途徑分析	☐ 暴露情境判定表（土壤） ☐ 暴露情境判定表（地下水）
		☐(5)宿命傳輸模式的使用	
		☐(6)受體暴露量的估計	☐ 受體參數設定表 ☐ 受體暴露量計算結果總表
七	風險特徵描述	☐(1)風險計算	☐ 非致癌風險計算摘要表格 ☐ 致癌風險計算摘要表格
		☐(2)不確定性分析	
八	其他經各級主管機關指定之事項		
九	參考資料	☐ 參考文獻資料	
十	程序審查結果	(1) 格式	☐符合　　☐需再調整：
		(2) 內容	☐符合 ☐需補件：項目 a._____ b._____ c._____補件 期限：至　　年　　月　　日止

11.14　附表二：環境影響風險評估書面審查表

污染場址名稱：　　　　　　　　　　　　　　　　　　　　第_____次審查

項次	主要項目	撰寫內容	檢附圖表
一	執行摘要	☐(1)評估報告提出者	
		☐(2)評估報告撰寫者	
		☐(3)評估計畫執行者	
		☐(4)生態風險評估之層次性執行介紹	
		☐(5)簡述評估結果	
二	污染場址基本資料及污染情形	☐(1)污染場址公告資料	
		☐(2)污染場址名稱及地址、地號或位置及污染行為人資料	
		☐(3)污染場址所有人及目前使用狀況	☐ 場區配置圖（注明污染源位置）
		☐(4)完整的污染場址使用資料	
三	背景說明	☐(1)污染場址現況	☐ 污染場址位置圖 ☐ 週邊土地利用分佈圖 ☐ 地下水井與表面水體分佈圖
		☐(2)污染場址過去洩 資料及可能污染區域	
		☐(3)檢測數據彙整	☐ 污染物檢測數據分佈圖
四	問題擬定	☐(1)關切污染物質的判定	☐ 關切物質判定表
		☐(2)污染範圍的畫定	☐ 污染物濃度分佈圖
		☐(3)環境型態說明	
		☐(4)生態污染場址概念模型	
		☐(5)評估終點與量測終點	

五	暴露及生態效應分析	☐(1)彙整潛在生物受體類型	
		☐(2)判定代表性生物受體	
		☐(3)暴露途徑分析	
		☐(4)宿命傳輸模式的使用	
		☐(5)受體暴露量的估計	☐受體參數設定表 ☐受體暴露量計算結果總表
六	風險特徵描述	☐(1)風險計算	☐風險計算摘要表格
		☐(2)不確定性分析	
七	其他經各級主管機關指定之事項		
八	參考資料	☐參考文獻資料	
九	程序審查結果	(1) 格式	☐符合 ☐需再調整：
		(2) 內容	☐符合 ☐需補件：項目 a.＿＿＿＿＿＿＿ b.＿＿＿＿＿＿＿ c.＿＿＿＿＿＿＿補件 期限：至　年　月　日止

11.15　附表三：健康風險評估實體審查表

污染場址名稱：　　　　　　　　　　　　　　　　　　　第_____次審查

項次	主要項目	審查要點	備註	
一	執行摘要及基本資料	(1) 評估報告提出者資格	□符合	□須說明或補件：
		(2) 污染場址基本資料	□符合	□須說明或補件：
		(3) 簡述健康風險評估之結果與結論	□符合	□須說明或補件：
二	污染場址現況及未來土地利用、地下水使用狀況	(1) 污染場址現況資料時效性，需以最接近進行健康風險評估時間點之資料，作為評估之依據，避免取得不正確或過時的資料	□符合	□須說明或補件：
		(2) 土地利用資料涵蓋污染場址及周邊 30 年後之情形，同時包含地下水用途	□符合	□須說明或補件：
三	關切污染物、污染範圍及檢測資料	(1) 關切污染物項目是否齊全	□是	□未完整，建議納入：
		(2) 污染範圍是否涵蓋高污染區	□是	□否，須補充調查
		(3) 檢測資料是否包括歷次檢測資料	□是	□否，須補件：
		(4) 是否明確指出進行評估所採用之檢測資料、理由。	□是	□否，須說明或補件：
四	危害鑑定	(1) 危害鑑定是否依據本署公告之方法執行	□是	□否，須說明來源
五	劑量反應評估	(1) 劑量反應評估是否依據本署公告之方法執行	□是	□否，須說明來源
六	暴露量評估	(1) 暴露情境評估範圍是否包括污染場址本身及鄰近至少 1 公里範圍	□是	□否，須再調整
		(2) 採各層次健康風險評估，刪除暴露途徑者，是否提出具體證明受體不會直接接觸關切污染物	□是	□否，須補件
		(3) 是否所有可能之環境介質皆納入評估	□是	□否，有提出可排除環境介質之具體合理證明，同意排除。 □否，無提出具體證明，須補件

		(4) 是否將可能受到污染物傷害最大之受體納入評估	□是　　□否,但有提出排除該受體之具體合理解釋,同意排除。 □否,無提出具體證明,須提出解釋。
		(5) 是否所有可能之暴露途徑皆納入評估	□是　　□否,有提出可排除該暴露途徑之具體合理證明,同意排除。 □否,無提出具體證明,須補件或現勘
		(6) 暴露劑量計算是否以本署之電腦系統計算	□是,檢附系統計算之輸入與結果畫面 □否,須說明或補充計算過程資料：
		(7) 是否檢附完整之參數引用資料	□是 □否,須說明或補件：
		(8) 屬於污染場址特性參數之量測方法是否接受	□是 □否,須說明或補件：
		(9) 參數之可信度是否接受	□是 □否,須進行可信度分析
七	風險特徵描述	(1) 風險特徵描述是否合理	□是 □否,須說明或補件：
		(2) 是否依本署公告之方法所列項目進行不確定性分析	□是 □否,須說明或補件：

□資料齊備不需補件　　　　　　　　　　□需至污染場址現勘
□須補件或說明,補件期限:至　　　年　　月　　　　　　日止

八	准駁程序	□核准□不予核定
九	備註	

11.16 附表四：環境影響風險評估實體審查表

污染場址名稱：　　　　　　　　　　　　　　　　　　第＿＿＿＿次審查

項次	主要項目	審查要點		備註
一	執行摘要	(1) 評估報告提出者資格	□符合	□須說明或補件：
		(2) 污染場址基本資料	□符合	□須說明或補件：
		(3) 簡述環境影響風險評估之結果與結	□符合	□須說明或補件：
二	污染場址基本資料及污染情形	(1) 污染場址現況資料時效性，需以最接近進行環境影響風險評估時間點之資料，作為評估之依據，避免取得不正確或過時的資料	□符合	□須說明或補件：
		(2) 土地使用資料應涵蓋污染場址及可能納入評估周邊資料	□符合	□須說明或補件：
三	背景說明	(1) 關切污染物項目是否齊全	□是	□未完整，建議納入：
		(2) 污染範圍是否涵蓋高污染區	□是	□否，須補充調查
		(3) 檢測資料是否包括歷次檢測資料	□是	□否，須補件：
		(4) 是否明確指出進行評估所採用之檢測資料	□是	□否，須說明或補件：
四	問題擬定	(1) 污染場址環境形態確認與篩選是否包含國家劃定保護區及具有重要生態關切區域	□是	□否，須再調整
		(2) 污染場址生態調查是否達到預期工作目標及調查範圍符合規劃	□是	□否，須補充調查
		(3) 關切污染物判定是否考慮對地表水體及底泥之影響	□是	□否，須說明或補件：
		(4) 評估終點及量測終點設定是否符合污染場址生態環境特性	□是	□否，須補充說明
		(5) 污染場址概念模型是否與環境特性及生態調查成果具有一致性	□是	□否，須補充說明

五	暴露及生態效應分析	(1) 受體判定是否包含完整之具生態系統價值組成物種	□是	□否，須補充說明
		(2) 受體判定是否包含完整之特定法規保護物種	□是	□否，須說明或補件：
		(3) 篩選性評估階段是否選定適當之生態毒性篩選值	□是	□否，須補充說明
		(4) 暴露途徑是否依據生態調查結果及污染場址特性選定	□是	□否，須補充說明
		(5) 細部評估時是否取得生物毒性試驗結果並修正生態毒性篩選值	□是	□否，須說明或補件或本評估未進行：
		(6) 細部評估時是否進行合理生物營養層級之模式推估並修正生態毒性篩選值	□是	□否，須說明或補件或本評估未進行：
六	風險特徵描述	(1) 風險計算是否合理	□是	□否，須說明或補件：
		(2) 風險描述是否合理	□是	□否，須說明或補件：
		(3) 是否依本署公告方法進行不確定性分析	□是	□否，須說明或補件：
□資料齊備不需補件　　□需至污染場址現勘 □須補件或說明，補件期限：至　年　　　月　　　日止					
七	准駁程序	□核准　□不予核定		
八	備註			

11.17 地下水水質監測井設置規範

91.12.27 環署水字第 0910091877 函

一、本規範係供環保主管機關執行水污染防治法第十條及土壤及地下水污染整治法第十條，設置地下水水質監測井之依據。

二、範圍及說明

1. 本規範適用於未密實顆粒（unconsolidated granular）土層，以監測飽和含水層地下水質，取得監測井周邊之代表性地下水水樣為目的，而非以抽水試驗為設置目的。異於前述情況之監測井設置，由水文地質專業人士依現場實際地質情形，參考本規範辦理。

2. 本規範所有附圖中尺寸、長度、規格已註明者為標準規格，未註明者（如井管、井篩長度等）則依監測井設置場址之水文地質情況而定。

3. 本規範稱謂之專業水文地質師為具有國外水文地質師執照之專業人士，或具有水文、地質、水文地質專業訓練及相關經驗人士。其資格與經驗是否能滿足工作需求由環保機關確定之。

4. 本規範所採用美國測試及材料學會（American Society for Testing and Materials, 簡稱 ASTM）相關規範之條例或文字不包括於本文或其他附件。所採用之 ASTM 規範（如 C136,D1586,D1587,D2488 及 D5299）可經由所附註資料來源查察得之。（註：ASTMD1587 之中文版為 CNSA3284）。

三、鑽孔

1. 監測井之設計圖示於圖 11.1，圖 11.1 中尺寸、長度已註明者為標準規格；未註明者（如井管、井篩長度）則依當地水文地質情況而定。並於圖 11.1 中繪製監測井草圖，註明相關尺寸及設井時地下水位深度。監測井之工程要求、材料規格等依施工順序規定如下。

2. 鑽機必須適合監測井址之地質情況。若需使用鑽泥（drilling mud）時，需採用可自然分解之人工合成鑽泥。鑽機必需能滿足連續土壤取樣之要求。卵礫石層中則不需連續取樣。

3. 標準監測井之直徑為 2 吋，鑽孔孔徑為 6~8 吋。若有特殊需要，則監測井直徑得為 4 吋，鑽孔孔徑為 8~12 吋。其深度依監測井址當地地下水存在深度及含水層型態（受壓或非受壓）而定。

a. 非受壓含水層（圖11.2）：在豐水期（高地下水位情況），鑽孔至當時地下水位面下5米處；在枯水期（低地下水位情況），鑽孔至當時地下水位面下1米處；若枯、豐水期地下水位面變化超過4米以上，則應考慮多深度監測，或在不影響洗井時間及監測目的情況下，得改變井深及井篩長度，並應詳細紀錄原因。

b. 受壓含水層（圖11.3）：貫穿阻水層（aquiclude）或滯水層（aquitard）進入含水層，鑽孔至含水層2米處。為防範錯接污染（cross contamination），鑽孔至阻水層或滯水層上部時應立即暫時中止鑽孔，於原始鑽孔中下6~8吋護管。於此護管中繼續鑽孔，鑽穿阻水層或滯水層至含水層2m處。必要時，可先將原始鑽孔擴孔至適當孔徑，再下6~8吋護管以利鑽鑿。視實際抽除難易而定，此護管於設井時完全抽除或部分抽除至阻水層或滯水層底部。無論護管抽除與否，均需在護管內進行封層工作，以確實避免錯接污染。井址原則參照業主提供之預定井址設置；若基於事實需要，承包商得基於專業判斷選擇適當之替代井址，並經業主同意後設置之。至於鑽孔地點由承包商負責選定，不可破壞地下埋設管線或其他公有／私有隱式器物；若有破壞，承包商應負責賠償、修復或其他相關法律責任。鑽孔處之地下水位深度判定、水文地質特性研析、含水層型態識別及決定孔徑深度、相關資料之蒐集等由承包商專業水文地質師負責。

4. 土壤取樣每一口監測井在鑽孔過程中必需使用劈管（split-spoon）、薄管（thin-wall）或岩心管取樣器作連續取樣。劈管取樣方式及操作須遵循ASTM D1586（ASTM,1984），薄管取樣方式及操作須遵循CNSA3284或ASTMD1587（ASTM,1983）。在鑽孔過程中若有卵礫石層，則在此層中不必使用上述取樣器作連續取樣，可用適當方式取得土樣以供參考，但必需記錄卵礫石層的深度及厚度。研析土樣填寫土樣柱狀圖。土樣應依取樣深度依序儲存於土樣箱。若在其深度土樣有所缺失，應在土樣箱相對深度處標明缺失。存入土樣箱之土樣需用適當方式封存防止水分漏失或入侵。含水層中的土樣應在試驗室內遵循ASTMC136（ASTM,1984）進行篩分析（sieve analysis），以求得含水層土樣之粒徑分布曲線、有效粒徑、均勻係數（uniformity coefficient）及其它相關資料以備

他用。土壤特徵描述：應依循 USCS ASTM D2488（ASTM，1991）。

四、設井

1. 口徑及材質

    井管及井篩均為 2 吋或 4 吋，schedule40，螺紋式（flush threaded）接頭之 PVC 材質。當地下水質與 PVC 材料化性不相容時，由業主決定選用不銹鋼（316）、鐵氟龍（teflon）或其他化性相容材質來代替 PVC。深度方面，當井深超過 20 公尺時，可改用 schedule80 來增加井管的強度。井管與孔壁間的環狀空隙中填充物可用水泥漿（neat cement grout）或含 5% 皂土的水泥漿（bentonite cement grout）。螺紋式公牙底座部分需有 O-Ring 防漏。公母牙旋接時不可用任何溶劑或塗料，但可用鐵氟龍膠帶纏繞公牙。2 吋監測井之保護套管為 6 吋，4 吋監測井之保護套管為 8 吋。保護套管為不鏽鋼 304 材質，長 1 米，露出水泥平台 40 公分（見圖 11.1），頂部須加設鎖頂蓋；不使用時，頂蓋需鎖。井管頂部需設防水（water tight）井頂蓋；不使用時，井頂蓋必須蓋緊嚴防雜物進入井管。

2. 井篩長度及位置

    井篩長度方面，建議非受壓含水層之井篩長 6 米，豐水期間高地下水位情況，需有一米井篩置於地下水位面之上，5 米之井篩置於地下水位面之下（如圖 11.2 所示）；枯水期間低地下水位情況，需有 5 米井篩置於地下水位面之上，1 米之井篩置於地下水位面之下（如圖 11.2 所示）。受壓含水層之井篩長 1 米，置於阻水層或滯水層下方 1 米處（如圖 11.3 所示），或為符合監測目的，得置於含水層中合適深度，並應於紀錄中說明。井篩底部須用螺紋式接頭底蓋封實。旋接時不可用任何溶劑或塗料，但可使用鐵氟龍膠帶纏繞公牙。比水重之可溶性或非可溶性污染物監測井應鑽孔至含水層底部，不可貫穿阻水層或滯水層而造成溶液繼續往下移動。比水輕之可溶性或非可溶性污染物監測井鑽孔的深度，在豐水期（高地下水位情況），鑽孔至當時地下水位面下 5 米處；在枯水期（低地下水位情況），鑽孔至當時地下水位面下 1 米處；若枯、豐水期地下水位面變化超過 4 米以上，則應考慮多深度監測。

3. 濾料塡實（filter pack）及封井如圖 11.1 所示，井篩及其上端井管 60 公分處之外圍需用濾料塡實。亦即濾料需自井底向上塡充至超過井篩上部 60 公分。爲避免濾料塡充時形成之架橋（bridging）或卡鎖（clogging）現象，應用導砂管（tremiepipe），將濾料與清水緩慢輸入管壁與井壁環空。濾料頂部再輸入至少 20 公分厚之 0.1~0.2 公釐石英細砂。細砂上 60 公分用 1/4 至 1/2 英吋直徑丸狀或扁粒狀（pellets 或 tablets）的皀土粒塡實。皀土層至地表用波特蘭一號水泥（Portland Type I Cement）塡封以固定井管及防止地表滲漏影響監測。
4. 濾料粒徑及篩縫寬度選擇濾料必需乾淨（由清水或蒸氣清洗），淘選良好（均匀係數介於 1.5 至 2）圓形顆粒之石英砂。均匀係數定義爲 D60/D10，D60 代表 60％的土壤顆粒能通過的粒徑，D10 代表 10％的土壤顆粒能通過的粒徑。其粒徑大小與含水層土壤粒徑有關，其篩縫寬度又與濾料粒徑有關。表 11.1 明列濾料粒徑、含水層土壤粒徑與篩縫寬度的相關性。若含水層由不同粒徑的土層組成，則 D10 選用最細的土層爲代表。不同廠商井篩篩縫寬度規格可能與表 11.1 所列者不盡相同，以最接近表 11.1 所列篩縫寬度爲選用標準。

表 11.1　濾料粒徑、含水層土壤粒徑與篩縫寬度的相關性

含水層土壤 D10（公釐）	濾料粒徑（公釐）	篩縫寬度 英吋	篩縫寬度 公釐
小於 0.3	0.3-0.6	0.007	0.178
0.3-0.6	1.0-2.5	0.010	0.254
0.6-1.18	1.5-3.5	0.020	0.508
1.18-2.3	2.5-4.0	0.050	1.270
2.3-4.5	4.0-8.0	0.090	2.286
大於 4.5	4.0-8.0	0.150	3.810

5. 警示柱及水泥平台

　　警示柱 1.5 吋，schedule40 之碳鋼 1 米長，漆成黃色黑色相間。0.5 米高出水泥平台，0.5 米埋於平台及地下。平台式為一厚 15 公分，邊長 50~100 公分之正方形，且正方形四邊角須磨圓。每一平台之四角各設一警示柱，警示柱距台邊各 5 公分。

6. 井位高程測量

　　設井完成後，必須進行井位測量及井管頂、護管頂之高程測量。高程測量精度為 0.5 公分。

7. 永久性標示牌

　　於各監測井設置永久性標示牌。標示牌為長 20 公分，寬 15 公分，厚 0.2 公分之不銹鋼板。標示牌應固定於水泥平台上，並以 48 號明體字體記載下列資料：

－井號

－井深

－設井日期

－井篩深度及長度

－井頂高程並註明量測點永久性記號

－置井廠商

－管理單位及連絡電話

五、完井

　　設井完畢後，需要完井及人工清除井篩周邊之細小顆粒。這些細小顆粒若不清除，將進入井內造成水樣混濁，對水質分析不利及不便。先行淘漿，將井內殘留泥漿或污水用容器汲出，然後進行完井。完井方式不拘，可用一般可行之汲取（bailing）、湧水塞（surge block）、噴氣（air jetting）、反沖（backwash）、超量抽水（over- pumping）等或業主同意之方法。完井標準為總懸浮固體（TSS）5 mg/l 以下或濁度 5 NTU 以下為標準。

六、附錄一：地下水水質監測井設置品保品管規範

　　附錄二：監測井驗收時應注意事項

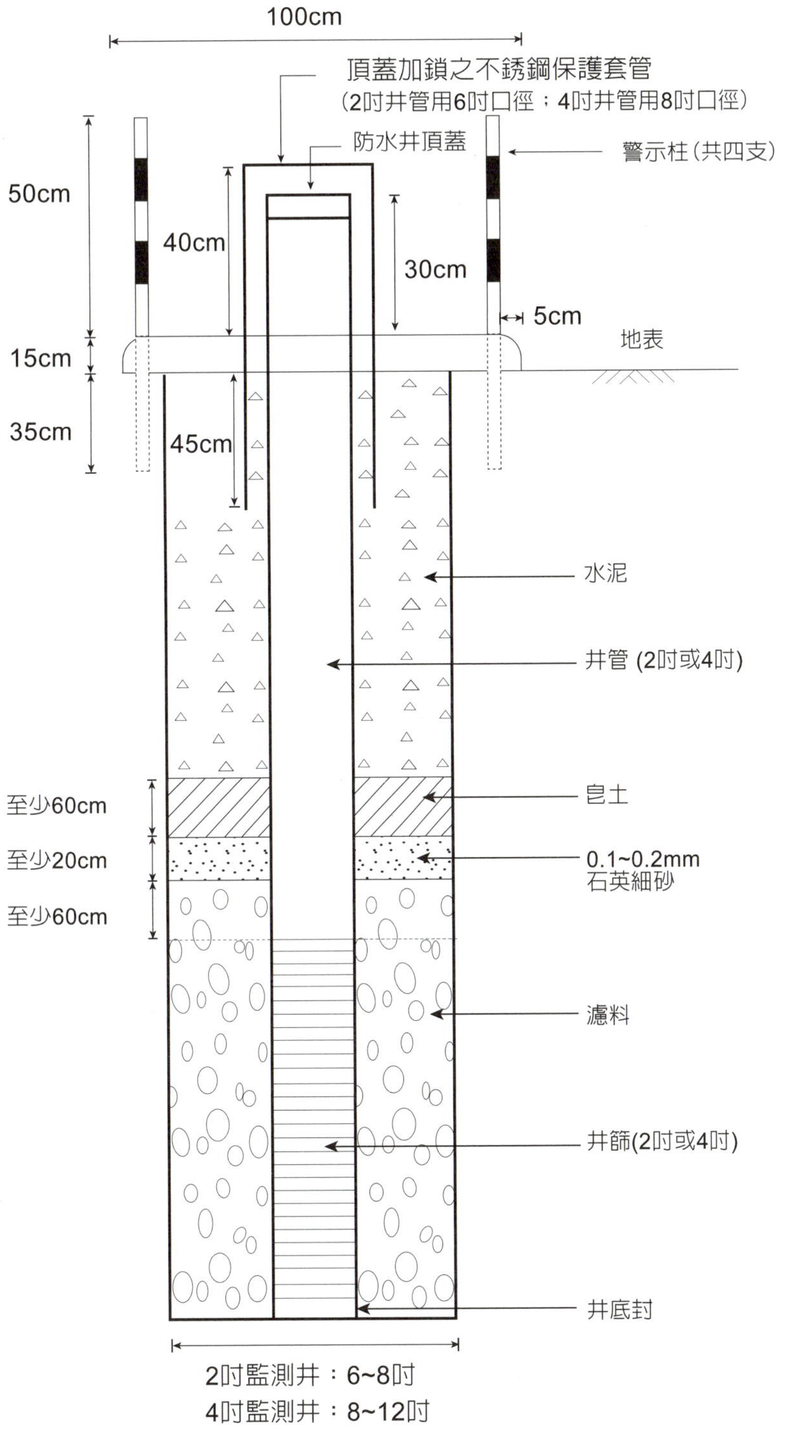

圖11.1 監測井設計示意圖（未按比例）。圖中尺寸長度註明者為標準尺寸；井篩和井管長度未註明者依地質狀況及含水層型態而定。

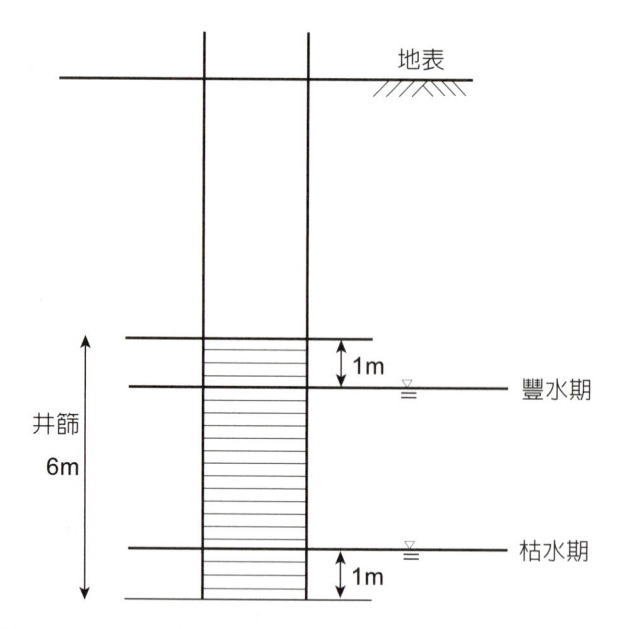

圖 11.2 非受壓含水層在豐水期和枯水期鑽孔深度及井篩位置示意圖（未按比例）

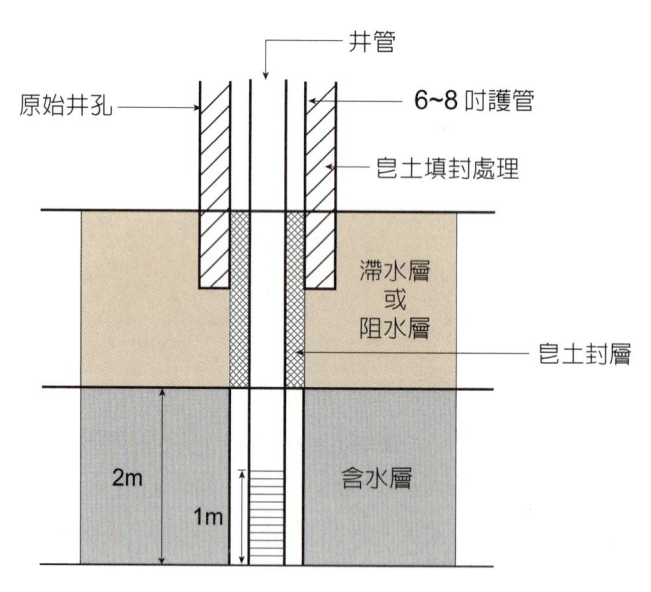

圖 11.3 貫穿受壓含水層覆蓋時防止錯接污染措施示意圖（未按比例）

附錄一、地下水水質監測井設置品保品管規範

一、鑽孔品管及品保
1. 鑽井設備在搬移至每個場地使用前,皆需予以除污,以防止污染該場地之地下含水層。鑽井設備之除污應在特定地點進行,不可靠近鑽井位置或乾淨之設備及器材。
2. 鑽井設備應以鋼刷、高壓蒸氣進行除污,直至肉眼所見之污物、油脂完全除去為止;然後以無磷清潔劑(如 ALCONOX-5)清洗。清洗之鑽井設備及器材至少應包括:
   － 套管
   － 鑽桿
   － 鑽頭
   － 螺旋鑽
   － 大錘
   － 鑽機及腳架
   － 聯結器
   － 抽水機
   － 抽水管
   － 橡皮水管
   － 繩索
   － 其他經承包商或業主之現場工程師要求者。
3. 在每一井位附近應鋪上一層塑膠布或橡膠墊,以避免施工過程中所可能洩漏之任何流體(油脂、燃油或用水)與鑽井機具旁之土壤接觸並流入鑽孔中,同時亦可提供作為已完成除污工作之清除機具之儲放場所。
4. 鑽進過程中對鑽機之油脂或燃油洩漏應予監視及防止,尤其是位於鑽孔上/旁之機具。可用塑膠袋將機具上塗有油脂之部分予以包覆。
5. 潤滑油絕不可塗於鑽桿螺紋、套管及螺鑽上。鑽進過程中應將鑽孔中所發現之油漬隨時記錄於現場工作紀錄簿上。
6. 於鑽井過程中,應詳細紀錄地層狀況、鑽頭型式及地下水面深度(記錄於地下水位記錄表,如表一),以做成地層柱狀圖。

7. 除污步驟及已完成除污之機具設備亦應詳細紀錄於現場工作記錄簿。

二、土壤取樣品管及品保

（以下標準貫入及劈管僅適用於中空螺鑽或傳統式鑽機、頓鑽或衝擊鑽 地層採樣使用汲筒及鑽頭取樣管）

1. 依 ASTM D1586 之劈管取樣或 CNSA3284 或 ASTM D1587 之薄管取樣方法採取土樣，必須連續採樣。
2. 土壤取樣設備及器材於使用前均將予以除污。土壤取樣之器材包括劈管、薄管、不鏽鋼刀、刮、杓等。
3. 土壤取樣設備及器材之除污步驟如下：
   －使用無磷清潔劑清洗，以去除可見之微粒與殘餘油料。
   －以清水（自來水）清洗除去殘餘之無磷清潔劑。
   －以去離子水或蒸餾水清洗以除去自來水中之礦物質。
4. 取樣後，將土樣置於乾淨之廣口瓶中，先以手提式油氣偵測器（僅適用於揮發性污染）或偵爆計進行土樣有機氣體探測，然後再依據 ASTM D2488 土壤統一分類標準進行地層描述。
5. 依 ASTM D2488 進行地層描述時，應描述土壤之粒徑分佈及形狀、排列情形、顏色、結構、緊密度或稠度及含水量（相對的）等。
6. 現場工程師／水文地質師於現場進行土壤取樣工作時，應詳細記錄下列資料：
   －土壤
   －鑽機型式及使用設備
   －鑽頭大小及型式
   －臨時套管的直徑及長度
   －地下水面的深度
   －樣號、取樣深度及取樣日期
   －取樣方法
   －取樣器種類及尺寸
   －貫入速率及取樣率
   －目視之污染（油污、染色情形或非原色外觀）

－地層層次
7. 所有取得之土壤樣品均以標準土樣箱裝妥。標準土樣箱材料、附件、規格與標準岩心箱者相同。土樣土壤樣品在裝入土樣箱前須用保鮮膜包好以防止水分散失。依深度依序放入區格，並註明深度，若有取樣空白段須標明「遺失」字樣。裝填妥後須在箱蓋內側標明取樣地點（若有井號，則亦須標明井號）、箱號、深度，將土樣箱蓋妥並送交業主保存。
8. 每一樣品應記錄之項目包含：
    － 樣品編號，深度及取樣區間（長度）
    － 採用何種取樣器／方法
    － 取樣器之型式及大小
    － 樣品採收之長度
    － 標準貫入試驗之結果（SPT）（僅適於中空螺鑽，不適於頓鑽或衝擊鑽採樣）
    － 可見污染物（油漬、污點、顏色異常、臭味等）
    － 若土壤中有揮發性氣體則用手提式油氣偵測計讀值或偵爆計讀值
    － ASTM D2488 規定之土壤描述或偵爆計每日將依製造廠之指示進行校正
9. 取樣記錄如表二；對照採樣記錄繪製土壤柱狀圖。

三、監測井設置品管及品保

1. 監測井由下而上之設置步驟如下（參考圖 11.1）：
    a. 密閉式螺紋接頭井底蓋
    b. 適當長度及篩縫之井篩（螺紋接頭）
    c. 適當長度之井管（螺紋接頭）
    d. 防水井頂蓋不鏽鋼保護套管：4 吋監測井用 8 吋內徑，2 吋監測井用 6 吋內徑。
    e. 保護套管之加鎖頂蓋
    f. 所有螺紋接頭旋接時不可使用溶劑或塗料，公牙可纏繞鐵氟龍膠帶。
    g. 井篩及井管長度視現場情況而定，決定方法參考監測井設置規範第三節。

2. 監測井之構造應詳細地記錄於監測井構造紀錄表；對照施工記錄，繪製監測井示意圖，註明相關尺寸及設井當時地下水位深度。
3. 俟監測井管設置定位後，井管四週之回填材料及步驟（由下而上）如下：
    a. 濾砂料回填至井篩頂端上方 60cm，濾砂料須用導砂管混以清水徐徐倒入，不可快速大量傾倒。
    b. 回填細砂（0.1～0.2mm 石英砂）至少 20cm。
    c. 回填皂土粒至少厚 60cm 並予以夯實。
    d. 灌入水泥漿液至地表進行回填過程中，均應以鐵尺或尼龍線懸吊重物予以量測實際回填深度。
4. 監測井之不鏽鋼保護套管應標註井號以資識別，保護套管頂蓋需可鎖封不使外物進入。
5. 所有使用於監測井設置之機具、設備、器材及材料等，均需於事前以高壓蒸氣清洗除污。
6. 進行監測井設置過程中，除應將井構造及完井過程詳細記錄於監測井構造紀錄表外，亦應詳細記錄下列各項：
    a. 完井過程中之抽水量及抽水率
    b. 監測井材料、完井設備、除污之日期、時間及方法
    c. 使用材料之數量、型式及廠牌
7. 記錄現場重要事項或突發狀況。

四、完井品管及品保

1. 完井時之除污工作必須伴隨進行，以降低污染物在觀測井間傳輸之可能性。
2. 每次完井前完井的設備需以高壓蒸氣加以清潔。
3. 鑽井過程中殘留之油漬則需以高壓蒸氣／熱水加以清潔。
4. 每次鑽新井前皆應將完井設備予以清潔，不鏽鋼桶之吊繩於每次換新井時皆應使用新品，不可重複使用。
5. 完井時現場工程師／水文地質師應將下列資料記錄於完井紀錄表：
    － 完井時使用之方法
    － 完井時抽取之水量或流率
    － 設備除污的日期、時間及方式
    － 濁度、溫度、pH 值及導電度
    － 所採水樣之樣品顏色及濁度，或總懸浮物濃度

表一　地下水位紀錄表

工地名稱：_____　　　日　期：_____

氣候狀況：_____　　　紀錄人：_____

鑽井編號				
井頂高程				
日期				
井頂下水深				
時間				
井頂高程				
日期				
井頂下水深				
時間				
井頂高程				
日期				
井頂下水深				
時間				
井頂高程				
日期				
井頂下水深				
時間				
井頂高程				
日期				
井頂下水深				
時間				
井頂高程				
日期				
井頂下水深				
時間				
井頂高程				

表二　土壤取樣紀錄表

工程名稱：＿＿＿＿＿＿＿＿　　開鑽期：＿＿＿＿＿＿＿＿＿＿＿＿

井　　號：＿＿＿＿＿＿＿＿　　完井期：＿＿＿＿＿＿＿＿＿＿＿＿

取樣方法：＿＿＿＿＿＿＿＿　　氣候狀況：＿＿＿＿＿＿＿＿＿＿＿

（split spoon 依照 ATSM D1586 進行連續取樣，thin spoon 依照 ATSM D1587 進行連續取樣，並需於備註欄中註明所選方法之 相關工作資料，如錘擊數、貫入深度、特殊情況…等）

記錄人員：＿＿＿＿＿＿＿＿

至地表下深度（米）	土壤特徵描述	土壤柱狀圖
1～2		
2～3		
3～4		
4～5		
5～6		
6～7		
7～8		
8～9		
9～10		
10～11		
11～12		
12～13		
13～14		
14～15		
15～16		
16～17		
17～18		
18～19		
19～20		
⋮		
⋮		

參考文獻

一、網站資料

環境保護署，環境資料庫：http://erdb.epa.gov.tw/
環境保護署，土壤及地下水汙染整治網：https://sgw.epa.gov.tw/public/default.aspx
行政院環境保護署網頁：http://www.epa.gov.tw/
台灣土壤及地下水環境保護協會：http://www.tasgep.org.tw/
環境資訊中心網（TEIA）：http://e-info.org.tw/node/55973
美國環保署：https://www3.epa.gov/
美國環保署超級基金網站：https://www.epa.gov/superfund
美國地下水整治技術研究中心：http://www.gwrtac.org/
美國環保署現場分析技術網站（Field Analytic Technologies）：https://clu-in.org/characterization/technologies/
俄勒岡研究所_地下水研究中心：http://www.ogi.co.uk/
國際地下水模式中心：http://igwmc.mines.edu/
日本環保署：http://www.env.go.jp/en/
經濟部能源委員會：http://web3.moeaboe.gov.tw/
環境保護署環境檢驗所，土壤採樣方法，NIEA 102.61B
盧至人等，地下水及土壤污染防治策略，台中市公害防治協會網站

二、中文資料

行政院環境保護署，「土壤及地下水污染整治十年有成專刊 2000-2010」
行政院環境保護署，「土壤及地下水污染場址健康風險評估評析方法及撰寫指引」
行政院環境保護署，「農田土壤重金屬調查與場址列管計畫」，環境保護署委辦計畫期末報告，EPA-90-GA13-03-90A285，台北 (2002)。

行政院環境保護署,「地下水潛在污染場址調查調查與應變計畫」,期末報告,EPA-90-H103-02-227-A278,台北 (2002)。

行政院環境保護署,「全國十年以上加油站及大型儲槽潛在污染源調查計畫」,期末報告,EPA-91-GA13-03-91A171,台北 (2003)。

行政院環境保護署,「土壤及地下水汙染場址初步評估辦法」,(2006)。

行政院環境保護署,「土壤及地下水汙染場址健康風險評估評析方法及撰寫指引」,(2006)。

台灣土壤及地下水環境保護協會,「土壤及地下水污染整治」,(2015)。

行政院臺灣省農業藥物毒物試驗所,農作物中重金屬監測基準資料之建立

土壤及地下水物理/化學復育技術。

行政院環境保護署,地下水潛在污染源調查計畫,(2002)。

行政院環境保護署,十年以上加油站潛在污染源調查計畫,(2004)。

行政院環境保護署,十年以下 (82~86 年設立) 之土壤及地下水污染調查計畫,(2006)。

行政院環境保護署,「加油站防止污染地下水體設施及監測設備設置管理辦法」,(2006)。

行政院環境保護署,加油站土壤及地下水污染調查計畫 (第四期),(2007)。

行政院環境保護署,加油站之土壤及地下水污染調查計畫 (第五期),(2008)。

行政院環境保護署,加油站之土壤及地下水污染調查計畫 (第六期),(2010)。

行政院環保署,「全國十年以上加油站及大型儲槽汙染潛在汙染調查計畫」,期末報告,EPA-90-GA13-03-91A171,(台北)

行政院環境保護署 (1987)。臺灣地區土壤重金屬含量調查總報告 (一) ~ (四) (共 4 冊)。

行政院環境保護署 (1991)。民國 76~79 年臺灣地區土壤中重金屬含量調查資料－參考手冊 (共 15 冊)。

行政院環境保護署 (2002)。農地土壤重金屬調查與場址列管計畫。

行政院環境保護署 (2012)。全國重金屬高污染潛勢農地之管制及調查計畫報告書 (編號:EPA-99-G101-03-A181)。

張尊國 (2002)。臺灣地區土壤污染現況與整治政策分析。財團法人國家政策研究基金會國政分析,永續 (析)091021 號。

駱尚廉、林正芳、闞蓓德、藍正朋、楊昆霖、斯克誠，不明廢棄物管制相關作業及設立超級基金可行性研析；子題一：建立不明廢棄物產源追蹤作業系統及場址管理制度期末報告，行政院環境保護署，1998。

桃園航勤公司修護廠區地下水污染控制場址污染控制計畫書，桃園環保局，2012。

財團法人中興工程顧問社，『土壤與地下水污染整治標準及處理技術之現況評估』，2000。

中華民國環境工程學會編印，土壤與地下水污染整治：原理與應用，中華民國環境工程學會，2008。

經濟部工業局編印，土壤及地下水污染整治技術手冊～評估調查及監測，經濟部，2004。

中國石油學會、財團法人工業技術研究院，加油站地下儲油槽防止腐蝕技術規範手冊，(2013)。

高志明、陳谷汎、廖毓鈴、李淑慧，以現地透水性反應牆整治污染之地下水，環保月刊，第9期，101-108，(2002)。

陳谷汎、高志明、蔡啓堂，土壤及地下水生物復育技術，工業污染防治季刊，84期，136-157，(2002)。

陳谷汎、高志明，土壤及地下水物理化學復育技術，台灣土壤及地下水環境保護協會簡訊，第5期，6-11，(2002)。

阮國棟、張金豐、郭荔安，1998天然衰減法整治土壤及地下水污染之政策立場及實務準則，工業污染防治，第68期，pp24-37。

林財富，2008年8月，土壤與地下水污染整治：原理與應用，中華民國環境工程學會。

徐貴新，2003年1月，台灣地區土壤重金屬汙染概況，東南學報，第24期。

陳尊賢、許正一，2002年6月，台灣的土壤，遠足文化。

林財富，2002年3月，「土壤與地下水物理化學與熱處理整治技術之發展現況」，環保月刊第九期。

駱尚廉，1999年，「土壤污染防制概論」，公民營廢棄物清除處理機構清除處理技術員訓練班，

盧志人，1998年，「地下水的污染整治」，國立編譯館。

劉奇岳，1999年，「電動力-Fenton法現地處理受三氯乙烯及4-氯酚污染土壤之最佳操作條件探討」，國立中山大學環境工程研究所碩士論文

陳致谷、張添晉，土壤污染生物復育技術之應用及展望，工業污染防治，第53期，pp. 113-137。

蔡在堂、高志明、葉琮裕、陳明華, 2008, 利用整治列車系統處理含氯有機物污染之地下水"，台灣土壤及地下水環境保護協會簡訊, VOl.28, P. 3-15

蔡在堂、梁書豪、簡華逸、高志明、葉琮裕, 2007, 以串聯式整治列車系統處理受燃料油污染之土壤"，工業污染防治, Vol.102, P. 33-48

葉琮裕,2002,重金屬污染農地整治，工業污染防治季刊, P. 184-192

阮國棟、葉琮裕、洪慶宜、陳啓仁、李奇翰，1999, 從情理法觀點探討土壤及地下水污染問題, 工業污染防治季刊第72期, P.201-P.235

三、外文資料

James P. Amon, Abinash Agrawal, Michael L. Shelley, Bryan C. Opperman, Michael P. Enright, Nathan D. Clemmer, Thomas Slusser, Jason Lach, Teresa Sobolewski, William Gruner and Andrew C. Entingh, "Development of a wetland constructed for the treatment of groundwater contaminated by chlorinated ethenes", Ecological Engineering, Vol.30, pp.51-66, 2007.

National Research Council, Alternative for Ground Water Clean-up, Nation Academic Press,Washington, D.C,USA,1994.

Yin, y., Allen, H.E In Situ Chemical Treament, Technology Evalution Report, Ground-Water Remediation Technologies Analysis Center, Pittsburgh, PA, USA,1999.

Suthan S. Suthersan. Remediation engineering design concepts. CRC Press, Inc., 1996.

US EPA. How to evaluate alternative cleanup technologies for underground storage tank sites. EPA 510-B-94-003, October 1994.

Michael D. LaGrega, Phillip L. Buckingham, Jeffrey C. Evans. Hazardous waste management. McGraw-Hill, Inc., 1994.

Ground-Water Remediation Technologies Analysis Center. http://www.gwrtac.org.

Ralinda R. Miller, P. G. Air sparging. Ground-Water Remediation Technologies Analysis Center, 1996.

U. S. EPA Office of Solid Waste and Emergency Response Technology Innovation Office. In situ remediation technology status report: Treatment walls. EPA 542-K-94-004, 1995.

Yujun Yin and Herbert E. Allen. In situ chemical treatment. Ground-Water Remediation Technologies Analysis Center, 1999.

Diane S. Roote, P. G. In situ flushing. Ground-Water Remediation Technologies Analysis Center, 1997.

Robert J. Trach. Ultraviolet/Oxidation Treatment. Ground-Water Remediation Technologies Analysis Center, 1996.

US EPA. Insitu remediation technology status report: Electrokinetics. EPA 542-K-94-007, 1995.

Liesbet Van Cauwenberghe. Electrokinetics. Ground-Water Remediation Technologies Analysis Center, 1997.

U.S. EPA Office of Solid Waste and Emergency Response Technology Innovation Office. Recent developments for in situ treatment of metal contaminated soils. 1997.

Bedient, Philip B., Rifai, Hanadi S., and Newell, Charlens J., Grouond Water Contamination- Transport and Remediation, Prentice-Hall, Inc., New Jersey, 1994.

Office of Solid Waste and Emergency Response, Treatment Technologies for Site Cleanup: Annual Status Report (Tenth Edition), EPA 542-R-01-004, U. S. EPA, 2001.

Liesbet van Cauwenberghe and Roots, Diane S., In Situ Bioremediation, Ground-Water Remediation Technologies Analysis Center, 1998.

Yin, Yujun and Allen, Herbert E., In Situ Chemical Treatment, Ground-Water Remediation Technologies Analysis Center, 1999.

Office of Solid Waste and Emergency Response Technology Innovation Office,

Recent Developments for In Situ Treatment of Metal Contaminated Soils, EPA 542-R-97-004, U. S. EPA, 1997.

Yeh TY. Integrated Phytoremediation Review. SM J Pharmac Ther. 2015;1(2):1008.

Langwaldt, J. H. and Puhakka, J. A., On-site Biological Remediation of Contaminated Groundwater: A Review, Environmental Pollution, Vol. 107, pp. 189-197, 2000.

Ress, B., Kota, S., Kao, C. M., Barlaz, M. A., and Borden, R. C., Microbial and Geochemical. Heterogeneity in Gasoline Contaminated Aquifers Undergoing Intrinsic Bioremediation, Transactions American Geophysical Union, Spring Meeting, pp. 27-30, May 1997.

Brown, K., Sekerka, P, Thomas, M., Perina, T., Tyner, L., and Sommer, B., Natural Attenuation of Jet Fuel-impacted Groundwater. In: Alleman BC, Leeson A (eds) In Situ and On-site Bioremediation, Battelle Press, Columbus, Ohio, Vol., pp 83-88, 1997.

Miller, Ralinda R., Air Sparging, Ground-Water Remediation Technologies Analysis Center, 1996.

Miller, Ralinda R., Phytoremediation, Ground-Water Remediation Technologies Analysis Center, 1996.

國外精選範例

計算前情提要總整理

污染物濃度

Liguid phase：$ppm \leftrightarrow \dfrac{mg}{l} \times \dfrac{1}{\rho}$

Vapor phase：$ppm = \dfrac{MW}{22.4}(\dfrac{mg}{m^3})$ at 0°C

$= \dfrac{MW}{24.05}(\dfrac{mg}{m^3})$ at 20°C

$= \dfrac{MW}{24.5}(\dfrac{mg}{m^3})$ at 25°C

1ppm∀ 苯 C_6H_6 分子量 78 g/mol

$\dfrac{78}{24.05} = 3.24(\dfrac{mg}{m^3})$ at 20°C

$\dfrac{78}{24.5} = 3.18(\dfrac{mg}{m^3})$ at 25°C

Advective Transport（傳輸）

$J = C \times v$

J：flux density　　(M/L^2T)

C：concentration　(M/L^3)

v：velocity　　　　(L/T)

例題1

河川中污染物濃度 20 mg/L，河川流速 100 cm/s，求污染物之 flux density？

答 $J = Cv = 20 \text{ mg}/l \times \dfrac{\text{mg}}{1} \times \dfrac{1}{1000\text{cm}^3} \times 10 \text{ mg/cm}^2 \cdot s = 2 \text{ mg/cm}^2 \cdot s$

Fickian Transport (diffusion) 擴散傳輸

Fick's First law

$$J = -D\dfrac{dc}{dx} \text{ (one-dimension)}$$

$$\vec{J} = -D\nabla C \text{ (three dimension)}$$

$\quad$ J：flux density $\qquad\qquad\qquad\qquad$ (M/L^{2}T)
$\quad$ D：Fickian mass transport coefficient $\quad$ (L^2/T)
$\quad$ C：concentration $\qquad\qquad\qquad\quad$ (M/L^3)
$\quad$ X：distance $\qquad\qquad\qquad\qquad\quad$ (L)

例題2

某住宅區地下水遭受鄰近加油站洩漏污染。地下室底層底面積以 100m² 以下 2 公尺處，污染物蒸氣濃度 25 ppm，請估算每天油氣擴散至地下水之污染量為何？（g/d）已知擴散係數 D 為 10^{-2} cm²/s 地下室內通風良好故污染物蒸氣濃度可忽略，空氣密度 1 atm 時為 1.2g/L。

答 $J = -D\dfrac{dc}{dX}$

$C = 25 \dfrac{g}{g} \times 10^{-6} \times 12g/1000 \text{ cm}^3 = 3 \times 10^{-8} \text{ g/cm}^3$

$\dfrac{dC}{dX} = \dfrac{(0 - 3 \times 10^{-8}) \text{ g/cm}^3}{200 \text{ cm}} = -1.5 \times 10^{-10} \text{ g/cm}^4$

$J = -D \cdot \dfrac{dc}{dX} = -(10^{-2} \text{ cm}^2/s) \cdot (-1.5 \times 10^{-10} \text{ g/cm}^4) = 1.5 \times 10^{-12} \text{ g/cm}^2 \cdot s$

污染量 $= 1.5 \times 10^{-12} \text{ g/cm}^2 \times (10^6) \times (3600 \text{ s/hr} \times 24 \text{ hr/d}) = 0.13 \text{ g/d}$

吸附公式

1. 線性 $q_e = K_p \times C_e$

2. Freundlich $q_e = a \times C_e^{1/n}$

3. Langmuir $q_e = \dfrac{q_{max} \cdot a \cdot C_e}{1 + a \cdot C_e}$

$$C + SS \xrightleftharpoons{K_p} C:SS$$

$$K_P = \dfrac{[C:SS]}{[C][SS]}$$

水相 $\dfrac{C_W}{C_T} = \alpha_W = \dfrac{C}{C + C:SS} = \dfrac{[C]}{[C] + K_P[C][SS]} = \dfrac{1}{1 + K_P[SS]}$ [SS] = 固體物之濃度

固體 $\alpha_{C:SS} = 1 - \alpha_{WW} = 1 - \dfrac{1}{1 + K_P[SS]} = \dfrac{K_P[SS]}{1 + K_P[SS]}$

C_W：水溶解相濃度 mg/L

C_T：$C_W + C_S$：水溶解相 + 物體物相

$C_S = [SS]X$，X：mass of 污染物 /mass of ss

K_p：土壤/水 分析係數

[SS]：ss 濃度 mg/L

固相-液相平衡

1. 線性 $X = K_P \times C$

       $K_P = f_{OC} \cdot k_{OC}$

       $k_{OW} = \dfrac{C_{octanol}}{C_{water}}$

       $k_{OC} = 0.63 k_{OW}$

2. Freundlich $X = X_{max} \times \dfrac{KC}{1 + KC}$

3. Langmuir $X = KC^{1/n}$

❱❱ 非法棄置場址調查

1. 污染源特性
   (1) 桶裝或液體廢棄物
   (2) 有惡臭異味
   (3) 具腐蝕性、反應性及易燃性。ex：電鍍污泥、鋼鐵業集塵飛
2. 礦場採樣輔助工具
   (1) 重金屬 XRF(X-ray Fluorescence spectrometer)
       X 螢光分析儀
   (2) 採發性有機物 PIO/FW

- 大平鄉頂位於高雄市小港區與高雄縣林園鄉、大寮鄉
- 面積 2214 公頃
- 去年 Dioxin 甲苯
- 未來縣市合併位於中心位置

❱❱ Darcy's law

hydraulic head(h)：water move from $h_{high} \rightarrow h_{low}$

Bernoulli equation：$h = z + p/\rho g + v^2/2g$ (pressure above atmosphere pressure)

p：M/LT^2：gauge pressure $\rightarrow$ (F/A)：$\dfrac{M \cdot L/T^2}{L^2} = M/L \cdot T^2$

ρ：M/L^3：water density

g：____L/T^2

v：____L/T

$q = -k\,(dh/dx)$

specific discharge(L/T)　　hydraulic conductivity(L/T)　　head gradient

1. 擴散 (diffusion)

    Fick's first law $\quad J = -D\dfrac{dC}{dX}$

2. 傳輸 (advection)

    地下水流動　Darcy's law

    $$v_x = \dfrac{Q}{n_e A} = \dfrac{k}{n_e}\dfrac{ds}{dl}$$

    n_e：有效孔隙率
    k：水力傳導係數

    $\dfrac{ds}{dl}$：水力梯度

3. 機械性延展 (mechanical dispersion)

    流體動力延展 (hydrodynamic dispersion)

    X 方向平均線性地下水流速　　　　　　分子擴散

    $$D_L = a_L \cdot v_x + D^*$$

    動力延展性 (dynamic dispersivity)

4. 延滯現象 (retardation)

    延遲係數 (retardation factor) $= 1 + \dfrac{\rho_b \cdot k_R}{\theta_{(n)}}$

    ρ_b：土壤體積密度
    k_R：partition-coeff.
    $\theta_{(n)}$：porosity

    A. darcy's velocity $V_D = -k_n \dfrac{\Delta h}{\Delta x}$
    B. seepage velocity $V = V_P / \theta_{(\varepsilon \text{ or } \emptyset)}$
    C. 平均線性速度 $= \dfrac{\text{seepage velocity}}{R_{\text{(reardation factor)}}}$

❧ 污染物基本傳輸機制：

1. 稀釋 (dilution)
2. 傳輸 (advection)
3. 延散 (dispersion or diffusion)

1. 稀釋

$$C_L = C_o \exp\left(-\dfrac{\dfrac{RWL}{V_D}}{WT_n V_D}\right) \rightarrow C_L = C_o \exp\left(-\dfrac{RL}{T_n(V_D)^2}\right)$$

C_L：conc. at distance L，mg/L
C_0：原污染物濃度，mg/L
R：地下水入滲混合，ft/yr
W：入滲區之寬，ft
L：入滲區之長，ft
V_D：達西流速，ft/yr
T_n：地下水層厚度，ft

2. 傳輸

達西方程式　$V_D = -k_h \dfrac{\Delta h}{\Delta x}$

k_h：水利傳導
$\dfrac{\Delta h}{\Delta x}$：水利坡降
V_D：達西流速
$V = V_D / \varepsilon$
ε：effective porosity 有效孔隙率
V_D：seepage velocity

3. 延散

Molecular Diffusion：

Fick's 1st law：$F = -D \dfrac{dc}{dx}$

・溶解物質擴散到水中情形
・負號指高濃度將至低濃度

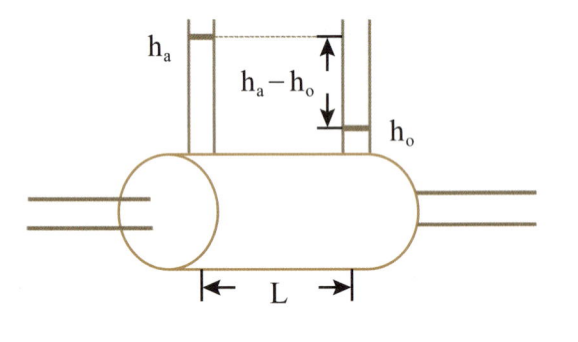

- F：每單位面積每單位時間溶解物之質量通量
- D 擴散係數：$1 \times 10^{-9} \sim 2 \times 10^{-9}$ m²/s

Fick's 2nd law：$\dfrac{dc}{dt} = D\dfrac{dc^2}{dx^2}$　濃度隨時間之變化

$\qquad\qquad\qquad = \alpha_x \cdot V$ 動力延散性

$\qquad\qquad\alpha_x$：dispersivity

$\qquad\qquad V$：seepage velocity 平均線性流速

Mechanical Dispersion

當污染物流過一滲透性介質將會與未受污染之水混合可藉由一延散作用將污染物稀釋。

Advection dispersion equation

$$\dfrac{\partial C}{\partial t} = DH\dfrac{\partial^2 C}{\partial X^2} - V\dfrac{\partial C}{\partial X}$$

▶ 污染物特性

1. 沸點 (boiling point)：
   - 大部分有機物介於 $-162 \sim 700$°C
   - 有機污染物以液態存在之最高溫度
   - 高沸點　低揮發性 (volatility)
   - 一般而言　分子量↑，沸點↑
   　　　　　　鍵結力↑，沸點↑

2. 蒸氣壓 (vapor pressure)

   亨利定律 $P = H \cdot C_W$

   　　atm　atm・L/mol　mol/L

   　　Pa　Pa・m³/mol　mol/m³

   or　$C_A = k_{AW} \cdot C_W$（其中 $C_A = n/v = p/RT$，$K_{AW} = H/RT$，

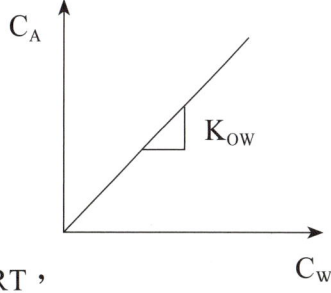

   　　　　　$R = 8.314$ Pa・m³/mol・K)

3. 辛醇／水分配係數 (Octanol/water Partition Coefficients, Kow)

$$K_{OW} = C_O/C_W$$

$K_{OW} > 1$，容易溶於辛醇，不容易溶於水，辛醇為非極性有機溶劑。

$K_{OW} > 1000$，表該化物性具疏水性，水溶解度小

4. 溶解度 (Solubility)

混合污染物平衡溶解度

$$C_i^* = C_i^0 \cdot X_i \cdot r_i$$

C_i^0：平衡濃度 (pure compound)

X_i：莫耳分率

r_i：活性係數 (activity coefficient)

單一污染物（苯）– 雨水不互溶之液體

$C^* = C^0 \cdot x \cdot r$　　由於 $C^* = C^0$，故 $x \cdot r = 1$

r 可測其 hydrophobicity（疏水性程度）

例題3

25℃ 苯 於水溶解度 (780 mg/L or 22.8 mol/m^3)

1 m^3 水 = 10^6/g/18 g/mol

$$X = \frac{22.8 \text{ mol/m}^3}{10^6 \text{ mol/18 m}^3} = 0.00041 \rightarrow r \fallingdotseq 2440 \text{ 倍}$$

例題4

水：1 百萬加侖水含 10 ppm 二甲苯 (1 gal = 3.785L)

土：100 Jd^3 含 10 ppm 二甲苯（土壤密度 = 1.8 g/cm*3, 1 jd^3 = 27 ft）

空氣：體積 200 ft × 50 ft × 20 ft 含 10 ppm

二甲苯，MW = 106 g/mol (1 ft = 0.3048 m)

答　水：10^6 gal × 3.785 L/gal × 10 mg/L = 3.79 × 10^7 mg
　　土：100 jd^3 × 27 ft^3/yd^3 × (30.48 cm/ft)^3 × 1.8 g/cm^3 × 10 mg/kg = 1.376 × 10^6 mg

空氣：$10 \text{ ppmv} \times \dfrac{106 \text{gmol}}{24.05} \times (20 \times 50 \times 20) \times (0.305 \dfrac{\text{mv}}{\text{ft}})^3 = 2.5 \times 10^5 \text{mg}$

污染傳輸 Advective Transport

→ $J = C \times V$，J：flux density $[M/L^2T]$，C：濃度 $[M/L^3]$，V：流速 $[L/T]$

例題5

河川中污染物濃度 20 mg/L，流速 100 cm/s，求 J？

答 → $J = C \cdot V$ J：flux density $[M/L^2T]$
 C：濃度 $[M/L^3]$
 V：流速 $[L/T]$

擴散物傳輸 Diffusion

→ Fick's law：$J = -D(\dfrac{dC}{dx})$ J：flux density $[M/L^2T]$
 D：擴算係數 $[L^3/T]$
 C：濃度 $[M/L^3]$
 X：距離 $[L]$

例題6

某住宅地下水道遭加油站洩漏污染，地下水底層面積 100 m²。底層下 2 m 污染蒸氣 25 ppm。試估每天擴散至地下室污染？g/d（已知 $D = 10^{-2}$ cm²/s. 空氣密度 1 atm 為 1.2 g/L）

答 $J = -D \times (\dfrac{dc}{dx})$

$= -10^{-2} \text{cm}^2/\text{s} \times \dfrac{(0 - 25 \times 10^{-6} \dfrac{g}{g}) \times \dfrac{1.2 g}{L} \times 10^{-3} \text{L/cm}^3}{200 \text{cm}} = 1.5 \times 10 \text{ cm}^{-12} \text{ g/cm}^3 \cdot \text{s}$

→ $1.5 \times 10 \text{ cm}^{-12} \text{g/cm}^3 \cdot \text{s} \times 86400 \text{ s/d} \times 100 \text{ m}^2 \times 10^4 \text{ cm}^2/\text{m}^2 = 0.13 \text{ g/d}$

傳流 (Advective)

- 達西流速 Darcy's Velocity

$$V_D = (\frac{Q}{A}) = -K_h(\frac{\Delta h}{\Delta x})$$

k_h：水利傳導係數 [L/T]

- Seepage Velocity

$V = V_D / \theta$

θ：孔隙率 porosity

$R = 1 + (\frac{\rho \cdot k_d}{\theta})$

R：遲滯係數 retardation factor
K_d：分配係數 distribution coefficient
ρ_b：密度 bulk density

例題7

$\theta = 0.4$, $k_h = 30$ m/d, $(\frac{\Delta h}{\Delta x}) = 0.01$，求 MTBE 平均線性流速？
($\rho_b = 1.8$ g/cm^3, $f_{OC} = 0.015$, $K_{OW} = 0.2$, $K_d = 0.63 \cdot f_{OC} \cdot K_{OW}$)

答 $V_D = 30 \times 0.01 = 0.3$ m/d

Seepage Velocity：$V = V_D/\theta = 0.3/0.4 = 0.75$

- 平均線性速度：

$\rightarrow R = 1 + (\frac{1.8 \times 0.63 \times 0.2 \times 0.015}{\theta}) = 1.008505$

$\rightarrow V/R = \frac{0.75 \text{ m/d}}{1.008505} = 0.7435$ m/d

Porosity, 孔隙率 $= V_a + V_w/V_t$

Solid density, $\rho_s = M_s/V_s$

Bulk density, $\rho_b = M_s/V_t = \frac{M_s}{V_t + V_w + V_s}$

污染物特性

- 沸點

  分子量越大者，沸點越大

  鍵結力越大者，沸點越高

- 蒸氣壓

  → $P = H \times C_W$　　H：亨利常數

- 辛醇/水　分配係數

  → $K_{ow} = \dfrac{C_o}{C_w}$　　　K_{ow}：partition coefficient

  　　　　　　　　　C_o：辛醇 (非極性)

  　　　　　　　　　C_w：水 (極性)

- 溶解度

  → $C^* = C^o \cdot X \cdot \gamma$ ， $X \cdot \gamma = 1$

例題8

單一污染物 (苯)

苯於水的溶解度 22.8 mol/m³

→ $1 m^3$ 水 $= 10^6 g \times 1/18 (mol/g)$

→ $X = \dfrac{22.8 \text{ mol/m}^3}{\dfrac{10^6}{18} \text{mol/m}^3} = 0.00041$

→ $X \cdot \gamma = 1$ ， $\gamma = 2440$

➣ 氣相－液相平衡

$P_A = H_A C_A$　　H_A：亨利常數

● 例題9

某廠址受四氯乙烯污染，土染氣體含 1250 ppm∀ 四氯乙烯，求土壤水氣中四氯乙烯濃度（20℃）

答 I. 已知 PCE 之 H_A 為 25.9 atm/M，分子量 165.8

$1250 \text{ ppm} \forall = 1250 \times 10^{-6} \text{atm} = P_A$

$P_A = H_A C_A \rightarrow C_A = \dfrac{P_A}{H_A} = \dfrac{1250 \times 10^{-6} \text{ atm}}{25.9 \text{ atm/M}} = 4.82 \times 10^{-5}$

$C_A = 4.82 \times 10^{-5} \text{ mol/L} \times 165.8 \text{ g/mol} = 8 \times 10^{-3} \text{ g/L} = 8 \text{ mg/L} \approx 8 \text{ ppm}$

II. 已知 PCE 之無因次亨利常數 $H^* = 1.08$，$G = H^* C$

$G = 1250 \text{ ppm} \forall \rightarrow 1250 \times \dfrac{MW(165.8)}{24.05} = 8620 \text{ mg/m}^3 = 8.62 \text{ mg/L}$

$G = H^* C \rightarrow C = \dfrac{8.62 \text{ mg/L}}{1.08} = 8 \text{ ppm}$

$C_t = \text{mol/L}$，$P_t = \text{atm}$，$q_e = \text{mg/g}$　　Toluene $= 10^{-3} \text{ mol} = 92 \text{ mg}$

亨利定律　　$C_t = 0.15 P_t$

Freundlich 吸附 $q_e = 100 \times (92000 C_t)^{0.45} = 1.71 \times 10^4 C_t^{0.45}$，

($q_e = 100 C_e^{0.45}$，$C_e = \text{mg/l}$)

$10^{-3} \text{ mole} = 2.17 \times 10^{-6} q_e + C_t + \underline{0.0416 P_t}$

　　　↓

0.2/92000　　　　　　　　　　　$PV = nRT \rightarrow \dfrac{PV}{RT} = \dfrac{1 \times 1 \times 10^{-3}}{293 \times 82.05 \times 10^{-6}} = 0.0416$

$1.277 C_t + 0.0371 C_t^{0.45} - 1.0 \times 10^{-3} = 0$

$C_t + 0.0291 C_t^{0.45} - 7.83 \times 10^{-4} = 0$

$C_t = 0.18 \times 10^{-3} \text{ mol}$

$P_t = 1.2 \times 10^{-3} \text{ mol}$

$q_e = 0.01 - (1.2 \times 10^{-3} + 0.18 \times 10^{-3}) = 0.09862 \text{ mol}$

例題10

某場地受四氯乙烯污染，土染氣體含 1250 ppmv 四氯乙烯，求土壤水氣中四氯乙烯濃度（20°C）已知 H_A 為 25.9 atm/μ，分子量 165.8，H^*（無因次）1.08

答 $P_A = H_A \times C_A$

$\to C_A = \dfrac{P_A}{H_A} = \dfrac{1250 \times 10^{-6} \text{atm}}{H_A \text{ atm/}\mu} = 4.82 \times 10^{-5} \text{ mol/L}$

$= 4.82 \times 10^{-5} \text{ mol/L} \times 165.8 \text{ g/mol} \times 10^3 \text{ mg/g} = 8 \text{ mg/L}$

$G = H^* \times C$

$\to G = 1250 \text{ ppm} \times \dfrac{165.8}{24.05} = 8620 \text{ mg/m}^3$

$\to C = (8620 \text{ mg/m}^3)/1.08 = 8 \text{ mg/L} = 8 \text{ ppm}$

▶ 固液平衡

- Langmuir：$X = \dfrac{X_{max} \times k \times C}{1 + KC}$
- Freundlich：$X = k \times c^{1/n}$
- Linear 線性：$X = k_p \times c$ ，$k_p = f_{oc} \times k_{oc}$ ($k_{oc} = 0.63 k_{ow}$)　f_{oc}：土壤中有機碳含量

例題11

某場地受四氯乙烯污染，已知地下水含 200 ppb，土壤吸附 PCE 量？已知土壤含 1% 有機碳，$K_{oc} = 251$ L/Kg

答 $k_p = f_{oc} \times k_{oc} = 0.01 \times 251 \text{ L/Kg} = 2.51 \text{ L/kg}$

$\to X = K_p \times c = 2.51 \text{ L/kg} \times 0.2 \text{ mg/L} = 0.5 \text{ mg/kg}$

例題12

某場址受 PCE 污染，地下環境 $\theta=0.4$，$\rho_b=1.8 \text{ g/cm}^3$ 若地下水含 200 ppb PCE，$f_{oc}=1\%$，$K_{oc}=251$ L/Kg 求溶解態及吸附態各占多少？

答 假設 1L 地下環境

→溶解：$V \cdot \theta \cdot C = 1L \cdot 0.4 \cdot 0.2 \text{ mg/L} = 0.08 \text{ mg}$

→吸附：$X \cdot V \cdot \rho_b = 0.5 \text{ mg/kg} \times 1L \times 1.8 \text{ g/cm}^3$
$= 0.5 \text{ mg/kg} \times 1 \text{ L} \times 1.8 \text{ kg/L} = 0.9 \text{ mg}$

→ $\dfrac{0.08}{0.9+0.08} = 8.2\%$ (溶解態)

→ $100\% - 8.2\% = 91.8\%$ (吸附態)

▶ Free Product

- 某污染場址假設總體積 V，判別自由相存在否
    1. 污染物在水相 (soil moisture) $= V[L^3] \cdot \Phi_W \cdot C[M/L^3]$　孔隙率 $\Phi = \Phi_W + \Phi_a$
    2. 污染物在吸附相 $= V[L^3] \cdot \rho_b[m/L^3] \cdot X$
    3. 污染物在氣相 $= V[L^3] \cdot \Phi_a \cdot G[M/L^3]$
- 漏油污染物總量

    $Mt = 1 + 2 + 3 +$ 自由相
- 若無污染物自由相，則

    $Mt = 1 + 2 + 3$

    $= V \cdot \Phi_W \cdot C + V \cdot \rho_b \cdot X + V \cdot \Phi_a \cdot G$　, $G = H \cdot C$　, $X = K_p \cdot C$

    → $\dfrac{Mt}{V} = \Phi_W \cdot C + \rho_b \cdot X + \Phi_a \cdot G$

    $= (\dfrac{\Phi_W \cdot C}{G} + \dfrac{\rho_b \cdot X}{G} + \Phi_a) \cdot G$

    $= (\dfrac{\Phi_W}{H} + \dfrac{\rho_b \cdot K_p}{H} + \Phi_a)$

$$\rightarrow \frac{Mt}{V} = \Phi_W \cdot C + \rho_b \cdot X + \Phi_a \cdot G$$

$$= (\Phi_W + \frac{\rho_b \cdot X}{C} + \frac{\Phi_a \cdot G}{C}) \cdot C$$

$$= (\Phi_W \cdot \rho_b \cdot K_p + \Phi_a \cdot H) \cdot C$$

$$\rightarrow \frac{Mt}{V} = \Phi_W \cdot C + \rho_b \cdot X + \Phi_a \cdot G$$

$$= (\frac{\Phi_W \cdot C}{X} + \rho_b + \frac{\Phi_a \cdot G}{X}) \cdot X$$

$$= (\frac{\Phi_W}{K_p} + \rho_b + \frac{\Phi_a \cdot H}{K_p}) \cdot X$$

例題13

Total $M_T = 10^{-3}$ mole，Toluene＝92 mg 加入 200 mg 之活性碳
$q_e = 100C_e^{0.45}$ (q_e＝mg/g，C_e＝mg/L)，求 C_W＝？

答 亨利定律 $C_e = H \cdot P$，$T = 293°K$，$R = 82.05 \times 10^{-6}$ mol^{-1} · atm · K^{-1} · m^3，
$H = 0.15$ M · atm^{-1}

$$\frac{M_L}{\forall_W} = H \frac{M_A \cdot R \cdot T}{92 \forall_A} \qquad C_6H_5CH_3 = 7 \times 12 + 8 = 92 \text{ g/mol}$$

$$M_L = 0.15 \times 82.05 \times 10^{-6} \times 293 \times \frac{M_A}{92} = 3.92 \times 10^{-5} M_A$$

$$q_e = 100 C_e^{0.45} \qquad \frac{M_S}{M_{carbon}} = 100(\frac{M_L}{\forall_W})^{0.45}$$

$$\frac{M_S}{200\text{mg} \times 10^{-3}} = 100(\frac{M_L}{1})^{0.45}$$

$$M_S = 20 M_L^{0.45}$$

$$M_T = M_L + M_A + M_S = M_L + \frac{1}{3.92 \times 10^{-5}} M_L + 20 M_L^{0.45} = 92 \times 10^{-3}$$

$$C_T = 0.18 \times 10^{-3} \text{ mol/L} = 0.18 \times 10^{-3} \times 92 = 0.01656 \text{ g/L}$$

例題 14

求污染物質 M_T 在固體物表面（$M_{T(S)}$）及水溶液中（$M_{T(d)}$）之分布？

答 $M_{T(S)} + M_{T(d)} = M_T$

已知固體物重量 M_S，溶液體積 $\forall_W = L_W^3$，固體物之體積 $\forall_S = L_S^3$

總體積 $= \forall_S + \forall_W = L_S^3 + L_W^3 = L_{S+W}^3$

孔隙率 $\emptyset = \dfrac{L_W^3}{L_S^3 + L_W^3} = \dfrac{L_W^3}{L_{S+W}^3}$

$C_P =$ 附著於固體物上污染物之重量（$M_{T(S)}/L_{S+W}^3$）

$C_d =$ 校正後溶解之污染物之重量（$M_{T(d)}/L_{S+W}^3$）

$C'_d =$ 溶解之污染物之重量（$M_{T(d)}/L_W^3$）

$C_T = C_P + C_d$

令 $\gamma = \dfrac{M_{T(S)}}{M_S}$，$m = \dfrac{M_S}{L_{S+W}^3}$（如 ss 之濃度）

$\therefore C_P = \gamma \cdot m$

1'（校正前的分配係數）$= \dfrac{M_{T(S)}/M_S}{M_{T(d)}/L_W^3} = \dfrac{\gamma}{C'_d}$

1（校正後的分配係數）$= \dfrac{M_{T(S)}/M_S}{M_{T(d)}/L_{S+W}^3} = \dfrac{\gamma}{C_d} \rightarrow \gamma = 1 \cdot C_d$

例題 15

土壤採樣含 TCE 樣本 5000 及 9000 mg/kg，求污染場址是否有自由相？
$\phi = 0.4$，$f_{oc} = 0.02$，$T = 20°C$　$\rho_b = 1.8$ g/cm³，MW：TCE $= 133.4$ g/mol，
$P^{vap} = 100$ mmHg，$\log K_{ow} = 2.49$，$H = 0.6$，$\phi_w = 0.4 \times 0.3$（30% water saturation）

答 $P^{vap} = 10$ mmHg $= \dfrac{100}{760} \times 10^6 = 13200$ ppm$\forall$

$\rightarrow G =$ ppm$\forall \times \dfrac{MW}{24.05}$

$= 132000 \times \dfrac{133.4}{24.05} = 733000$ mg/m³

$$K_P = 0.63 f_{oc} \cdot K_{ow}$$
$$= 0.63 \times 0.02 \times 10^{2.49} = 3.9 \text{ L/Kg}$$

$$\rightarrow \frac{ut}{\forall} = [\frac{\phi_w}{H} + \frac{\rho_b \cdot K_p}{H} + \phi_a] \cdot G$$

$$= [\frac{0.4 \times 0.3}{0.6} + \frac{1.8 \times 3.9}{0.6} + 0.4 \times (1-0.3)] \times 733 \text{ mg/L}$$

$$= 8930 \text{ mg/l} \times \frac{1}{1.8 \text{ kg/L}}$$

$$= 4960 \text{ mg/kg} < 5000 \text{ or } 9000，均有自由相$$

例題16

土壤濃度 500 mg/kg（無自由相），求土壤氣體濃度？ppm$\forall$，$\phi = 0.35$，$f_{oc} = 0.03$，T = 25℃，$\rho_b = 1.7$ g/cm^3，MW = 78.1 g/mol，$\log K_{ow} = 2.13$，H = 5.55 atm/M，$\phi_w = 0.35 \times 0.45$

答 $H^* = \frac{H}{RT} = \frac{5.55 \text{ atm/m}}{0.082 \text{ atm/KM} \times (298)} = 0.23$

$K_P = 0.63 f_{oc} k_{ow}$
$= 0.63 \times 0.03 \times 10^{2.13} = 2.55$

$\rightarrow \frac{ut}{\forall} = [\frac{0.35 \times 0.45}{0.23} + \frac{1.7 \times 2.55}{0.23} + 0.35 \times (1-0.45)]G$

$\rightarrow 500 \frac{\text{mg}}{\text{kg}} \times 1.7 \frac{\text{kg}}{\text{L}} = [\frac{0.35 \times 0.45}{0.23} + \frac{1.7 \times 2.55}{0.23} + 0.35 \times 0.55]G$

$\rightarrow G = 43 \text{ mg/L} = 43000 \text{ mg/m}^3$

$\rightarrow G = x \times \frac{MW}{24.5}$

$\rightarrow 43000 \text{ mg/m}^3 = x \times \frac{MW}{24.5}$，$x = 13500 \text{ ppm} \forall$

▶ Raoult's Law

$P_A = P^{vap} \cdot X_A$ P_A：汽相 A 之分壓

P^{vap}：純相 A 之蒸汽壓

X_A：莫耳分率 (A)

例題17

甲苯及二甲苯污染物其莫耳分率分別為 0.536 及 0.464 以 SVE 整治，抽出之蒸汽壓為何？已知甲苯及二甲苯 P^{vap} 22 mmHg 及 10 mmHg，MW：甲苯 = 92.1 g/mol，二甲苯 = 106.2 g/mol.

答 $P_{甲苯} = 22 \text{ mmHg} \times 0.536 = 11.79 \text{ mmHg}$

$\rightarrow \dfrac{11.79}{760} \times 10^6 = 1.55 \times 10^4 \text{ ppm}\forall$

$P_{二甲苯} = 10 \text{ mmHg} \times 0.464 = 4.64 \text{ mmHg}$

$\rightarrow \dfrac{4.64}{760} \times 10^6 = 6100 \text{ ppm}\forall$

例題18

某場址 5000 mg/kg 苯污染，$\rho_b = 1.8 \text{ g/cm}^3$，飽和蒸汽 30%，$\theta = 40\%$，求土壤氧氣是否能足夠完成生物分解所需。

答 $C_6H_6 + 7.5O_2 \rightarrow 6CO_2 + 3H_2O$

→所需氧 = 3.08 gO_2/gC_6H_6

→假設 1 m³ 土壤 = 5000 mg/kg × 1 m³ × 1800 kg/m³ = 9000 g 苯

→ 9000 g × 3.08 gO_2/gC_6H_6 = 27720 g O_2

空氣 21% 的 O_2

$\rightarrow 210000 \text{ ppm}\forall \times \dfrac{32 \text{ g/mol}}{24.05 \text{ L/mol}} \times 10^{-3} \dfrac{\text{mg}}{\text{L}} = 279 \text{ mg/L}$

水中溶氧 ≈ 9 mg/L

→土壤水蒸氣：$\forall \times \theta \times S_w$

$$= 1m^3 \times 40\% \times 30\% = 9\frac{mg}{L} \times 120L = 1.08g$$

土壤氣體：$\forall \times \theta \times (1-S_w)$

$$= 280L \times 279\frac{mg}{L} = 78.1g$$

→ $78.1 + 1.08 = 79.2g \ll 27720g$

→需額外通氣

> **例題19**
>
> 375 gd³ 污染土壤含 158 kg C_7H_{16}，$\theta = 35\%$，
> 求需添加多少公斤 P（as $Na_3PO_4 \cdot 12H_2O$）及多少公斤？
> N(as$(NH_4)_2SO_4$)，C：N：P = 100：10：1

答 MW of C_7H_{16} = 100 g/mol

→ $\dfrac{158 \text{ kg}}{100 \text{ g/mol}} = 1.58 \times 10^3$ mol

→所含 C：$1.58 \times 10^3 \times 7 = 11.06 \times 10^3$ mol

所需 N：$\dfrac{10}{100} \times 11.06 \times 10^3$ mol

$$= 1.106 \times 10^3 \text{ mol} \quad (N)$$

→ $\dfrac{1.106 \times 10^3 \text{ mol}}{2} \times 132\dfrac{g}{mol} = 73\text{ kg as }(NH_4)_2SO_4$

所需 P：$\dfrac{1}{100} \times 11.06 \times 10^3$ mol

$$= 0.1106 \times 10^3 \text{ mol} \quad (P)$$

→ $0.1106 \times 10^3 \text{ mol} \times 380\dfrac{g}{mol} = 42 \text{ kg as } Na_3PO_4 \cdot 12H_2O$

降解反應

	批次	完全混合
零階	$C_t = C_0 - kt$	$C_t = C_m - kt$
一階	$C_t = C_0 \cdot \exp(-kt)$	$\dfrac{C_t}{C_m} = \dfrac{1}{1+k\theta}$
二階	$C_t = \dfrac{C_0}{1+kt \cdot C_0}$	$\dfrac{C_t}{C_m} = \dfrac{1}{1+k\theta \cdot C_t}$

假一階反應

> **例題20**
>
> $\dfrac{d[\mu]}{dt} = -k_2[\mu][MnO_4^-]$
>
> 當 $[MnO_4^-]$ 維持定值
>
> $\rightarrow \dfrac{d[\mu]}{dt} = -k''[\mu]$
>
> $\rightarrow [\mu]_t = [\mu]_0 \cdot \exp(-k'' \cdot t)$
>
> $\rightarrow t_{1/2} = \dfrac{0.693}{k''}$　　$([\mu]_t = 1/2[\mu]_0)$

熱脫附

批次的一階脫附反應

$\rightarrow C_t = C_0 \cdot \exp(-kt)$

> **例題21**
>
> 假設土壤含 TPH 2500 mg/kg，為達管制標準 1000 mg/kg，所需批次熱脫附系統反應時間？（已知達 150 mg/kg 需 25 分）

答 $\dfrac{C_t}{C_0} = \exp(-kt)$

$\rightarrow \dfrac{150}{2500} = \exp(-k \cdot 25)$，$k = 0.113 \text{ min}^{-1}$

$\rightarrow \dfrac{1000}{2500} = \exp(-0.113 \cdot t)$，$t = 8.1 \text{ min}$

一階脫附反應的完全混合反應槽

$\rightarrow$ 停留時間 $\theta = \dfrac{\forall}{Q}$

$\rightarrow \dfrac{C_{out}}{C_{in}} = \dfrac{1}{1 + k(\dfrac{\forall}{Q})}$

答 2

$\dfrac{150}{2500} = \dfrac{1}{1 + k(25)}$，$k = 0.627 \text{ min}^{-1}$

$\rightarrow \dfrac{1000}{2500} = \dfrac{1}{1 + 0.627\theta}$，$\theta = 2.39 \text{ min}$

柱塞式反應槽

$\rightarrow C_t = C_0 \cdot \exp(-kt)$ 同批次

土壤酸洗

平衡後，土壤與酸洗液濃度關係

$X_{initial} \times \mu_s = X_{final} \cdot \mu_s + C \cdot \forall_l$，$X_{initial}$：土壤污染物初始濃度 (mg/kg)

X_{final}：土壤污染物殘餘濃度

μ_s：土壤重 (kg)

C：清洗液中污染物濃度 (mg/L)

$\forall_l$：清洗液體積

$$\rightarrow X_{final} = k_p \cdot C \text{ , } k_p = 0.63 \times f_{oc} \times k_{ow}$$

$$\rightarrow C = \frac{X_{final}}{k_p}$$

$$\rightarrow X_{initial} \times \mu_s = X_{final} \cdot (\mu_s + \frac{\forall_1}{k_p})$$

$$\rightarrow \frac{X_{final}}{X_{initial}} = \frac{\mu_s}{\mu_s + \frac{\forall_1}{k_p}} = \frac{1}{(1 + \frac{\forall_1}{k_p \cdot \mu_s})}$$

多重洗滌

$$\frac{X_{final}}{X_{initial}} = \frac{1}{(1 + \frac{\forall_{l1}}{k_p \cdot \mu_s})} \times \frac{1}{(1 + \frac{\forall_{l2}}{k_p \cdot \mu_s})} \times \frac{1}{(1 + \frac{\forall_{l3}}{k_p \cdot \mu_s})}$$

例題22

土壤中含 500 mg/kg 之 1,2-二氯乙烷及 500 mg/kg 焦油，欲以土壤清洗方法整治污染土壤，每批可清洗 1000 kg 土壤，使用清水 3755 L，計算最終土壤污染濃度？1,2-二氯乙烷 $K_{OW}=34$，焦油 $K_{OW}=75900$，$\rho_b=1.8$ g/cm^3，$f_{oc}=0.005$

答 k_p 1,2-二氯乙烷 $= 0.63 \times 0.005 \times 34 = 0.11$

焦油 $= 0.63 \times 0.005 \times 75900 = 239$

$$\rightarrow X_{final} = \frac{X_{initial}}{(1 + \frac{\forall_1}{k_p \cdot \mu_s})}$$

$$\rightarrow \frac{500}{(1 + \frac{3755}{0.11 \times 1000})} = 14.1 \frac{mg}{kg} \quad \text{1,2-二氯乙烷}$$

$$\rightarrow \frac{1}{(1 + \frac{3755}{239 \times 1000})} = 492.27 \frac{mg}{kg} \quad \text{焦油}$$

氣提系統 (Air Stripping)

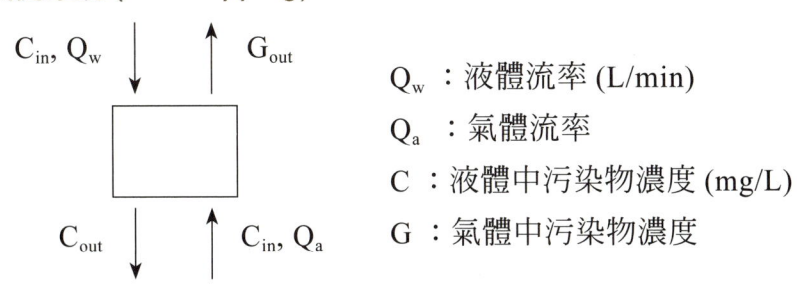

$C_{in}, Q_w \downarrow \quad \uparrow G_{out}$

$C_{out} \downarrow \quad \uparrow C_{in}, Q_a$

Q_w：液體流率 (L/min)
Q_a：氣體流率
C：液體中污染物濃度 (mg/L)
G：氣體中污染物濃度

→ $C_{out} = G_{in} = 0$（理想狀態）

→ $Q_W \cdot C_{in} = Q_a \cdot G_{out}$　or　$Q_W \cdot C_{in} + Q_a \cdot G_{in} = Q_W \cdot C_{out} + Q_a \cdot G_{out}$

氣體平衡時

$G_{out} = H^* \cdot C_{in}$　亨利常數（無因次）

→ $\dfrac{G_{out}}{C_{in}} = \dfrac{Q_w}{Q_a} = H^*$

→ $H^* = (\dfrac{Q_a}{Q_w}) = 1$，$\dfrac{Q_a}{Q_w}$ 數倍以上，因為非理想狀態

→ 例題23

抽取之地下水含氯仿濃度為 50 mg/L 降至 0 mg/L，$H^* = 0.098$，已知 $Q_w = 120$ gpm，求最低通氣量？

答 $H^* = (\dfrac{Q_a}{Q_w}) = 1$

→ $0.098 \times (\dfrac{Q_a}{120}) = 1$，$Q_a = 1230$ gpm.

❯❯ 氧化法

→ 當量 $EW(g/eq) = \dfrac{\mu \cdot w}{z}$

→ $N(eq/L) = \dfrac{重量濃度}{EW}$

$MnO_4^- + 8H^+ + 5e^- \rightarrow Mn^{2+} + 4H_2O$

$Fe^{2+} \rightarrow Fe^{3+} + e^-$

→ $MnO_4^- + 8H^+ + 5Fe^{2+} \rightarrow Mn^{2+} + 5Fe^{3+} + 4H_2O$

▸ 例題24

地下水含 400 ppb Fe^{2+}，以 $KMnO_4$ 氧化，
(1) 求所需 MnO_4^- 量？
(2) 若 Fe^{2+} 以一階反應氧化，求達 3.2 ppb 所需時間？（已知 400 ppb 降至 16 ppb 需 2 分鐘）

【答】(1) $400 \times 10^{-6} \text{ g/L} \times \dfrac{1}{56 \text{ g/mol}} \times \dfrac{1}{5} = 1.428 \times 10^{-6}$ mol/L

(2) $\dfrac{dc}{dt} = -kc$，$\dfrac{Ct}{C0} = e^{-kt}$

→ $\dfrac{16}{400} = e^{-k \cdot 2}$，$k = 1.61 \text{ min}^{-1}$

→ $\dfrac{3.2}{400} = e^{-1.61 \cdot t}$，$t = 3$ min

當量 (equivalent weight, EW) = $\dfrac{分子量 \text{ (Molecular weight, Mw)}}{z}$

z： 1. 價數
    2. 酸鹼 H^+ or OH^-
    3. 氧化還原

例題25

1. Ca^{2+} EW $= \dfrac{MW}{Z} = \dfrac{40 \text{ g/mol}}{2 \text{ eq/mol}} = 20$ g/eq

2. $CaCO_3$ $\quad Ca^{2+} + CO_3^{2-} \rightarrow CaCO_3$

   $\quad\quad\quad\quad\quad CaCO_3 + 2H^+ \rightarrow Ca^{2+} + H_2CO_3$

   EW $= \dfrac{MW}{Z} = \dfrac{(40 + 12 + 3 \times 16) \text{ g/mol}}{2 \text{ eq/mol}} = 50$ g/eq

3. 40 mg/L of Ca^{2+} 以硬度表示 as $CaCO_3$ mg/L？

   $\dfrac{40 \text{ mg/L}}{EW_{Ca}} = \dfrac{40 \text{ mg/L}}{20 \text{ g/eq}} = 0.002$ eq/L $\times EM_{CaCO_3} = 0.002$ eq/L $\times 50$ g/eq

   $\quad\quad\quad = 100$ mg/L as $CaCO_3$

▶ 沉澱法

例題26

去除地下水中 Mg^{2+}，添加 NaOH 以產生 $Mg(OH)_{2(s)}$，已知地下水抽出率 Q=150 gpm，pH=11，$[Mg^{2+}]$=100 mg/L，ksp=9×10^{-12}，MW=24.3，固體物 1%，求 $Mg(OH)_2$ 污泥生產率？

答 $Mg(OH)_{2(s)} \leftrightarrow Mg^{2+} + 2OH^-$

$\rightarrow$ Ksp $= [Mg^{2+}][OH^-]^2 = [Mg^{2+}][10^{-3}]^2 = 9 \times 10^{-12}$

$\rightarrow [Mg^{2+}] = 9 \times 10^{-6}$ M

$\rightarrow 9 \times 10^{-6}$ mol/L $\times 24.3$ g/mol $\times 10^3$ mg/g $= 0.22$ mg/L

$\rightarrow ([Mg^{2+}] \text{ 初始} - [Mg^{2+}] \text{ 最終}) \times Q \times \dfrac{58.3}{24.3}$

$\rightarrow (100 - 0.22)$ mg/L $\times 150$ gal/min $\times 3.785$ L/gal $\times \dfrac{58.3}{24.3} \times 10^{-3}$ g/mg $= 136$ g/min

活性碳吸附

> **例題27**
>
> 某場址發現地下水受甲苯污染濃度 5 mg/L，為達 100 ppb 之標準，以活性碳吸附處理，套裝 55 gal 活性碳吸附設備，直徑 1.5 ft，高 3 ft，ρ_b＝30 lb/ft³，其可去除多少 lb 甲苯？（Langmuir model $q = \dfrac{0.004Ce}{1+0.002Ce}$（kg 甲苯 /kg 活性碳））

答 $qe = \dfrac{0.004 \times 5}{1+0.002 \times 5} = 0.02 \dfrac{kg}{kg} = 0.02 \dfrac{lb}{lb}$

$\rightarrow \dfrac{\pi D^2}{4} \cdot h = \dfrac{\pi (1.5)^2}{4} \cdot 3 = 5.3 \text{ ft}^3$

$\rightarrow 5.3 \text{ ft}^3 \times 30 \text{ lb/ft}^3 = 159 \text{ lb}$

$\rightarrow 159 \text{ lb} \times 0.02 \dfrac{lb}{lb} = 3.18 \text{ lb}$ 甲苯

> **例題28**
>
> 延續上題，地下水抽出率 30 gal/min，求更換頻率？

答 5 mg/L × 30 gal/min × 1440 min/d × 3.785 L/gal ＝ 817560 mg/d

$\rightarrow$ 817560 min/d × 10^{-3} g/mg × $\dfrac{1}{454}$ lb/g ＝ 1.8 lb/d

$\rightarrow \dfrac{3.18 \text{ lb}}{1.8 \text{ lb/d}} = 1.7 \text{ d}$

例題29

掩埋場之滲出水滲漏至地下水體。試計算地下水之流量截面積 1600 ft²、水力坡降 $\dfrac{dh}{dL}$：0.005、水力傳導係數：2500 gpd/ft²

答 由達西定律得知

$Q = KiA = K \dfrac{dh}{dL} A$

  $= 2500 \ (gpd/ft^2) \times 0.005 \times 1600 (ft^2)$
  $= 2,0000 \ gpd (gal\ per\ day)$

例題30

處理含 PAH 污染土壤，挖除污染土壤總量 1,0500 yd³，6.8 畝土地作為整治復育污染土壤之用。求污染土壤厚度。

答 $1,0500 \ yd^3 \times 0.7646 \ m^3/yd^3 = 8028 \ m^3$ – 土壤體積

$1.4 \times 8028 \ m^3 = 1.1240 \ m^3$　土壤翻鬆之體積 (1.4 fluffing faltor)

土地處理面積　$6.8 \ acre \times 4047 \times 10^3 \ m^2/acre = 2,7500 \ m^2$

土地處理厚度　$h = \dfrac{Soil\ Volume}{Surface\ area} = \dfrac{1,1240 \ m^3}{2,7520 \ m^2} = 0.41 \ m = 41 \ cm$

定義：實際地下之水流速度將大於達西流速，其稱為 Seepage Velocity or interstitial velocity，其關係為 $v_s = \dfrac{v}{\phi} = \dfrac{Q}{\phi A}$　　ϕ：孔隙率（如 0.33）

例題31

水力傳導係數為 2500 gpd/ft^2，孔隙率為 0.35，雨水井之間距離為 1 mile，其水位高分別為 560 ft，求 (1) 達西流速 (2) seepage velocity (3) 污染物（不分解）由一井流至另一水井所需時間？

答 (1) $v = k \dfrac{dh}{dL} = 2500 \text{ gpd/ft}^2 \times \dfrac{560-50}{5280 \text{ ft}} \times 0.134 \dfrac{\frac{\text{ft}}{\text{d}}}{\frac{\text{fpd}}{\text{ft}^2}} = 0.63 \dfrac{\text{ft}}{\text{d}}$

(2) $v_s = \dfrac{v}{\phi} = \dfrac{0.63}{0.35} = 1.81 \text{ ft/d}$

(3) $\dfrac{5280 \text{ ft}}{1.81 \frac{\text{ft}}{\text{d}}} = 2912 \text{ day} = 8.0 \text{ year}$

例題32

污染泥狀土壤含 650 ppm TPH，實驗室內探討 TPH 降解，假設其循一階反應降解半衰期（half-life）為 15 天。

求 (1) 將 TPH 降至 100 ppm 所需時間？
　(2) 若泥狀土壤送入卒為 6 m^3/d 求所需反應槽的體積？

答 (1) $\dfrac{dh}{dL} = -KC$

積分→ $\quad C = C_0 \times \exp(-kt)$

$\dfrac{C}{C_0} = 0.5 = \exp(-k(15))^d$

$K = \dfrac{\ln 0.5}{-15} = 0.0461/\text{d}$

$100 = 650 \exp(-0.046 \times t)$

$t = \text{HRT} = 41 \text{d}$

(2) $V = Q \times t = 6 \text{ m}^3/\text{d} \times 41 \text{d} = 246 \text{ m}^3$

例題33

某地下儲槽體積 4.5 m³ 因蟹肉移除，所挖取之坑洞為 4m×4m×5m。挖取土壤置於現地，土壤平均 TPH 之濃度為 1200 ppm（1200 mg/kg）求挖取土壤所含之 TPH 總量，土壤密度 1800 kg/m³

答 土壤之體積：4×4×5−4.5＝75.5
75.5 m³ × 1800 kg/m³ × 1200 mg/kg＝163 kg

例題34

某污染場址受四氯乙烯污染，體下土壤孔隙率 0.4，密度 1.8 g/cm³，若地下水中含 PCE 200 ppb，假設污染物符合線性吸附關係。公式（$K_p = f_{oc} \times k_{oc}$，$X = k_p \times c$）
(1) 計算土壤所吸附之 PCE 為何？　其 f_{oc}＝170，k_{oc}＝251
(2) 溶解態及吸附態 PCE 為何？（V 為 1L 地下環境）

答 (1) $X = k_p \times c = f_{oc} \times k_{oc} \times c = 0.01 \times 251(L/kg) \times 200 \times 10^{-3}(mg/kg)$
　　　$= 0.01 \times 251 \times 200 \times 10^{-3} = 0.5(mg/kg)$

(2) 假設 1L 之地下環境

溶解態：$C \times V \times \varphi = 200 \times 10^{-3} = 200 \times 10^{-3} \times 1L \times 0.4 = 0.08$ mg

吸附態：$X \times V \times \rho_b = 0.5\ (mg/kg) \times 1L \times 1.8\ (kg/L) = 0.9$ mg

溶解態：$\dfrac{0.08}{0.9+0.08} = 0.082 \approx 8.2\%$

吸附態：$\dfrac{0.9}{0.9+0.08} = 0.918 \approx 9.18\%$

▶ 定義 Raoult's law

$P_A = (P^{vap})(X_A)$

P_A：partial pressure of A in the vapor phase

P^{vap}：vapor pressure of A as a pure liquid

X_A：mole fraction of compound A in the liquid phase

例題35

由土壤採樣結果所含 TCE 之樣本結果為 5000 和 9000 mg/kg 求污染場址是否存在 TCE 自由相？

條件：$\theta=0.4$，$f_{oc}=0.02$，$T=20°C$，$\rho=1.8$ g/cm³，Degree of water saturation = 30%，MW of TCE=133.4，$P^{vap}=100$ mm Hg，$\log k_{ow}=2.49$，亨利常數 H：14.4 atm/M =0.6

答　$P^{vap} = 100$ mm Hg $= \dfrac{100}{760} \times 10^6 \approx 132000$ ppm∀

$G = 132000$ ppm∀ $\times \dfrac{MW}{24.05} = 132000 \times \dfrac{133.4}{24.05} = 733000$ mg/m³ ≈ 733 mg/L

$K_p = f_{oc} \times k_{oc} \times 0.63 = 0.02 \times 10^{2.49} \times 0.63 = 3.9$ L/kg

$\dfrac{M_k}{\forall} = [\dfrac{\phi_k}{H} + \dfrac{\rho_b k_p}{H} + \phi_a] = C_T$

$= [\dfrac{0.4 \times 0.3}{0.6} + \dfrac{1.8 \times 3.9}{0.6} + 0.4 \times (1-30\%)] \times 733 = 8930$ mg/L

∴ soil concentration $= 8930$ mg/L $\times 1.8$ kg/L $= 4960$ mg/kg (max. contaminant conc. In soil)

Determination of the extent of contamination

ppm：parts per million 10^{-6}

ppb：parts per billion 10^{-9}

ppt：parts per trillion 10^{-12}

土壤：1 ppm 苯污染：10^{-6} 克苯/克土壤 or 1 mg/kg 苯污染

地下水：1 ppm 苯污染：1 μg/1g 水 or 1 mg/L 水

蒸氣：1 ppm∀ (ppm by volume) 1 ppm∀ $= \dfrac{MW(分子量)}{22.4(0℃ \to 22.41)}$【mg/m³】at 0

$\qquad\qquad = \dfrac{MW}{24.05}$【mg/m³】at 20℃

$\qquad\qquad = \dfrac{MW}{24.05}$【mg/m³】at 25℃

例題36

土壤苯濃度 500 mg/kg，預估土壤氣體濃度？ ppm∀

$\theta = 0.4$，$f_{oc} = 0.03$，$T = 25℃$，$\rho = 1.7$ g/cm³，Degree of water saturation = 45%，MW of TCE = 133.4，$P^{vap} = 95.2$ mm Hg，$\log k_{ow} = 2.13$

無因次，$H^* = \dfrac{H}{RT} = \dfrac{\dfrac{5.55\ \text{atm}}{M}}{0.082 \times (273+25)} = 0.23$

$K_{oc} = 0.63\ K_{ow} = 6.63(10^{2.13}) = 85$

$K_p = f_{oc} \times k_{oc} = (0.03) \times (85) = 2.6$ L/kg

答 concentration = 500 (mg/kg) × 1.7 (kg/L) = 850 mg/L → 土壤

$\dfrac{M_t}{\forall} = [\dfrac{\phi_w}{H} + \dfrac{\rho_b K_p}{H} + 0.35 \times (1-45\%)) G = 850$ mg/L

G = 42.3 mg/L = 42300 mg/m³

1 ppm∀ benzene at 25℃ $= \dfrac{78.1}{24.5} = 3.2$ mg/m³

$\dfrac{42300\ \text{mg/m}^3}{3.2\ \text{mg/m}^3} = 13200$ ppm∀

例題37

體積 110 yd³ 土壤取樣後分析其所含之 TPH 及 BTEX 污染程度，洩漏條件分析結果平均濃度為 TPH 1000 mg/kg，BTEX 分別為 85、50、35 及 40 mg/kg，試計算此油品中所含 BTEX，之莫爾分率（土壤之 bulk density 為 1.65 g/cm³）

答 1. 土壤重量

$$110\,(yd^3) \times 1.65\,(g/cm^3) \times [27(ft^3/yd^3) \times \frac{62.4(\frac{lb}{ft^3})}{1(\frac{g}{cm^3})}] = 305800\,lb \approx 139000\,kg$$

2. 所含 TPH 重：$1000\,mg/kg \times 139000\,kg = 1.39 \times 10^8\,g$

   B 苯重：$139000\,kg \times 85\,mg/kg = \frac{1.181 \times 10^4}{78} = 151.4$

   T 甲苯：$139000\,kg \times 50\,mg/kg = \frac{6.950 \times 10^3}{92} = 77.5$

   E 乙苯：$139000\,kg \times 35\,mg/kg = \frac{4.865 \times 10^4}{100} = 45.9$

   X 二甲苯：$139000\,kg \times 40\,mg/kg = \frac{5.560 \times 10^3}{106} = 52.5$

3. Mole fraction of B = 151.4/1390 = 0.109

   T = 77.5/1390 = 0.056

   E = 45.9/1390 = 0.033

   X = 52.5/1390 = 0.038

例題38

某場址受四氯乙烯，土壤氣體檢測結果為 1250 ppm∀ 之 PCE，溫度為 20°C 求土壤飽和蒸氣中之平衡 PCE 濃度？（PCE MW=165.8，亨利常數為 25.9 (atm/M)）

答 $P_A = 1250 \text{ppm}\forall = 1250 \times 10^{-6}$ atm

$P_A = H_A \times C_A = 1.25 \times 10^{-3}$ atm $= 25.9$ (atm/M) $\times C_A$

$C_A = 4.85 \times 10^{-5}$ (M) $= 4.85 \times 10^{-5}$ (mol/L) $\times 165.8$ (g/mol) $= 8$ (mg/L) $= 8$ ppm

例題39

批次土壤熱膨脹反應，已知污染土壤中含總石油碳氫化合物（TPH）為 2500 mg/kg 為了達土壤污染管制標準 1000 mg/kg，所需反映停留時間為何？（已知 150 mg/kg TPH 所需停留時間為 25 分）

答 $\dfrac{C_{out}}{C_{in}} = e^{-k\tau} \rightarrow \dfrac{150}{2500} = e^{-25k} \rightarrow K = 0.113$ (1/min)

$\dfrac{1000}{2500} = e^{-0.113\tau} \rightarrow \tau = 8.1$ 分

若改為完全混和反應槽（CFSTR）則所需時間為何？

$\dfrac{C_{out}}{C_{in}} = \dfrac{1}{1+k\tau} \rightarrow \dfrac{C_{out}}{C_{in}} = \dfrac{1}{1+25\tau}$

$0.06 + 1.5 \text{ K} = 1$

$K = 0.627$ (1/min)

$\dfrac{1000}{2500} = \dfrac{1}{1+0.627\tau} \rightarrow 0.4 + 0.250 \times \tau = 1 \rightarrow \tau = 2.39$ 分

例題40

純非水向 TCE 洩漏至不飽和層,計算在氣相 TCE 濃度?(hint:Unit is $\frac{mg}{L}$、25°C)Rault's law $P_a = X_a \times P_o^a$（X_a:莫爾分率;理想氣體方程式。$PV = nRT$ $\frac{n}{v} = \frac{P}{RT}$（$R:0.0821 \frac{atm \cdot L}{mol \cdot K}$）

答 已知 $P_a = 72.6$ mm Hg　M（分子量）$= 131 \frac{g}{mol}$

$$C_{TCE} = \frac{(X_a P_o)(\frac{1 \text{ atm}}{760 \text{ mmHg}})(131 \frac{g}{mol})}{(0.0821 \frac{atm \cdot L}{mol \cdot k}) \times (273+25)K} = 0.409 \frac{g}{L} = 409 \frac{mg}{L}$$

例題41

NAPL 含苯及 TCE 莫爾分率為 0.7 及 0.3,求氣相中苯及 TCE 之濃度?

答 $P_a = 72.6$ mm Hg　$MW_{苯} = 78 \frac{g}{mol}$

$$C_{TCE} = \frac{(0.3 \times 72.6)(\frac{1 \text{ atm}}{760 \text{ mmHg}})(131 \frac{g}{mol})}{(0.0821 \frac{atm \cdot L}{mol \cdot k}) \times (273+25)K} = 0.155 \frac{g}{L} = 155 \frac{mg}{L}$$

$$C_{苯} = \frac{(0.3 \times 72.6)(\frac{1 \text{ atm}}{760 \text{ mmHg}})(78 \frac{g}{mol})}{(0.0821 \frac{atm \cdot L}{mol \cdot k}) \times (273+25)K} = 0.223 \frac{g}{L} = 223 \frac{mg}{L}$$

地下水污染整治技術 (重點整理與計算彙編)

▶ 執行注意事項：

1. 事先詳細場地調查：污染物種類、垂直水平分布、背景值、現場地質 (土壤物理程度)。
2. 翻轉之土層深度：
   A. 深度越深，稀釋效果越好 (但須成果考量)
      → 深度不超過 50cm (台南縣 60-70 cm，嘉義縣非農地 150 cm)
   B. 最大開挖深度應以礫石層為限
   C. 繪製污染物等濃度圖，估算整治區各類重金屬平均污染濃度，以最嚴重者計算其稀釋至管制機率以下最小需求土壤量，以最為選定開挖深度之依據。
3. 污染場址有無高濃度污染區域 (hot spot)，超過法規標準三倍以上者稱之，若屬之建議以其他方式，如排土客土。
4. 污染物是否具揮發性：空氣污染問題。
5. 整治時間選擇：翻轉工程使緻密土壤變鬆散，大雨後易造成土壤流工。最大避開雨季、颱風季節。

   優點：無須其他硬體設備
   　　　國內有成功案例
   　　　經濟可行性高
   　　　技術要求層次低
   　　　對土壤性質改變小
   缺點：適合中低污染區域
   　　　受天候影響
   　　　未達總量污染削減
   　　　受土層厚度影響
   　　　表土肥力減低

土壤酸洗法（soil washing）→非現地

1. 原理：以稀酸溶液(如：稀鹽酸、檸檬酸、磷酸、醋酸等)作為受重金屬之土壤萃取劑，利用酸洗液淋洗將重金屬置換，使達法規標準之化學處理技術。

$$\boxed{\text{Soil} \begin{array}{c} Ca^{2+} \\ Ca^{2+} \end{array}} \overset{(0.1N)}{+H^+Cl^-} \rightarrow \boxed{\text{Soil} \begin{array}{c} H^+ \\ H^+ \end{array}} + Ca^{2+} + Cu^{2+} + Cl^-$$

　　　污染土壤　　　　　　　　乾淨土壤

2. 執行流程：
   A. 前處理：土壤經自然風乾，去除植物及石礫並通過10號篩（<2mm）作為代表土壤樣品。
   B. 萃取：將前述稀釋溶液酸洗（washing）土壤樣品經20-30分鐘之攪拌萃取過程。
   C. 酸洗液分離：萃取後於攪拌槽靜置使土壤與萃取液分離，再加水沖洗過濾，依萃取狀況循環酸洗過程。
   D. 萃取劑再生：經脫水分離之萃取劑可循環再利用，殘存高濃度重金屬萃取液可回收重金屬或中和沉澱、固化最終處置。
   E. 後處理：將酸洗後土壤加碳酸鈣中和，土壤回填。

3. 執行重點：
   A. 污染範圍界定與處理場估算
   B. 酸洗液調配：進行小型模場試驗或實驗室之研析，決定適當之萃取方式，停留時間萃取液配方。
   C. 酸洗系統建置：反應槽需耐酸具足夠強度，以金屬個或FRP或PPL聚丙烯製為主，注意雨遮體故酸洗液之更新，排出於泵浦輸送。
   D. 酸洗系統試驗及酸洗程序：配合密集採樣以取得最佳操作條件。酸洗後土壤做種子發芽試驗。
   E. 廢水處理：產生廢水須符合放流水標準或委由處理場統一處理，含重金屬污泥委託合格清除處理機構處理。
   F. 回填土壤：可添加適當石灰，以確保土壤之陽離子交換容量及pH。

4. 優缺點比較：
   優點：適用嚴重污染土壤整治
   　　　國內已有小區域整治成果
   　　　污泥固化技術成熟
   缺點：整治成本高
   　　　固化體後續最終處置問題
   　　　需投資酸洗系統硬體設施
   　　　對土壤層性質產生更大改變
   　　　復育成本高
   　　　施工區環境污染
   　　　控制要求較嚴格

▶ 有機污染物整治技術：

- 土壤氣體抽除法（Soil Vapor Extection）：

1. 原理：針對不飽和層 (Vadose zone) 土壤中高揮發性污染物，利用真空抽氣，將污染物由固相或液相轉為氣相，抽氣井使污染區土壤產生負壓，使污染物隨土壤氣體往抽氣井移向而被加出，抽除土壤氣體可進行回收或經處理後排放。常由土壤表面覆蓋不透水布，以避免短流，增加處理效率。

2. 技術限制：不適用低揮發性或低亨利常數之污染物。
   不適合處理黏土質或水分含量高之土壤。
   不適用低透氣性土壤環境。
   處理整治後期，土壤對污染物吸附力影響，將需更長操作時間。
   土壤異質性影響成效。(污染物累積黏土表面)

▶ 農地重金屬污染整治技術：

1. 土壤翻轉稀釋法
2. 土壤酸洗法 <C_d、P_b、H_g 等

▶ 土壤翻轉稀釋：

1. 原理：將高重金屬濃度表土翻入下部，並將下低重金屬濃度之裡土翻至表面，藉由稀釋作用，使土壤重金屬濃度夫和法規標準。(總量未減少，能需持續監測)
2. 執行流程：
   A. 施工範圍之補充測量作業
   B. 施工圍籬
   C. 土層及礫上層厚度分布操測
   D. 施工區塊劃分
   E. 地表清除
   F. 集排水溝及沉沙池開挖
   G. 土壤開挖、破碎、攪拌混合及過篩
   H. 分層回填及壓實
   I. 地籍鑑界、田埂及水路施築
   J. 表層土壤翻鬆粗石篩除及施加有機肥料
   K. 成效驗證
3. 優缺點比較：

   優點：設備容易、價格具經濟
   　　　場地干擾小
   　　　整治期程約 6 個月～2 年
   　　　可與其他技術結合運用
   　　　可運用於不能進行開挖地點

   缺點：污染物濃度降低 90% 以上不易達成
   　　　低滲透性土壤或分層土壤場址處理效果低
   　　　廢氣處理費用高

▶ 重金屬沉澱法

技術限制
1. 高濃度污染對植物有毒害
2. 僅限於較淺層地下水

3. 氣候或季節狀況影響植物生長
4. 需較大面積土地
5. 對強吸附能力污染物無效 (K_{ow} 高值)

優點：花費低廉

　　　可礦化污染物

　　　營造綠地

缺點：整治時程長

　　　無法處理較深層土壤

　　　氣候因素影響植物生長及整治成效

▶ 現場厭氣系統：

1. 還原脫氯 (reductive dechlorination)：
   A. 含氯烯類：PCE、TCE、VC
   B. 含氯烷類：1,1,2,2,PCA、1,1,1,TCA、1,1,2,TCA、DCA、CA
   C. 氯酚：五氯酚
   D. 含氯農藥
   E. Perchlorate ClO4- 火箭推進燃料
2. 脫硝
3. 重金屬沉澱：Cr^{6+}、Pb^{2+}、Cd^{2+}、Ni^{2+}、Zn^{2+}、Hg^{2+}

▶ 現場喜氣系統 (engineered aerobic system)：

1. 氧化 1 kg 石油碳氫化合物需 300000 kg 含飽和氧之水
2. 1 lb 溶氧需 0.8～10000 美元
3. 最節省為注入稀薄之 H_2O_2（100～1000 ppm）
4. 除石油碳氫化合物外，不含氯之酚類、醇、醛、酮、氯苯、氯乙烯等亦可於好氧狀態加以生物分解。

　　含氯有機物作為電子提供者，氧作為電子接受者，供給微生物能量來源及碳源。

現地玻璃化法 (in-situ vitrification)：
1. 現地電熔法（固化法一種）
2. 利用電能轉變為熱能（600～2000℃）將土壤污染物質破壞或固定於成玻璃狀之矽酸鹽物質，降低污染移動性

現地反應區 (in-situ reactive zone)：
控制現場氧化還原狀態以營造現地反應區進而達到預期污染場址整治基準。
1. 有效試劑藥品的選擇
2. 均勻分布反應試劑於污染區中
3. 有效試劑反應後不產生有害（毒）之副產品
4. 較傳統抽出處理流程省錢且無後續污泥處理處置問題

電動力整治技術 (Electrokinetic remediation)：
優點：1. 現地將污染物去除
　　　2. 對於低滲透性土壤其處理效果亦顯著
原理：將正副電極置於待處理之污染場址中，施正負流電壓或電流後，藉由陰、陽電極生成電場作用。（正電荷→陰極，副電荷→陽極）污染土壤當被加熱於高溫下，有機物轉變為二氧化碳、水及離子態。

生物通氣法 (Bioventing)
原理：利用環境中原有微生物，對吸附土壤、不飽和層之有機污染物進行生物降解之現地整治技術。利用注入氣井或抽氣井產生空氣（或氧氣）流動現象或添加營養鹽，增加土壤微生物代謝作用，對 BTEX 污染場址成效良好。
SVI：揮發作用使污染物移除
BV：空氣流量降低，避免污染物揮發置土壤氣體，主要藉生物降解去除污染物。
技術限制：
1. 地下水位小於 1 公尺，低滲透性土壤降低生物通氣法之處理成效
2. 位於注氣井有效半徑之地下室亦積聚污染物。
3. 土壤水分過低，限制生物通氣法之生物降解作用。

4. 對含氯有機物除非有共代謝作用，否則不易去除（一般以厭氣環境）。
5. 低溫降低生物降解速率
6. 無法處理與高重金屬共存之污染，可能產生毒害。

優點：
1. 設置安裝簡易
2. 對場地干擾小
3. 整治期程 6 個月～2 年
4. 可與其他技術結合
5. 不需排出氣體處理

缺點：
1. 污染物起始濃度過高，對微生物產生毒害。
2. 滲透性低、黏土含量高之土壤不適合。
3. 不易達極低之污染整至目標。
4. 需注入營養鹽，相關水污染規定。

多相抽除法 (Multi-phase extraction)

1. 雙幫浦雙相抽除法：地下水中沉水幫浦將浮油及地下水抽出地面後處理，真空抽氣機將土壤氣體抽出，至氣液分離器後再導至廢氣處理設備（不同幫浦，不同抽水管）。
2. 雙相抽除法：利用真空幫浦將土壤關機及受污染液體抽出由抽水管抽至地面經氣液分離器，將廢氣處理氣液分離器後及油水分離器。

國家圖書館出版品預行編目資料

土壤及地下水整治技術 / 葉琮裕編著. -- 初版. --
臺北市 : 臺灣東華, 2016.09
　296 面 ; 19x26 公分

ISBN 978-957-483-874-5（平裝）

1. 土壤汙染防制 2. 地下水 3. 水汙染防制

445.94　　　　　　　　　　　　　　105016462

土壤及地下水整治技術

編 著 者	葉琮裕
發 行 人	陳錦煌
出 版 者	臺灣東華書局股份有限公司
地　　址	臺北市重慶南路一段一四七號三樓
電　　話	(02) 2311-4027
傳　　眞	(02) 2311-6615
劃撥帳號	00064813
網　　址	www.tunghua.com.tw
讀者服務	service@tunghua.com.tw
直營門市	臺北市重慶南路一段一四七號一樓
電　　話	(02) 2371-9320

2026 25 24 23 22　YF　7 6 5 4 3

ISBN　978-957-483-874-5

版權所有 · 翻印必究